COPEN

ダイハツ コペン開発物語

MIKI PRESS
三樹書房

2002 年に発売された初代コペン。COPEN は Compact Open car の略で、Coupe と Open の両方の良さをあわせ持つクルマという意味も込められている。電動開閉式ルーフのアクティブトップに加え、着脱式ルーフのディタッチャブルトップも用意

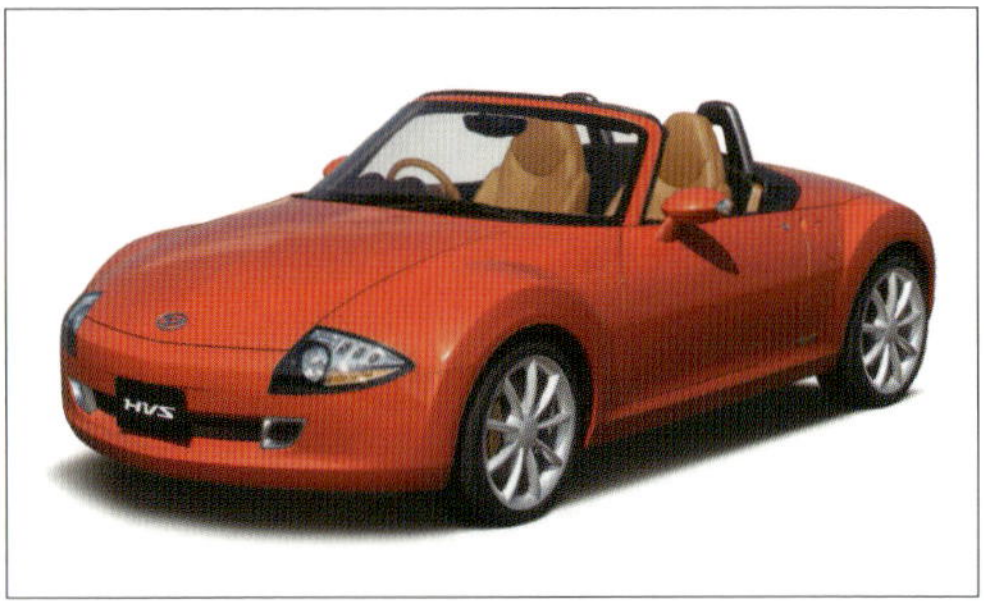

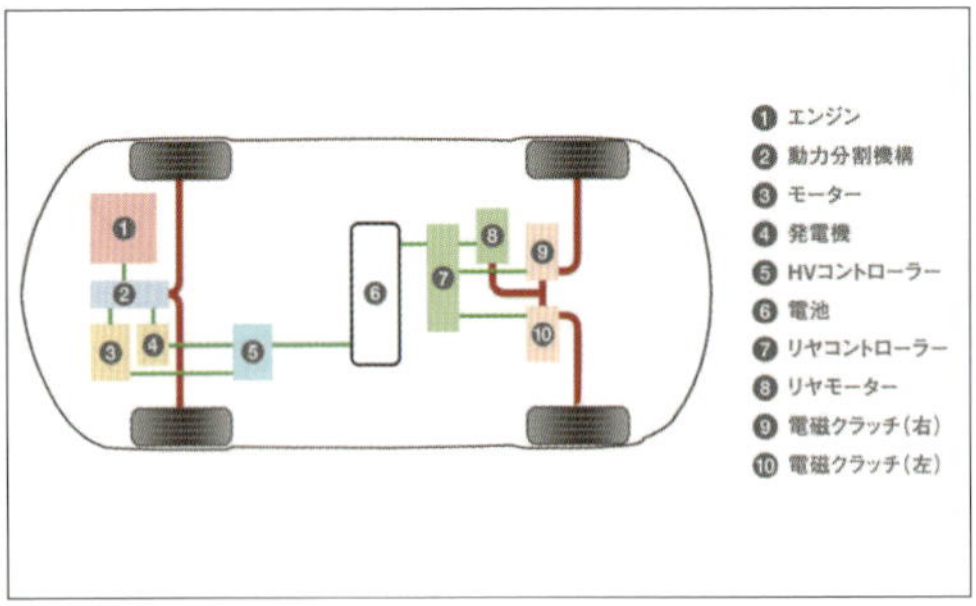

HVS

2005 年の東京モーターショーに出展された HVS。1.5L エンジンに 2 モーターを組み合わせ、2.0L 車並みの走りと 10・15 モード走行燃費 35km/L を達成したという、ハイブリッド・オープンスポーツカー

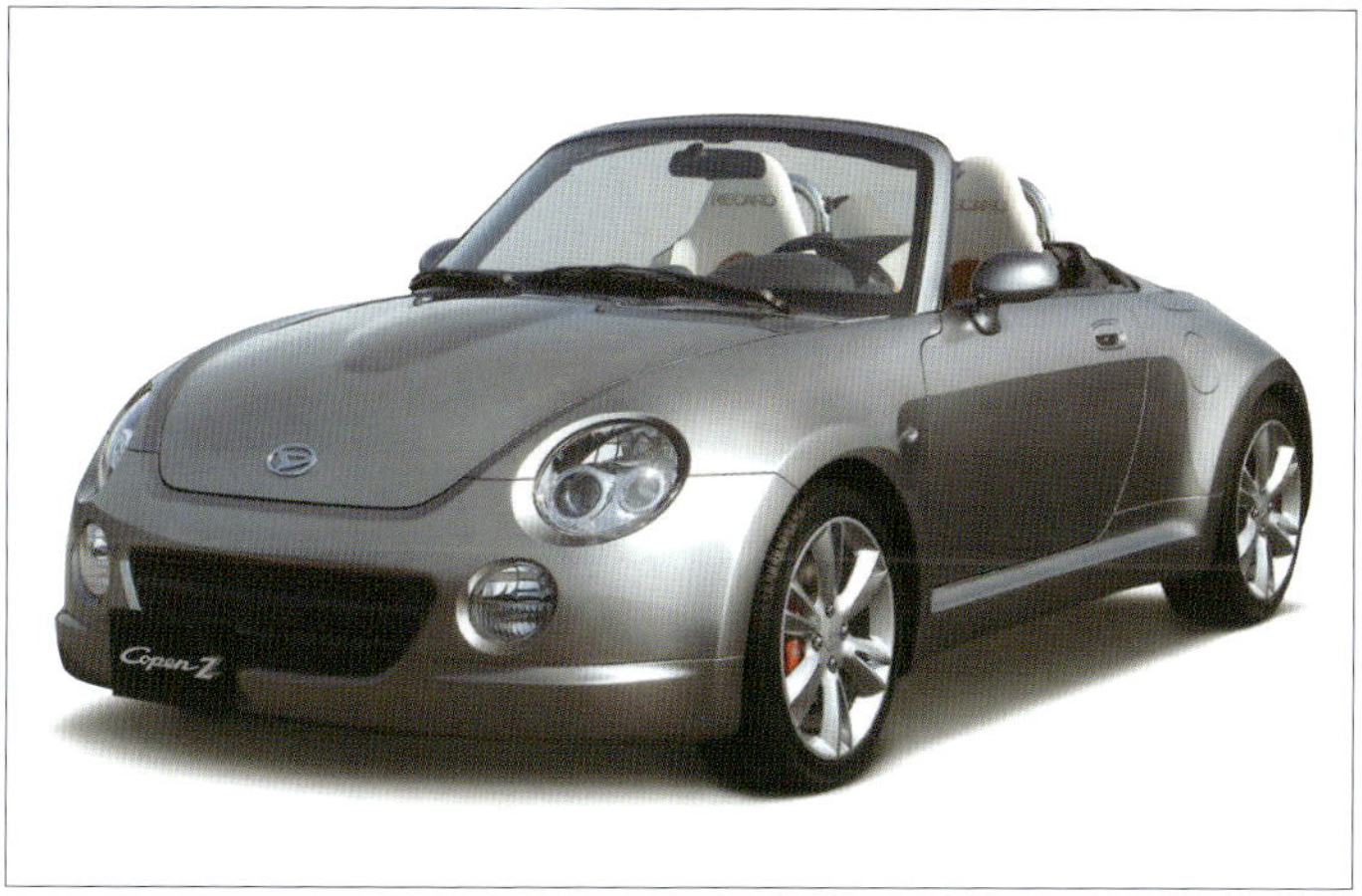

2005年の東京モーターショーに出展されたコペンZZ。1.5Lエンジンを搭載し、専用のレカロ製本革シートとMOMO製本革巻ステアリングホイールを採用した

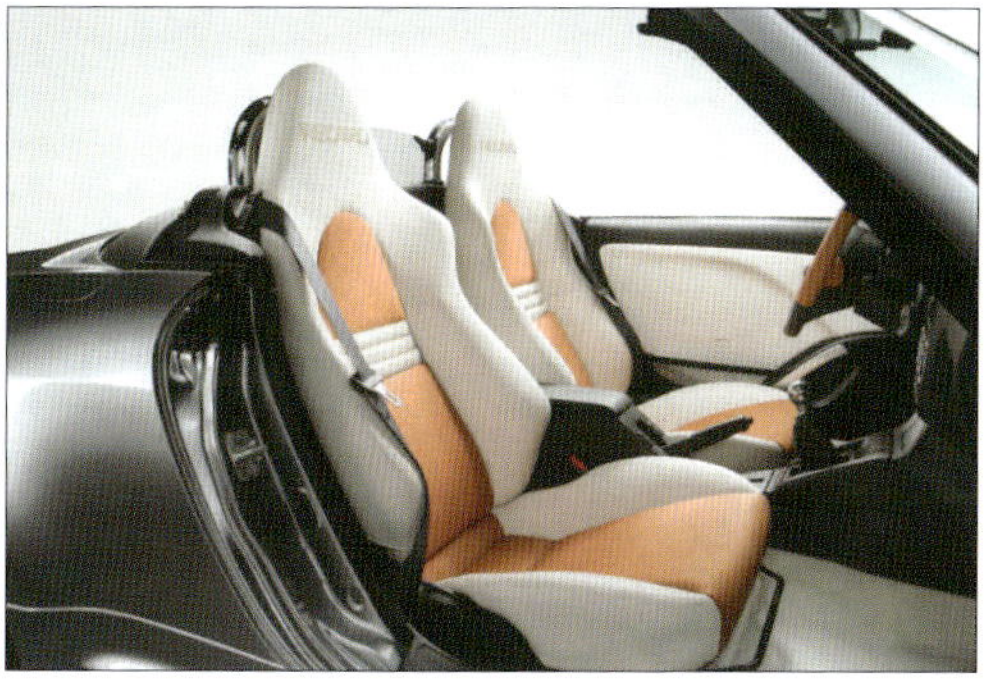

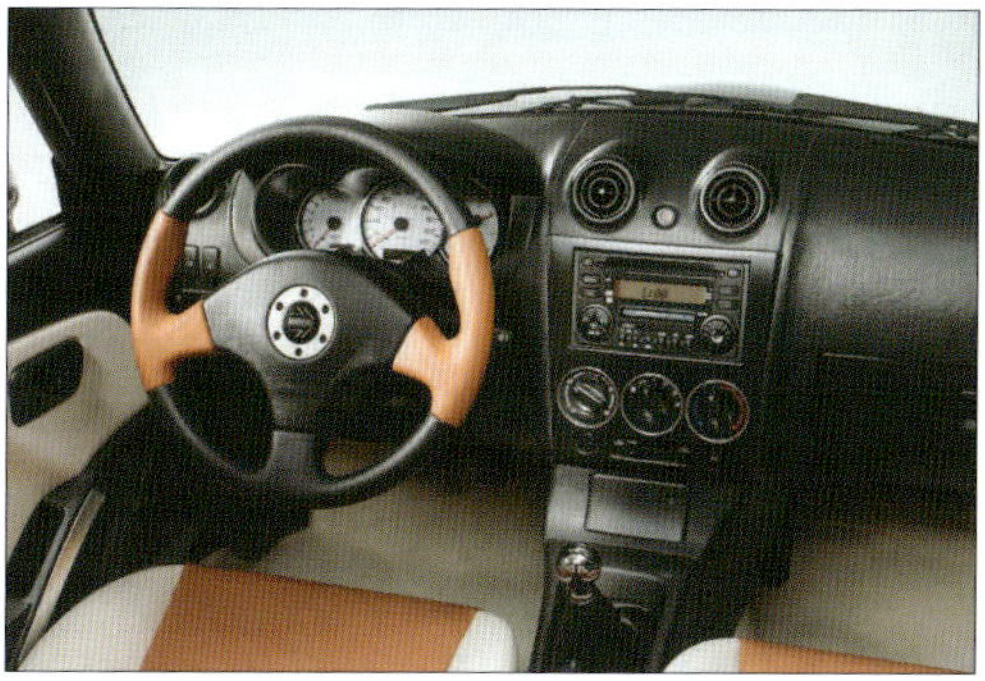

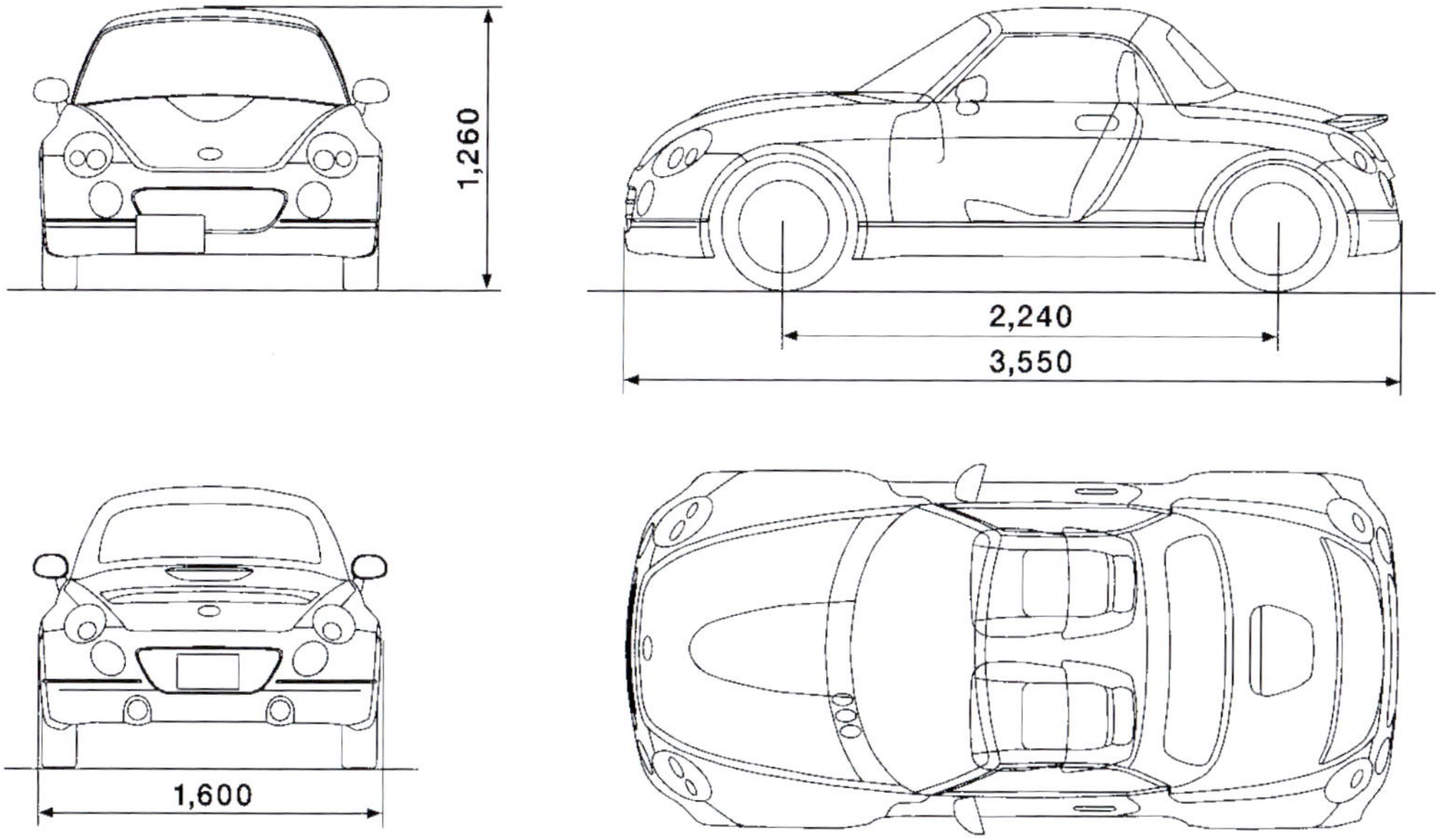

初代コペンのティアドロップシェイプをベースに全長と全幅を拡大している

OFC-1

2007 年の東京モーターショーに出展された OFC-1。電動キャノピートップは 3 分割構造を採用したグラスルーフを持つ軽自動車サイズのオープンスポーツカー

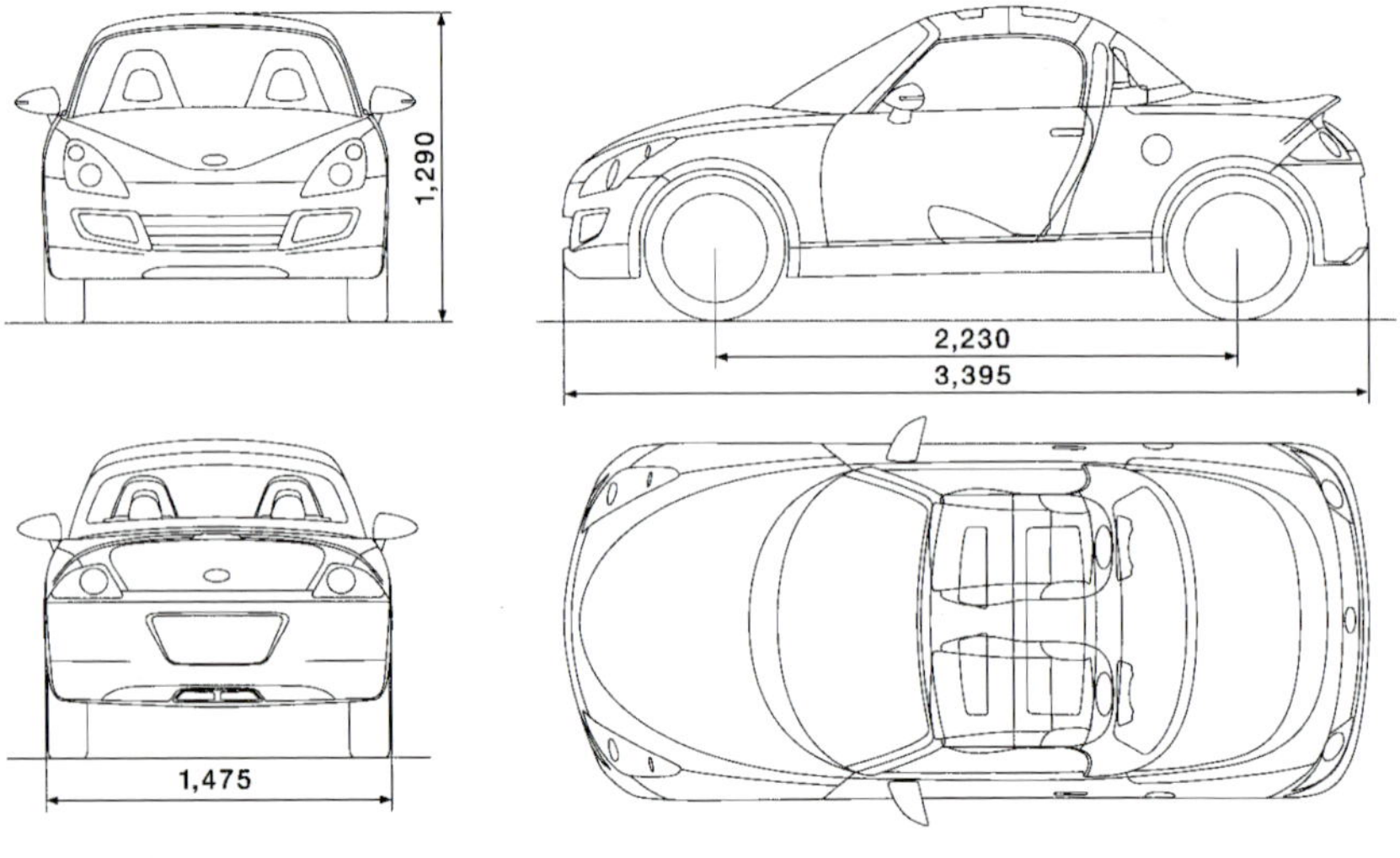

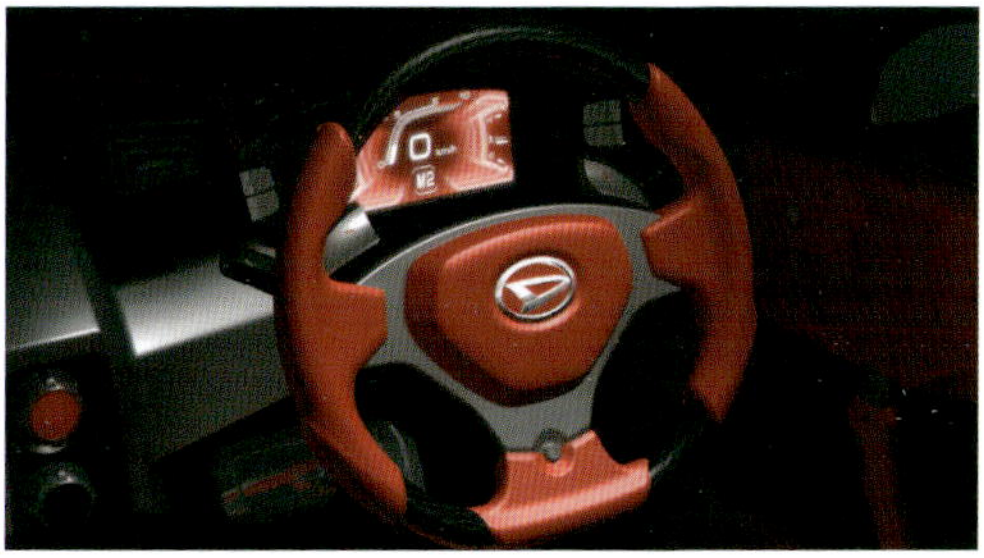

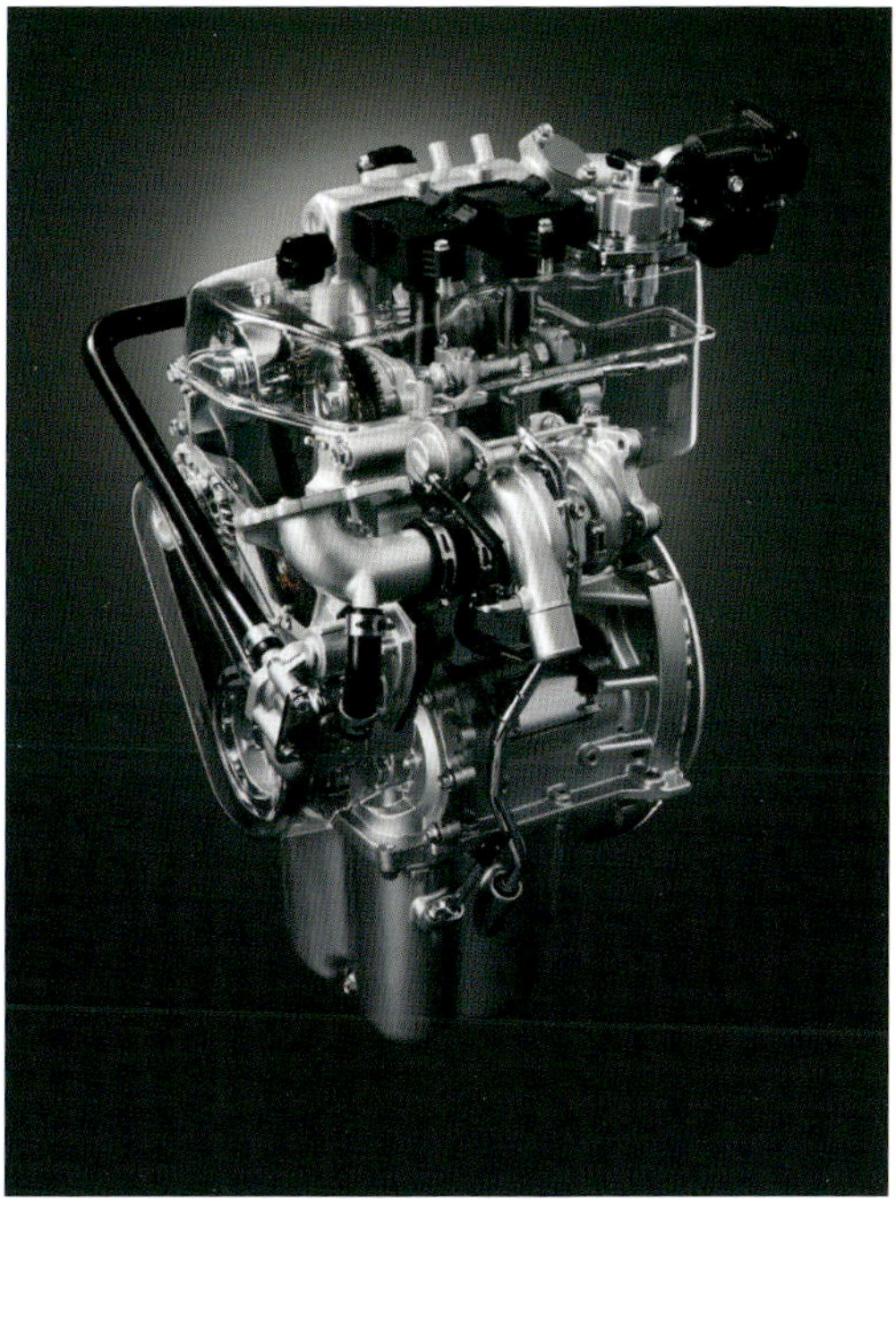

2011 年の東京モーターショーに出展された D-X。搭載されるエンジンは 2 気筒の直噴ターボ。樹脂ボディーを載せ替えてさまざまなタイプに変更可能

KOPEN FUTURE INCLUDED Rmz

2013年の東京モーターショーに出展されたKOPEN。KOPEN future included Rmzはコペンローブの元になったモデルで、「スタイリッシュ＆エモーショナルな独創的スタイリングと素材にこだわった上質なインテリア」がデザインの特徴だった

KOPEN FUTURE INCLUDED Xmz

同じく2013年の東京モーターショーに出展されたKOPEN future included Xmz（クロス・エムゼット）。コペン エクスプレイの元になったモデルで、「タフ＆アグレッシブなスタイリングとスパルタンな雰囲気を持つインテリア」がデザインの特徴だった。モーターショーでは、それぞれのボディ外板を交換するパフォーマンスも行なわれた

COPEN Robe

2014年6月に発売されたコペンローブ。2代目コペンではCOPENを「Community of OPEN car life」の略語としている。ローブは「骨格に樹脂外板をローブ（衣服・衣装・服装などのフランス語）のように着る」という意味が由来となっている

3気筒ターボエンジンにはDVVTを採用し、低回転から高いトルクを発生させるとともに、アクセル操作に対するレスポンスも向上している。トランスミッションはCVTと5速MTを設定。マフラーはエキゾーストサウンドにこだわって設計されている。インテリアは一部を購入後に変更できるような構造となっている

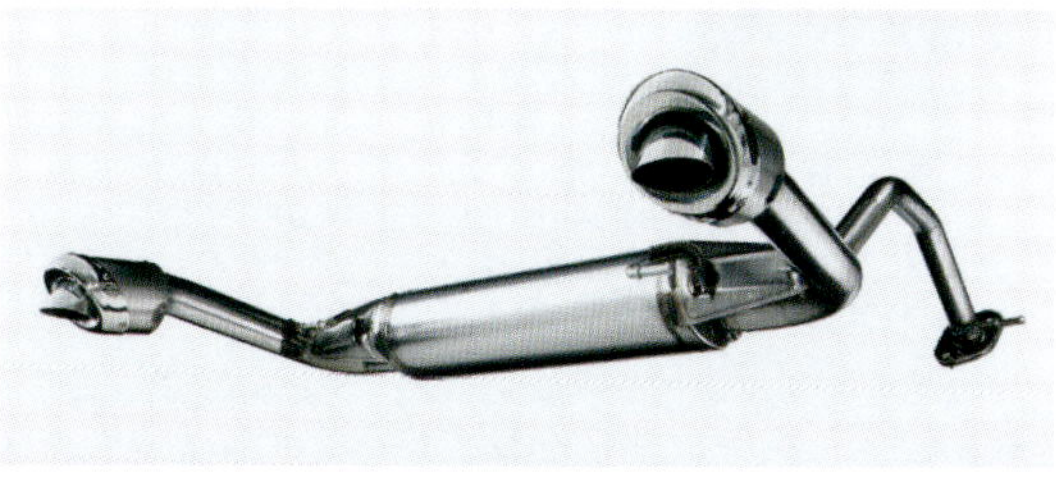

新しい骨格構造の2代目コペンのDフレームは、初代コペンと比べて上下曲げ剛性が3倍、ねじれ剛性が1.5倍となり、骨格のみで剛性を確保することで、ボディー外板の交換が可能となった

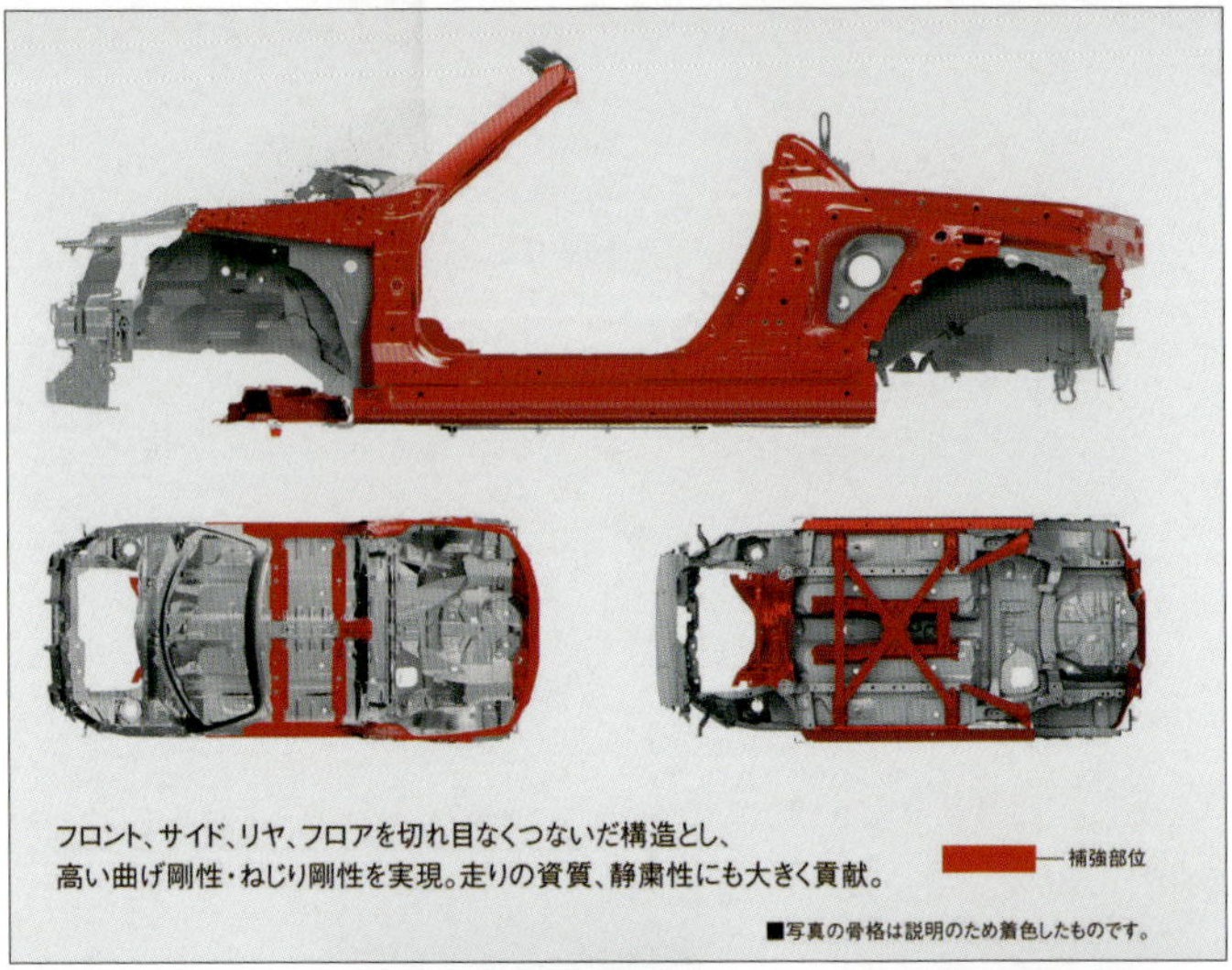
フロント、サイド、リヤ、フロアを切れ目なくつないだ構造とし、
高い曲げ剛性・ねじり剛性を実現。走りの資質、静粛性にも大きく貢献。
補強部位
■写真の骨格は説明のため着色したものです。

トランクスペースは、ルーフのクローズ時にゴルフバッグが入る容量があり、オープン時でもハンドバッグなどが入るスペースが確保されている。トランクフードはイージークローザー機能により、軽く押さえると自動で全閉する

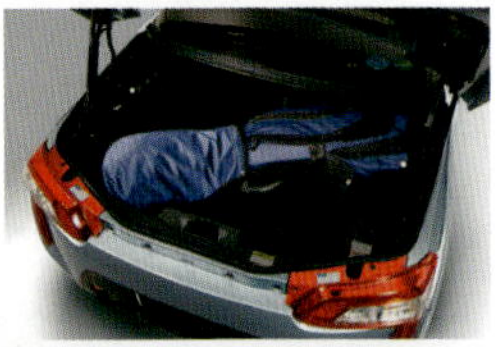

自発光式の3眼メーターは、エンジン始動時に指針がスイングするオープニング機能付

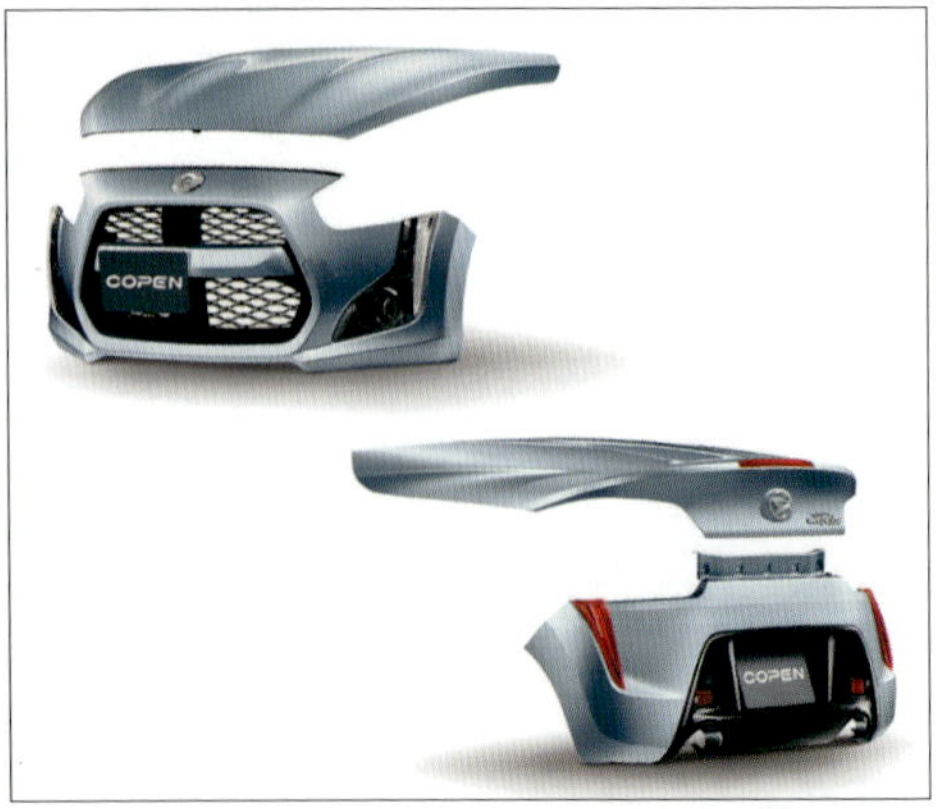
COPEN
COPEN

ENGINE START STOP
TEMP
A/C
OFF
AUTO

交換可能な樹脂製ボディー外板の一部（左）とエアコン関連がまとめられたセンタークラスター（右）

コペン ローブと同時に発表された2つ目の意匠。この時は車名は発表されず、コペン X（クロス）モデルとされており、2014年秋の発売予定となっていた。フロントグリルのエンブレムがダイハツマークになっているなど、細部は市販モデルと異なっている

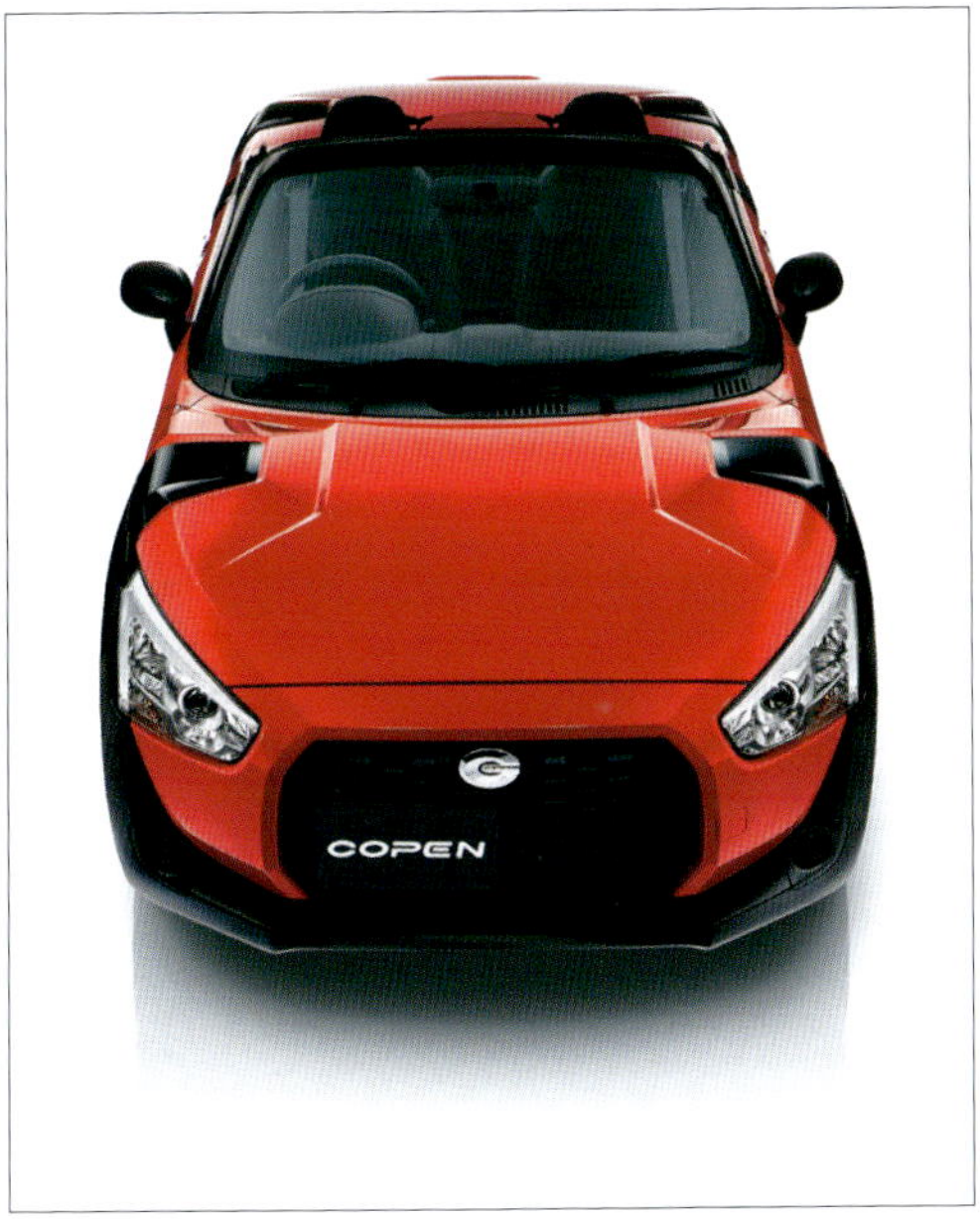

COPEN XPLAY

コペンXモデルが2014年11月にコペン エクスプレイとして発売された。車名は2014年の東京オートサロンを皮切りに1ヵ月間実施した一般公募の中から、「Extra PLAY（もっと楽しい）」という造語を略して採用された

コペン エクスプレイのシートはコペン ローブと共通で、カラーはローブではオプションとなっていたブラックインテリアがエクスプレイでは標準仕様となっている。アルミホイールはエクスプレイ専用デザインを採用している

インパネのデザインはセンタークラスターの骨格をインパネ上面まで張り出した「クロスフレーム」となっている。また、メーターは液晶ディスプレイを中心に赤を基調とするとともに、細部のデザインがローブとは異なっている

「タフ＆アグレッシブ」をコンセプトとして、フェンダーとトランクフードに多面体のブロックがボディーに噛み合わさるデザインを採用

リヤまわりも独特なデザインで、「オープンスポーツカーの楽しみを広げる新ジャンル」を目指したと発表されている

2014年12月に発売されたコペン ローブ S。上級グレードとして設定され、ビルシュタイン製ショックアブソーバー、スエード調生地を使用したレカロシート、MOMO製本革巻ステアリングホイール（CVT車はパドルシフト付）などを採用した

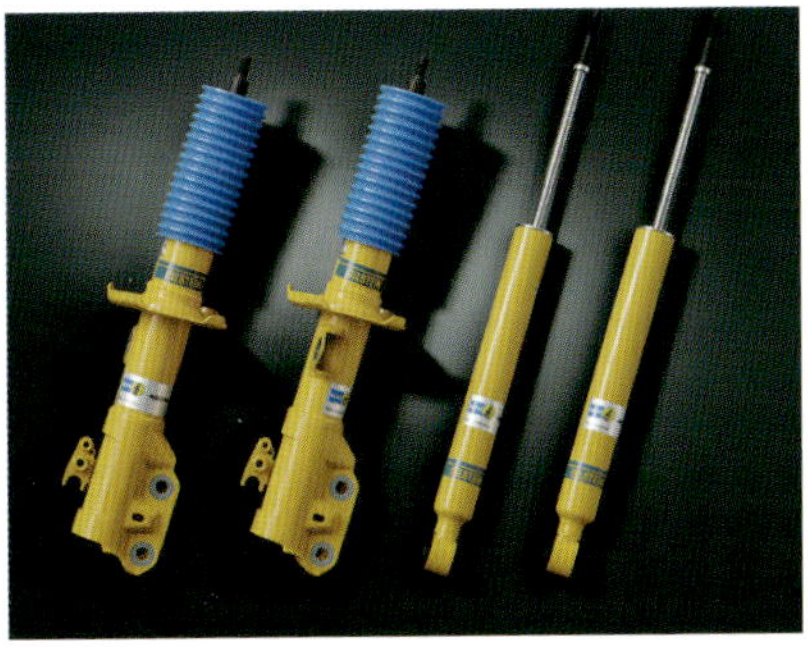

2015年6月に発売されたコペン エクスプレイ S。S仕様は、インナードアハンドル、パーキングブレーキボタン、エアコンレジスターノブにメッキ加飾を採用するなど、専用デザインとなっている

2015年12月に発売されたコペン セロ S。これで3タイプ全てのボディーで、S仕様が選べるようになった

COPEN Cero

2015年6月に発売されたコペン セロ。丸型のヘッドランプには、1つの光源でハイビームとロービームの切り替えが可能なBi-Angle（バイアングル）LEDを採用した。インテリアはレッドインテリアパックがオプション設定され、当初はセロのみ選択できた

コペン セロと同時に、D ラッピングのオプション設定も発表された。ドレスフォーメイションの世界観を広げることを目的に、ルーフとバックパネルにラッピングを施している。カラーは 3 色設定され、写真はローブにワインレッドの D ラッピングを組み合わせたもの

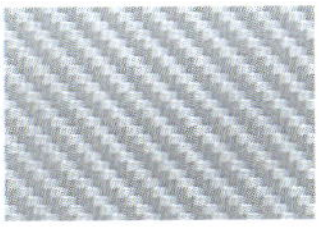

コペン エクスプレイにシルバーの D ラッピングの組み合わせ。素材はカーボン調成型 PVC というもので、ダイハツ独自の工法によるラッピングである

コペン セロにブラックの D ラッピングの組み合わせ。従来の塗装による 2 トーンに比べ、素材感の異なる 2 トーンカラーとなり、嗜好の変化に合わせて貼り替えができるなどのメリットがある

DRESS
FORMATION

2015年6月のコペン セロとともにドレスフォーメイションの実用化が発表された。ルーフとバックパネルを除く11の樹脂外板を交換できるもので、ローブからセロへのパーツが2015年10月から発売された。前後とも交換するフルセットのほか、フロントセットとリヤセットも用意された

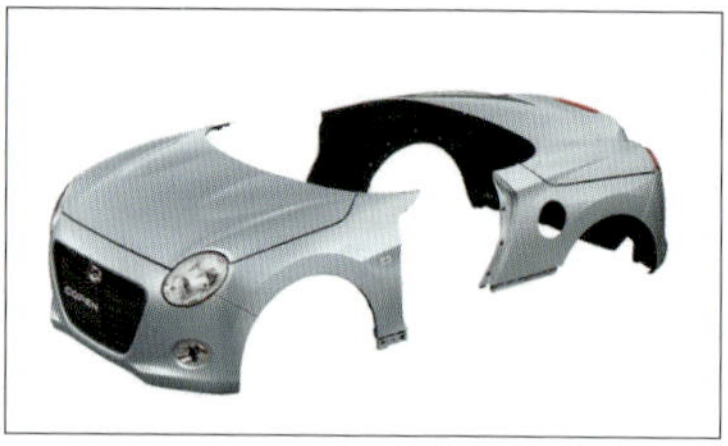

ドレスパーツには、ローブ専用色のリキッドシルバーメタリックも設定された。2016年10月にはセロからローブへのドレスパーツの発売が開始され、セロ専用色のブリティッシュグリーンマイカが設定された

コペン セロの発売と同時に実施したドレスフォーメイションのデザイン公募で最優秀賞となったコペン アドベンチャー

2016 年の東京オートサロンに出展されたコペン ローブ シューティングブレーク コンセプト

同じく東京オートサロンに出展されたコペン セロ クーペ コンセプト

2016年4月に発売されたカラーフォーメーション type A。ローブとローブ S にオプション設定され、ブラックマイカメタリックのボディーをベースとして、フロントグリル、ロッカー（ドアより下の部分）、リヤバンパーにマタドールレッドパールを採用している

ドレスフォーメイションの新たなデザイン提案として、樹脂外板パーツの塗り分けにより個性ある外観としている。インテリアはインパネガーニッシュ、シート、ドアトリムにレッドを採用していた

カラーフォーメーション type A の発表とともに、それまでローブ・セロ用とエクスプレイ用となっていたアルミホイールのデザインを自由に選べるようになった

セロ専用だったレッドインテリアとともに、ブラックインテリア（上）とベージュインテリア（下）が全モデルで自由に選べるようになった

2019 年の東京オートサロンに出展されたコペン セロ スポーツプレミアム バージョン

COPEN Coupe

同じく東京オートサロンに出展されたコペン クーペ。200 台限定発売で、オートサロン初日に購入希望の募集を開始した。セロをベースに、CFRP 製のハードルーフを装着したモデルで、MOMO 製本革巻ステアリングホイールや BBS 製鍛造アルミホイールが装備され、シリアルナンバーも装着された

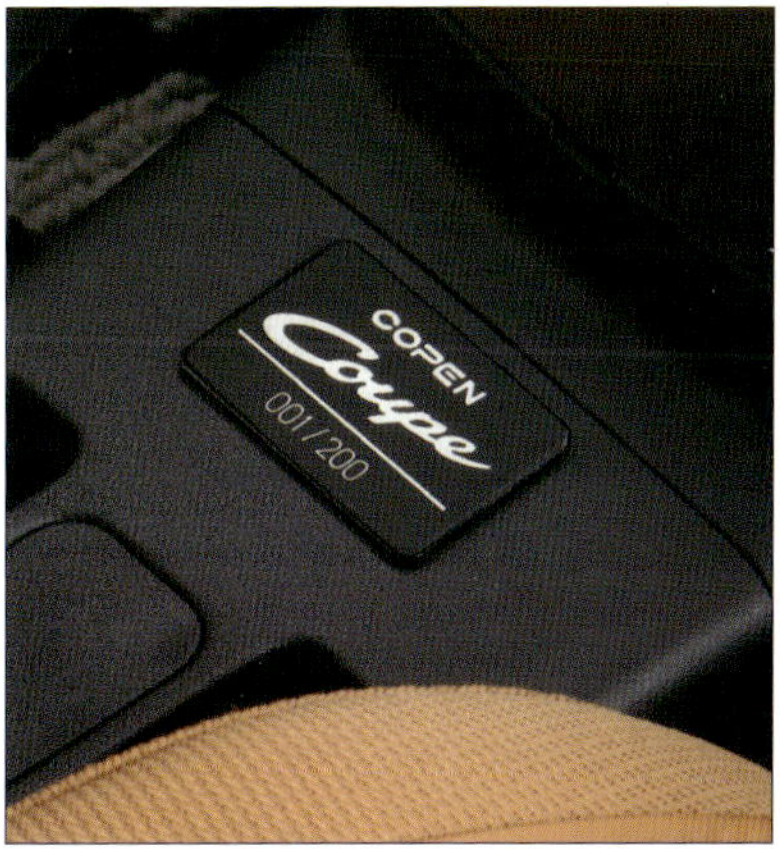

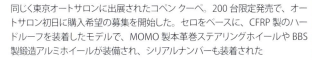

COPEN GR SPORT

2019年10月に発売されたコペン GR SPORT。TOYOTA GAZOO Racingの知見を活かしてダイハツが開発を行なった。フロントグリルには、トヨタのGRシリーズの一部車種で採用している「Functional MATRIX」グリルを採用している

ユーザーからの走行性能への要望に応えるため、TOYOTA GAZOO Racingとメーカーの垣根を越えて、「意のままに操ることができる気持ちの良い走り」を目指して開発されたコペン GR SPORT

インテリアのデザインはローブを基本としているが、レカロシート、MOMO製本革巻ステアリングホイールはS仕様とは違うGR SPORT専用のデザインとなっている

シートやステアリングホイール以外にもメーターや内装の各部など、GR SPORT専用装備が多数装着されている

自発光式3眼メーター(針赤/赤照明)

レカロシート(スエード調)

センタークラスター(ピアノブラック調加飾)

MOMO製革巻ステアリングホイール

電子カードキー

ドアグリップ(ピアノブラック調加飾)

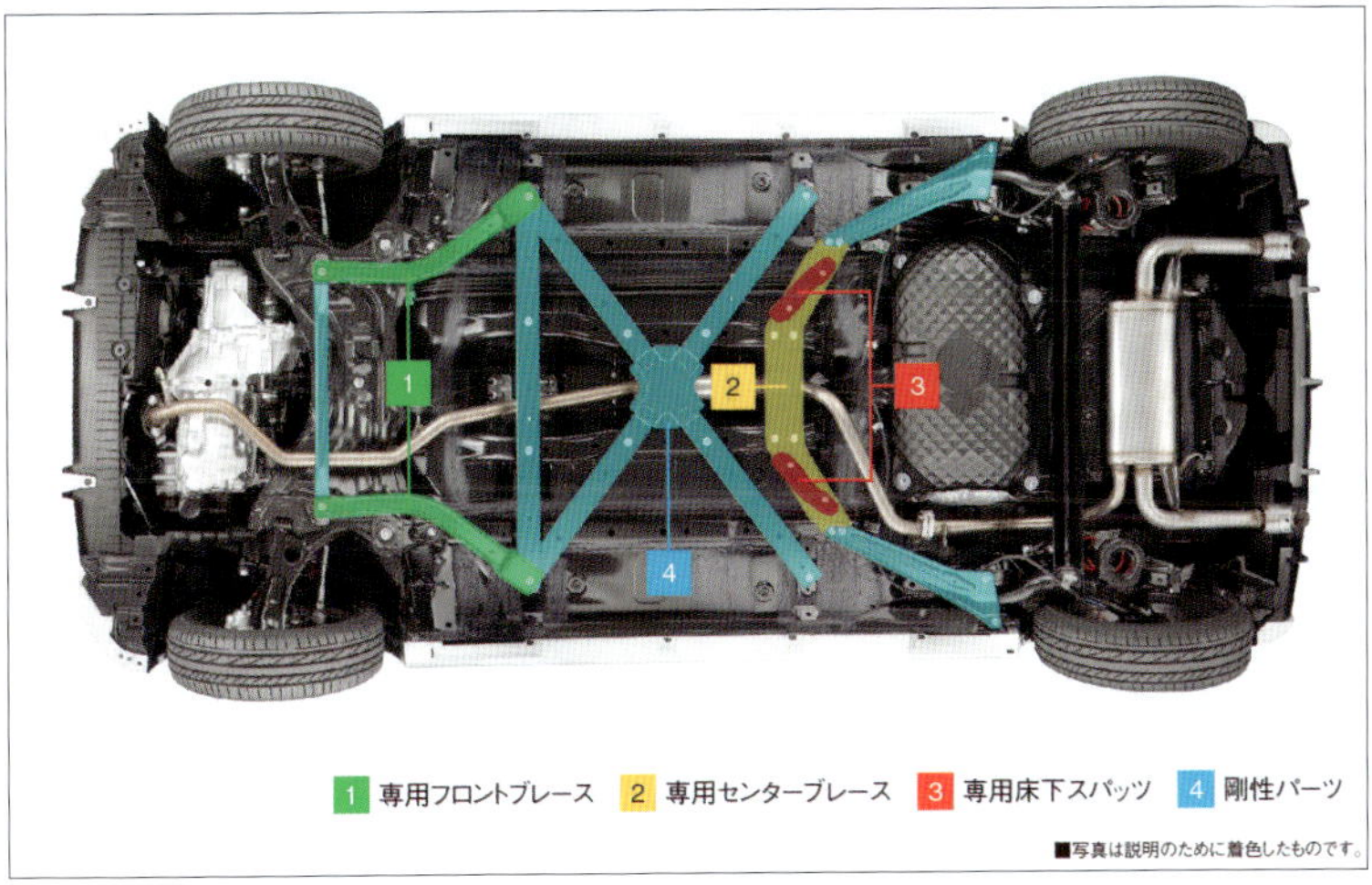

コペン GR SPORTでは、アンダーボディーにフロントブレース（補強材）を追加するとともに、センターブレースの形状変更、剛性パーツの装着によりボディーのねじれ剛性を高め、安定感あるフラットな乗り心地を目指した

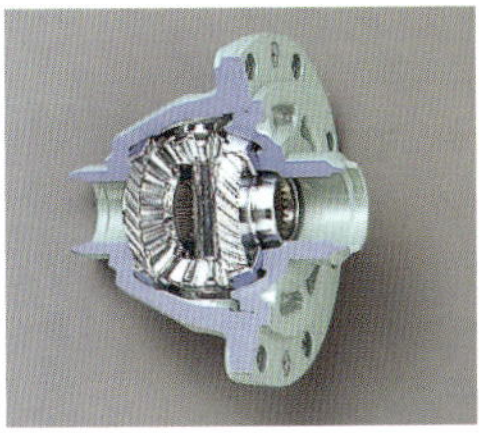

エンジンはローブと共通だが、サスペンションは路面との接地感向上のため、スプリングとショックアブソーバーを最適化した。5速MT車はスーパーLSDが標準装備されている

車両側面に整流効果を持たせたフロント&リヤバンパーや、フロントバンパーエアアウトレット、床下スパッツを採用したことで、車両側面、下面の風の流れを整流化。コペン GR SPORTはローブと比較し、車体にかかる揚力を約10%抑制している

2019年の東京オートサロンに出展されたコペン GR SPORT コンセプト。事前に発表されていたショーモデルの中にはなく、オートサロン初日に突然発表された。同年のオートサロンに出展されたコペンクーペとともに、2代目コペン発売5周年を契機として、コペンをさらに盛り上げていくためバリエーションを拡大すると説明されていた

正式な発売から9ヵ月前であったが、アルミホイールのカラーの違いの他は、市販されたモデルとほぼ同じだった

2021年のバーチャルオートサロンで出展されたコペン スパイダーバージョン。セロがベースになっている

20TH ANNIVERSARY
COPEN

初代コペン発売から 20 年となった 2022 年 6 月に、20 周年記念特別仕様車が発表された。発売は 2022 年 9 月で、1000 台限定だった

20 周年記念特別仕様車はセロをベースとして、本革シートをはじめとしたアイボリーを基本とした内装に加え、専用の内外装デザインとなっている。また、専用のエンブレムや運転席側にシリアルナンバーが入ったスカッフプレートも装備されている

COPEN
COPEN

ローブからスタートした２代目コペンは、この４種類のスタイルをはじめとしたさまざまなバリエーションを持つクルマとなった

VISION COPEN

2023年のジャパンモビリティショーに出展されたビジョン コペン。初代コペンをイメージさせる外観とアクティブトップを継承しながら、走る楽しさを追求している

1.3Lエンジンを搭載し、FRレイアウトを採用している。ボディーサイズは全長3,835mm、全幅1,695mm、全高1,265mm、ホイールベース2,415mmと小型車サイズに拡大されている。エンジンはカーボンニュートラル燃料の活用を見据えているという

資料：ダイハツメディアサイト　自動車史料保存委員会
解説：三樹書房編集部　梶川利征

小早川隆治

Takaharu Kobayakawa

元 日本自動車研究者ジャーナリスト会議(RJC)会員
マツダRX-7(FD)担当主査
1991年マツダチーム ルマン優勝時のモータースポーツ担当主査

“Fun to Drive”を体現

2014年6月の発表に先立って東京のお台場での技術説明会とリンクして行なわれた新型コペン(プロトタイプ)の試乗会は、青海臨時駐車場にコースを設定したジムカーナ的なイベントだった。私の試乗日は完全なウェット路面だったので、正直言ってFFでどのような走りをするか大いに関心があったが、走り出してみると、「え！これがFF？」といえるほどアンダーステアが気にならず、またアクセル、ステアリング、ブレーキ操作に対してクルマが生き生きと追従してくれる上に、動力性能も満足ゆくもので、旧型コペンからの大きな進化に感銘した。

エンジンは従来の直列4気筒ターボに代えて、低速領域で高いトルクを発揮する直列3気筒ターボとなり、アクセルレスポンスも向上、変速機は変速レスポンスを改善した7速CVTと、細部のチューニングでシフト感覚を改善した5速MTを設定、シフトはいずれも非常にスムーズだった。

この時行なわれた技術説明と展示も大変興味深いもので、まず新型コペンが目指したのは「高い走行性能に裏付けされた、誰が乗っても楽しいクルマ」、「“クルマは楽しい”の入門編」とのことで、そのために新しいD-フレームと呼ぶ新骨格が採用された。これはミライースのモノコックフレームを活用しつつ、新しい概念の骨格構造を作り上げ、旧型コペン比で何と3倍の上下曲げ剛性、1.5倍のねじり剛性を実現したという。試乗時の印象はまさにそれを裏付けたものと言えるし、旧型コペンの弱点の一つだった車体振動も大幅に改善されていた。

またこのD-フレームのおかげで、ダイハツが「ドレスフォーメイション」と呼ぶ、外板の着せ替えが行なえることは市場拡大の上で興味あるポイントとなるだろう。

従来のコペンの象徴でもあった約20秒で開閉可能な電動開閉式リトラクタブルハードトップが継承され、新型コペンの場合はオープン状態でも非常に優れた車体剛性が確保されている。

新型コペンの印象を一言でいえば、大変“Fun to Drive”なライトウェイトスポーツに仕上がっており、導入が非常に楽しみであるとともに、スポーツカーを取り巻く話題の高揚、更には若者のクルマ離れの改善に期待したい。

※車評オンライン第47回（2014年4月28日）と第50回（2014年8月5日）に発表した記事を再構成しています。

本書第二訂版の刊行にあたって

今から30年以上前の話になりますが、1990年代の日本の自動車産業界には、様々な魅力的な新型車が登場しました。軽自動車部門もその例外ではなく1991年にはミッドシッププレイアウトのオープンカーとしてホンダビート、ユニークな構造のオープントップを備えたFR（後輪駆動）のスズキカプチーノ、1992年には、このクラスで世界唯一といわれた〝ガルウィング〟の両ドアを持つ本格的なミッドシップのマツダオートザムAZ—1など、凝ったメカニズムを持つモデルが次々に登場しました。

初代のダイハツコペンは、その少し後の2002年に登場することになりますが、電動開閉式ルーフの〝アクティブトップ〟の装備が選べる2WD（前輪駆動）のオープンスポーツとして人気を博しました。その後は残念ながら時代の変化と共に、オープンタイプの軽自動車は次々と生産中止となってしまいましたが、コペンだけは2014年に2代目が登場して継続して生産されることになりました。初代コペンの製品企画部チーフエンジニアの相坂忠史氏は、2002年の発表時に「スモールカーが利便性・経済性といった優位性を多くのお客様に認められご愛用いただく中、もっと〝持つ悦び〟〝操る楽しさ〟を感じられるクルマをつくりたい。それが、私の大いなる夢でした」と語っていました。そして2代目コペンの開発を担当した製品企画部チーフエンジニアの藤下修氏は「軽自動車が、どこまで人をわくわくさせられるか。〝クルマって楽しい〟。あらゆる人がそう思える感動を、自らの手でつくりたい。強い想いが、この一台を生みました」と語っていますが、歴代のコペンが〝運転が楽しめるクルマ〟として共通したコンセプトが引き継がれているのです。その意味では現代の日本の自動車業界にとってもコペンは貴重な存在であり、希有なオープンタイプの軽自動車といえるでしょう。

本書は10年ほど前にダイハツ工業広報室のご協力のもと、長期間にわたる取材によって、ノンフィクション作家の中部博氏により執筆された、2代目となるコペンの開発の記録です。２０１６年6月に刊行しましたが、発売されたばかりのコペンに関する書籍として多くの注文をいただいて、2年程度で品切れてしまっていました。

今年２０２４年は、2代目コペンが誕生して10周年を迎えるのを機に、本文の内容はそのままですが資料の充実を図り、第二訂版として少部数のみ刊行することにしました。

巻頭のカラー口絵では、モーターショーなどで発表されたダイハツのオープンスポーツモデルなどに加えてコペンの各モデルを紹介することによって、ダイハツによる過去のスポーツモデルの変遷をたどっています。また本文には当時のプレス資料を適所に追加収録することで、より内容を理解しやすいように配慮しました。加えて、マツダの１９９1年のルマン優勝と3代目となるＲＸ－7（ＦＤ）の開発責任者を務めたモータージャーナリストの小早川隆治氏による試乗評価を巻頭に収録し、コペンに関する年表や生産台数などの記録もダイハツ工業広報室のご協力をいただいて加えています。尚、今回の増補に関しては、自動車史料保存委員会の資料とダイハツのプレスインフォメーションなどの公式資料によって製作しています。

三樹書房　編集部　小林謙一

目次

COPEN

第1章

抜擢されたチーフエンジニア

大部屋の隅にある、パネル壁で仕切られた会議室のドアを開けると、パネル壁ぜんたいがぎしっと音をたてて、ちいさくゆれた。ドアの窓ガラスにはＭＲと書かれている。ミーティングルームの頭文字だった。

藤下修《ふじしたおさむ》は、会議室に入ると、静かにドアを閉めた。

四人が向かい合って会議ができる机と八つの事務椅子があり、テレビ会議用の大型液晶ディスプレイがそなえつけられた、殺風景な会議室だ。ちいさい会議室なので窓がひとつしかない。その窓を覆い隠すようにホワイトボードが置かれていたので、薄暗かった。

ベージュとグレーのツートーンカラーに赤いアクセントラインが入ったダイハツ工業の作業着を着ていた藤下は、天井照明のスイッチを入れた。天井照明は蛍光灯二本組みのものがふたつあったが、節電のためにそれぞれ蛍光灯が一本しかセットされていなかった。それでも会議室はにわかに明るくなり、タバコのヤニで黄ばんだ壁の汚れが目についた。いまは禁煙だが、この会議室ができた二四年前は、会議といえばタバコの煙がもうもうとたちこめるなかでおこなわれたもので、壁の汚れはその名残りだった。藤下自身も二〇年間ほど親しんだタバコの嗜好をやめてから、かれこれ一〇年がすぎる。

いちばん手前の椅子を引いて、腰をかけた。作業着と同じ配色の作業用キャップをとって、頭髪をなでつける。すこしばかり癖のある髪の毛は、オールバックというよりも短めのリーゼント風のヘアスタイルに刈られていて、大柄の藤下によく似合っていた。身長は一八〇センチメートルあり、すらっとした体型の男だった。

壁に掛かっている丸いアナログ時計は、昼の一二時四五分をしめしていた。約束の時間より一五分もはやい。時間を確認すると、もうほかにやることがなかった。

目の前の壁にA三サイズの貼り紙があり、ダイハツ工業グループのスローガンが赤い文字で大きく〈Innovation for Tomorrow〉と印刷してある。その下に〈明日を切り拓こう！　明日を創造しよう！　会社を変える主役は〝あなた〟です！〉とあり、さらに「グループ理念」がつづいていた。

〈私たちダイハツグループは、時代をリードする革新的な「クルマづくり」への挑戦を通じて、〝世界の人々に愛されるグローバル・ブランド〟〝自信と誇りを持った企業グループ〟を目指します　1．世界のお客様の笑顔と感動が私たちの喜びです　2．お互いの個性尊重と公平が私たちの絆です　3．地球と社会との共生が私たちの責務です　4．スピード・ブレークスルー・率先垂範が私たちの基本です　5．世界一のスモールカーづくりが私たちの挑戦（チャレンジ）です〉

折りにつけ何度も読んだ理念を、時間つぶしに何気なく目で追ってみた藤下は「まったく、そのとおりだな」とあらためて思う。「これが実現できればダイハツ・ブランドは生き残ることが可能だ」と、こころの奥底に秘める愛社精神がうずくような気がした。

ダイハツ工業株式会社が軽自動車を主力商品とする自動車メーカーであることは、日本の社会人ならば、だれもが知ることだろう。テレビのコマーシャルでお馴染みのミラ、ムーヴ、タントといったダイハツの代表的な車種の名前を知っている自動車ユーザーも多い。日本の自動車産業の現状に精通している人であれば、ダイハツがインドネシアやマレーシアなど東南アジアでスモールカーを製造販売していることもご存知であろう。

ダイハツ工業は、大阪府池田市ダイハツ町に本社をおく、資本金二八四億円、従業員四万人強(連結)の自動車メーカーだ。一九〇七年(明治四〇年)に発動機メーカーとして創業し、一九三〇年(昭和五年)から自動車生産を開始している。二〇一七年三月一日に創立一一〇周年をむかえた、まごうことなき大阪の老舗自動車メーカーである。現存する日本最古の発動機メーカーだというのは、知る人ぞ知ることだ。

一九九八年(平成一〇年)にトヨタ自動車の連結子会社となり、二〇一六年(平成二八年)八月には、さらなる企業成長とダイハツ・ブランドの発展をきしてトヨタ自動車の完全子会社になることが決定した。

その主力商品である軽自動車は、現代の日本において生活必需品のひとつになっている。もと

ダイハツ工業株式会社 本社　大阪府池田市ダイハツ町1番1号

滋賀テクニカルセンター　滋賀県蒲生郡竜王町にある商品研究開発の実験試験場

より軽自動車は手軽に所有できるクルマとして、生活者にゆるぎない人気があった。廉価で小回りがきいて使い勝手がよく、燃費性能にすぐれ、税金や保険料も安い。黄色ナンバーの軽自動車の自家用乗用車の自動車税は年間一万八〇〇〇円だ。登録車と呼ばれる白ナンバーの普通自動車の自家用乗用車の自動車税は、いちばん安くても年間二万五〇〇〇円である。軽自動車は日本独自の自動車規格で、国内のみで販売されている。この規格が定めるのは、乗車定員四人以下、エンジン排気量六六〇cc以下、車体サイズは、全長三・四メートル以下、全幅一・四八メートル以下、全高二メートル以下である。

この時代における軽自動車の人気は、よりいっそう高まっている。長引く構造不況によって消費者が高額出費を避けるようになり、エコロジー・ブームのなかでちいさなクルマの価値が見直されたという、ふたつの大きな理由があげられている。人気上昇の根底にあるのは、軽自動車の性能や安全性が大幅に向上し、さまざまな機能をそなえた多様なモデルが販売されていることだ。消費者は、豊富なバリエーションから、自分の生活にふさわしい、よき一台を選ぶことができる。

ダイハツの商品ラインナップでみると、低燃費性能の四人乗りセダンが八〇万円ほどの価格からあり、一三五万円以上になれば広い乗員空間に、驚くほど広く開くリアのドアがついた、荷物を積む十分なスペースのあるワンボックスが手に入る。商用車は九〇万円ほどのピックアップトラックから、ワンボックスバンまであり、各種ダンプやテールリフトつき、用途別温冷凍庫車、CNG（圧縮天然ガス）燃料車と、多くの仕様がある。

いまや日本で一年間に販売されるおよそ五〇五万台（二〇一五年）のクルマの約三八パーセントが軽自動車である。自動車保有台数の記録（二〇一五年一一月）でみても、乗用車およそ六〇九六万台のうち軽自動車は三五パーセントをしめ、貨物車にいたっては約一四六八万台のうち五九パーセントが軽自動車だ。ことほどさように日本の人びとの暮らしと経済活動に役だっている。

その軽自動車市場をダイハツはリードしてきた。しかし現代の企業競争は激烈だ。日本の自動車メーカー全八社が軽自動車を販売する市場状況にあって、資金力と組織力にまさる強力なライバルを相手にした苛烈な販売競争を展開しており、油断することができない状況がつづいている。

それればかりか税金が安い黄色ナンバーの軽自動車規格を撤廃し、三倍ちかくの自動車税がかかる白ナンバーのスモールカーに統合して税収を増やそうとする政治動向がある。日本独自の軽自動車をめぐる経済と政治の状況は流動的だ。

ダイハツは〈世界一のスモールカーづくりが私たちの挑戦（チャレンジ）です〉という、あくなき獲得目標をかかげている。ダイハツの自己規定はスモールカー・メーカーであり、今日的に軽自動車が主力商品になっているというスタンスだ。したがってライバルは日本の自動車メーカーだけではない。日本市場においても東南アジア市場でも、全世界のメーカーとスモールカーの販売競争をしているのが現実で、これは生易しいことではなかった。だが、営利企業は守りに入れば必ず減退するので、つねに成長をもとめて攻めつづける以外に生き残る道がない。

ミライース

ミラ

ミラ ココア

ムーヴ

ムーヴ コンテ

タント

ハイゼット トラック

ハイゼット
多目的ダンプ

ハイゼット
垂直式テールリフト

ハイゼット トラック
FRP中温冷凍車

ハイゼット デッキバン

ハイゼットカーゴCNG

そのようなことを考えながら藤下は待ち時間をすごしていた。

藤下修はダイハツ工業の技術本部で働く自動車開発技術者で、このとき五〇歳になったばかりだった。

工業大学卒業の二三歳でダイハツに入社し、実験部に配属されてブレーキの研究実験一筋に開発現場で働いた。実験部のマネジャーとなってからはブレーキのみならず、〈走る、止まる、曲がる〉と表現されるクルマの基本的な操縦安定性能実験の全般を担当していた。


その日が、いつであったかを、藤下修に質問すると、間髪入れずにこう答えた。

「忘れもしない、二〇一一年の六月一〇日、時の記念日でした」

金曜日だった。梅雨の曇り空が広がる、六月上旬にしてはやや蒸し暑い日であった。藤下は滋賀県蒲生郡竜王町にあるダイハツの滋賀テクニカルセンターの会議室にいた。

ダイハツ社内で、通称テクセンと呼ばれる滋賀テクニカルセンターは、ダイハツの生産拠点のひとつである滋賀工場の敷地内にある。このテクニカルセンターは、開発中のクルマの入念なテストや新技術の実験をおこなう巨大な試験場だ。

クルマは家電と同じ生活必需品だが、走る乗り物だから、きわめて高い安全性が要求される。通常の使用においては、歩行者だろうがドライバーだろうが、いかなる人にも物にも損害をあたえることがあってはならない。万が一の事故でも、その損害を最小にする乗り物であることがのぞまれる。また、高額の大衆商品としては、使い勝手がよく、高性能で、乗り味が楽しめ、所有する喜びを感じさせ、耐久性信頼性がなければ、商品価値が認められない。

そのような安全性が高く、魅力のある多機能なクルマを開発するには、徹底したさまざまな長期の試験が不可欠であり、その試験のほとんどは実際に走らせておこなうから、各種のテスト・コースが必要となり、クルマ開発の試験場は巨大施設になる。

このテクニカルセンターがあるダイハツ滋賀工場の最寄りの駅は、JR近江八幡駅だ。琵琶湖の南東にある駅と書けば、その地理がわかりやすいだろう。大阪府のダイハツ本社からはクルマでも鉄道でも二時間以内で到着する。その近江八幡駅から南にくだると、まもなく田園地帯が広がり、東西に名神高速道路が通っている。名神高速道路をすぎると小高い台地になり、大規模な工場団地があらわれる。

その工場団地の最初の一画に、ダイハツ滋賀工場があった。敷地面積約二〇〇万平方メートルの工場で、並のゴルフ場であればフルコースふたつが建設可能という広大さである。ふたつの地区にわけられていて、第一地区工場はエンジンとトランスミッション、鋳造部品を製造し、第二地区工場はダイハツの主車種であるタント、ムーヴなどの組み立て工場だ。そこで働く従業員は四〇〇〇名をこえる。ダイハツの日本国内の主要工場は、この滋賀工場と、大阪府池田市の本社工場、京都府の名神高速道路沿いにある京都工場、大分県と福岡県にある子会社のダイハツ九州工場の四拠点だが、滋賀工場はダイハツ九州工場につぐ二番目の規模の生産拠点である。

その第二地区の、巨大な組み立て工場の後方に、テクニカルセンターが広がる。テクニカルセンターに入場する者は、第二地区ぜんたいのセキュリティゲートとテクニカルセンター専用のセキュリティゲートの両方を通過しなければならない。それぞれのゲートには警備員が二四時間常駐していて、ゲートを通過する者を電子システムでひとりひとり管理する警備がしかれていた。発明をふくむ最先端技術の研究施設であり、発売前の新型車を野外で走らせてテストするから、機密を保持しなければならない。

テクニカルセンターを訪れる者は、一周二八五〇メートルのオーバル（楕円形）コースを目にすることで、その広さを実感できる。コース幅は一二メートルで、最大バンク角度は三九・七度と深く、時速一四〇キロメートルで走れば、ハンドル操作をしなくても旋回可能だ。オーバルコースのレースが売り物のアメリカのインディカー・シリーズではスーパー・スピードウェイに分類されるほどの規模だが、テスト・コースなので、もちろん観客席はない。このオーバルコースに囲まれるようにして、塩水試験路、泥水路などいくつもの種類のテスト・コースが配置され、衝突試験室、気圧設定が可能なエンジン試験室、電波シールド室などの実験棟や事務所棟が建ち並んでいる。

見学者を案内するとき「晴れた日には、オーバルコースの向こうに雄大な伊吹山《いぶきやま》がよく見えるのです」と藤下は気持ちよさそうに言った。

伊吹山は標高一三七七メートルの滋賀県の最高峰だ。けわしくはないが、威厳のある姿をした山で、四季のうつろいが美しくはえる。春から夏にかけて木々が花をつけ緑を増して輝き、秋になると見事に紅葉し、冬は雪を冠した。

藤下修が人待ちをしていたのは、そのテクニカルセンターの中央棟ともいうべきビルディングの一階であった。

テクニカルセンターは、藤下が三〇歳になる年から二〇年間にわたって勤務していた愛着のある職場だったが、所属していた実験部が組織改革で解体再編成されたので、つい九日前に大阪府の本社へ転勤したばかりであった。その日は朝から、あらたに手がける研究開発の準備ために、古巣のテクニカルセンターへ出張していた。

そこへ技術本部担当の上級執行役員の堀信介《ほりしんすけ》から、秘書をつうじて藤下へ電話連絡があった。

「本日昼の一時に、テクセンで、今後の仕事のことで話をする。会議室で待機していてほしい」

藤下は、試験場管理室のなかにある会議室を予約し、その旨を役員秘書に連絡した。試験場管理室の会議室を予約したのは、その会議室が本社からやってくる役員たちが知っている数すくない会議室だったからである。技術開発担当の役員たちでも、開発現場のテクニカルセンターへやってくることは多くない。新型車の評価や新技術の試験をするときは多数の役員がやってくるが、個人と面談するために役員がやってくるという話を藤下は聞いたことがなかった。

「わざわざやってきて、いったい、何を言われるのだろう」と藤下は考えた。

直感的に、わるい話ではないと思えた。失敗をやらかした覚えがなかったからである。

「おそらく新しい仕事についての相談か指示だろうと思いました。なにしろ僕が所属していた実験部は解体されたばかりで、僕自身も九日前に大阪の池田の本社へ転勤し、新しい仕事に取り組む準備をしているような時期だった。だから、その新しい仕事の計画をまとめたレジュメを用意して、堀さんの到着を待っていました。僕は物事をどちらかといえば楽天的に考えるほうだから、わるい話だとは思わなかったけれど、わざわざ話しにきてくれるという、きわめて異例のことでしたから、どこかしら不安な気持ちで、会議室でひとりぽつんと待っていた」

このときの藤下の仕事上の立場は、とても流動的だった。

九日前までは、技術本部実験部の次長として、燃費性能開発室の室長をつとめ、ほかに技術統括部・滋賀テクニカルセンター長と環境統括部・製品環境室主査を兼務していた。ところが肝心の実験部が解体再編成されてしまった。

その頃のダイハツは全社をあげて大規模な構造改革に取り組んでいたので、つむじ風のように社内の部署を吹き飛ばす、突発的な組織改革が連続していた。この構造改革は、ダイハツが旧態依然であれば、生き残ることさえ困難で、成長などおぼつかないという、いわば生きるか死ぬかを問う、生存のための構造改革であったから、その激しさは半端ではなかった。解体されたのは実験部だけではなく、シャシー設計部も解体され、このふたつの部を統合再編成してプラットフォーム開発部が新設された。藤下はプラットフォーム開発部バリュートレーン開発室の主査を命じられたが、直属の部下はひとりもいなかった。

大きな組織の部署名は、その組織に属していない者には非常にわかりにくいものである。技術本部プラットフォーム開発部は、ダイハツ用語で言うところのアンダーフレーム、サスペンションやブレーキなどを一括して研究開発する部として発足した。そのプラットフォーム開発部の室課のひとつにバリュートレーン開発室が新設され、藤下はその主査を命じられたが、ようするに部下がいないのだから、宙に浮いたような次長級の主査という状態にいた。バリュートレーン開発とは、プラットフォームの付加価値的性能を研究開発する仕事だと説明されたが、具体的な開発テーマの指示はなく、自分で考えてみつけろという荒っぽいゼロスタートの仕事であった。

実は実験部があった頃、実験部一筋に働いてきた藤下のめざすところは、なれるものなら実験部の部長になって采配をふるうことだった。若手を育て、クルマの運動性能を追求し、ダイハツのクルマの走りを磨いて、素晴しく魅力的な製品に仕上げる仕事のマネジメントをしたかった。

藤下は簡潔な言葉で、実験部の仕事をこう言っている。

「クルマを走らせて評価し、問題点を発見して改良方法をみつけ、お客様にお届けする前に動力性能を最終確認する部署」

それはつまり、乗り心地よく、運転しやすく、乗って疲れず、操縦安定性にすぐれたクルマを仕上げる仕事だ。操縦安定性とは、よく走り、よく曲がり、よく止まる、ということである。あるいは、安全に走り、安全に曲がり、安全に止まる、と言いかえてもいい。よい乗り心地や疲労軽減は、ドライバーだけではなく、そのクルマに乗る人たち全員が感受できる性能でなければならない。

しかし藤下に言わせれば、これらの性能はクルマにとって当たり前の標準性能である。理想はもっと高い。

藤下が理想とするクルマの走り味は、免許取りたてのドライバーでも安心して安全に運転できるのは当然として、運転がうまくなっていくと、そのクルマが潜在的にもっている、さらに深い運転する楽しさを発見できるというものである。あるいは運転初心者が、そのクルマを運転することでドライビングスキルが上達し、運転を楽しめるようになる。運転のうまいドライバーは運転するたびに、運転する喜びを味わう。クルマに馴染めば馴染むほど、運転すればするほど、そのクルマの操縦性能が楽しめる。それらの走り味は付加された価値ではなく、そのクルマの本質にそなえられているべきであった。そうじてユーザーがクルマに乗っている時間を楽しめる、かけがえのない人生のよき相棒となるようなクルマだ。

実験部の部長になりたいと藤下が願ったのは、このように味わい深い走り味をもった、素晴しい魅力のあるクルマを仕上げる、ダイハツの実験部を育てたかったからである。

しかし、それは叶わぬ夢となった。実験部長になるチャンスが手に入らないまま実験部は解体再編成され、藤下はバリュートレーン開発室の主査になっていた。

そこへ上級執行役員から面談のオファーがあった。それも大阪本社の役員室へ呼び出されるのではなく、藤下が出張しているテクニカルセンターまで、役員が追いかけてくるという異例の動きである。

考えれば考えるほど「一匹狼になった俺に、堀さんはいったい何の話があるのだろう」と藤下は思った。

会議室のドアの窓越しに、上級執行役員の堀信介がやってくるのが見えた。堀のおだやかな表情を見てとった藤下は、やや気分が楽になった。会議室に入った堀は、藤下に対する気遣いをみせるように、なごやかに挨拶をして、さしむかいに座った。上司が気遣いをするとなると、これはいい話ではないかもしれないと、藤下はふと思った。

堀信介は単刀直入に、こう切り出した。

「今日は組織改革後の新しい仕事の話できたのではない。新型コペン開発のチーフエンジニアをやってもらいたいと思うのだが、その相談をするためにやってきた」

藤下はひどく驚いた。チーフエンジニアは、自動車製品の開発責任者である。それも新型コペンの担当だ。

言わずもがなコペンは、ダイハツのシンボリックなスポーツカーである。二〇〇二年に発売された軽自動車規格のライトウエイト・オープン2《ツー》シーターで、このとき二〇一一年六月の時点で約五万五〇〇〇台を販売していた。軽自動車のオープン2シーターという変わり種なのだが、根強い人気があった。しかし二〇一二年八月には生産を終了しなくてはならない。歩行者保護のための車体構造を定めた法律が改定されるので、改定前の法律にしたがった車体構造をもつ初代コペンは製造も販売もできなくなるからだ。そのフルモデルチェンジのための研究開発がおこなわれていることは、もちろん藤下も知っていた。新型コペンの走りを研究開発するために、オープンカーに改造されたミライース試作車が、テクニカルセンターで走行実験をしているのを日常的に目にしている。いずれ新型コペンの開発が軌道にのったら、実験部の一員としてその開発工程のいくつかを担当することは、なきにしもあらずと思っていた。だから驚いたのは、新型コペン開発にかかわることではない。

チーフエンジニアに抜擢されるということが、大きな驚きだった。チーフエンジニアに選ばれることは、もうないと思っていたからだ。それが藤下がおかれていたダイハツ技術本部の現実だった。チーフエンジニアになるためには、ひとつの定まった職務ルートを歩んでキャリアを積む慣習があり、藤下はそのルートからあきらかにはずれていたのである。

ダイハツにおける自動車製品開発のチーフエンジニアは、対外的には開発責任者と表記される職務だ。本社製品企画部に所属し、商品企画部で企画された新型車を、現実の自動車製品につくりあげ、生産工場で組み立てて販売できるまでに仕上げる開発プロジェクトの責任者である。おもに製品企画部を担当する執行役員や部長級、次長級の者が選ばれて任命される。

商品企画は、市場動向や競合動向などのマーケティング調査結果、そこから導かれた性能や機能、特長や個性、デザインなどの商品コンセプト、ターゲットとするユーザーや販売方法、価格

コペン　型式：LA-L880K　発売日：2002年6月19日　生産終了：2012年8月末
駆動方式：2WD（前輪駆動方式）　エンジン型式：JB-DET型直列4気筒DOHCターボ
電動開閉式ルーフ　アクティブトップ装備

や目標とする販売台数などの需要シミュレーションをまとめあげ、その企画全体を逆算するかたちでコストや予算を決める仕事だ。しかし商品企画の段階では、調査数字や写真、図版といったデータを駆使して、新型車の企画がたてられているだけで、商品そのものの姿かたちがない。

製品企画は、この商品企画にしたがって、新型車を設計し、現実の自動車製品に仕上げる製品開発プロジェクト部門だ。そこではたとえば、すべての部品の設計図面を描かなくてはならず、それらの部品の原価計算をしなければならない。あるいはまた、生産工場で組み立てができるまでに、部品を完成させる仕事をする。設計開発から生産まで、社内の技術部門と生産部門をまとめて推進し、スケジュールどおりに開発プロジェクトを進行しなければならない。その全責任をチーフエンジニアが負う。

だが、実験部門一筋に働いてきた藤下は、設計図面作成、原価計算、生産工場との調整といった製品企画の実務経験がまったくなかった。新型車の商品企画にしたがって試作車をつくり、それを試験して鍛え、自動車製品を仕上げることはできると思ったが、開発プロジェクト全体の企画をたてることや、その進行や実務をやったことがないので、チーフエンジニアの仕事の仕方を知らなかった。ようするに藤下は、製品企画の門外漢であった。そのことを藤下は、いまこう言っている。

「たしかにチーフエンジニアになっている先輩たちは、僕と同じ実験部の出身者が多い。クルマを走らせて評価し判断する能力がなければ、開発プロジェクトを推進して、製品にまとめることができないからです。だからチーフエンジニアになる人たちは、実験部の仕事を覚えて係長クラスになると、製品企画部へ引きぬかれ、製品企画の厳しい実務の修業をしたうえでチーフエンジニアになっていた。しかし僕は、ひとつの機能であるブレーキ開発の現場が長かったし、操縦安定性、乗り心地、衝突安全性までクルマの走りはすべて担当したけれど、製品企画部の修羅場で働いたことがないから、製品企画の実務仕事の試練をうけていない。チーフエンジニアをやれと命じられても、わからないことだらけです。しかもあのとき、すでに五〇歳ですから、数年かけて製品企画の実務を必死になって覚えたとしても、すぐに役職定年の五五歳になってしまうから、もうチーフエンジニアに選ばれることはないと思っていました。また、チーフエンジニアになりたかったかといえば、自分がつくりたいクルマの開発ができれば、そりゃあなりたいです。しかし、決められた商品企画にしたがってクルマを開発する大きな責任がある仕事ですから、僕にはそんな器量はないと思っていました」

チーフエンジニアという言葉が、堀信介の口から出たとき、だから藤下は心底から驚いた。その驚きを知ってか知らずか、堀は淡々と話をつづけた。

「現在、新型コペンの開発チームが活動しているのは知っているだろうけれど、仕切り直したほうがいいという意見が出た。それで相談した結果、次のチーフエンジニアの候補として藤下君の名前があがった。福塚さんは上田君に相談し、上田君は藤下君がいいだろうと賛成している。したがって私は、福塚さんの命をうけて、藤下君へそのことを打診しにきた。君の意向を聞きたい。

新型コペンのチーフエンジニアは、絶対にやらなければならない仕事ではない。断ることができる」

藤下に白羽の矢をたてたのは、堀信介だけではなかった。

堀の言う「福塚さん」とは、福塚政廣《ふくつかまさひろ》のことである。このとき上級執行役員で、技術本部副本部長と車両開発部長を兼任していた技術開発現場の執行者だった。のち二〇一二年に取締役専務執行役員に就任し、技術開発部門のトップである技術本部長になった。

上田亨《うえだとおる》は〈第三のエコカー〉としてヒット商品となったミライースの開発プロジェクトの責任者をつとめていたエグゼクティブ・チーフエンジニアであった。のちに執行役員となり、二〇一五年には技術本部長になっている。藤下とは同期入社の仲であった。

これはダイハツの自動車開発部門の錚々たる面々が、新型コペンのチーフエンジニアに藤下を選んだということであった。

堀信介は「チーフエンジニアは断ることができる」と念を押すように何度も言った。チーフエンジニアの仕事は、負うべき責任が大きくて重く、過酷な仕事だからである。そのことは藤下も自明のことであった。チーフエンジニアが属する製品企画部は、不夜城の部署として知られていたし、その仕事をひきうければ週末の休日を失うことを覚悟しなければならない。

しかし藤下は瞬間的に「福塚さんが言っているのだとしたら、これは断れない」と思った。

「福塚さんは憧れの人物です。実験部出身の先輩ですが、僕なんかでは手が届かないぐらい仕事ができる人なので、ひとりの技術者として尊敬していますから、憧れの人物と言うしかない。一〇年前に手がけられた仕事の数字を、小数点以下六桁まで記憶しているという人です。いま現在のダイハツの軽自動車シリーズは、ほとんど福塚さんが企画してきたようなものでしょう。そのぐらい仕事ができるし、クルマが大好きで研究熱心ですから、クルマについての知識がとても豊富です。まるでクルマのエンサイクロペディアみたいな人だなと思ったことがあります。だからクルマを語らせたら、世界中の自動車メーカーのボードメンバー技術者のなかには優秀な人がいっぱいいるのでしょうが、そのような人たちとくらべても、勝るとも劣らないでしょう。しかもレーシングドライバーとして、日本のラリー競技やトライアル競技でチャンピオンをふくむ好成績を残しているドライビング・テクニックの持ち主です。開発のためのテスト・ドライブができるというレベルではなく、日本のトップクラスのスピード競技に出場して優勝するほどの腕前です。そういう人が、僕をよく知る同期の上田に相談して、スポーツカー開発のチーフエンジニアに選んでくれたわけですから、お断りする理由はひとつもなかった」

藤下の気持ちのなかには、新型コペン開発すなわちスポーツカー開発のチーフエンジニアになるチャンスがきたという喜びが広がっていなかったわけではない。抜きんでた走行性能がスポーツカーの本質だから、その挑戦的な開発仕事の責任者をやってみたいと、自動車技術者であれば、だれもが一度は夢にみる。しかし自動車メーカーといえども、スポーツカー開発は、その専門メーカーでないかぎり、一〇年に一度あるかないかという仕事だ。実力のある技術者であっても、よほど運がよくなければ、ありつけない仕事だろう。実際のところ、ダイハツの一九三〇年からはじまる自動車生産販売の歴史のなかで、オープン2シーターのスポーツカーは、一九七〇年のフェロー・バギィ、一九九一年のリーザ　スパイダー、そして二〇〇二年の初代コペンと、たった三機種しかない。

とはいえ藤下は、新型コペンがスポーツカーだということは、ひとまず考えないほうがいいと思った。スポーツカー開発は自動車技術者の憧れであることはまちがいないが、夢をみるような気持ちでチーフエンジニアの仕事をするつもりはなかった。すべからく仕事は、あくまでも現実の業務なのだから、どのような仕事であっても真正面から真剣に取り組むのが藤下の流儀であった。憧れを隠しきれないような甘ったるい気持ちで仕事をするほど、藤下は若くなかった。

しかし「いまの仕事環境よりは、ずっといい」と思った。やるべき仕事が定まっておらず部下がひとりもいないバリュートレーン開発室の主査よりは、たとえ激務であっても、やるべきことが鮮明なチーフエンジニアのほうがいいと思った。もちろん、新型コペンの魅力的な走行性能を開発する自信はあった。やってみたい仕事にはちがいない。

だが、心配がある。チーフエンジニアになるための実務トレーニングをうけていないことだ。「修業していない自分につとまる仕事なのだろうか」という戸惑いがあった。製品企画の実務は、知らないことが多すぎる。チーフエンジニアとして、つつがなく開発をリードしていけるのかどうかは、判断がつかないことであった。とはいえ、戸惑う必要はないはずだとも思った。技術者

1970年 フェロー・バギィ

1991年 リーザ スパイダー

として尊敬する福塚政廣の人選なのだ。しかも藤下の人柄や仕事ぶりをよく知る同期入社の上田亨に相談している。

「お断りする理由がありません」

藤下は堀信介へ、言葉短く回答した。

「じゃあ、いいんだな」

堀はやわらかい言葉で最終確認を重ねた。藤下の即断即決には覚悟を感じたが、新型コペン開発が一筋縄ではいかないことはわかっていた。

すでに最初の新型コペン開発チームは、開発の中心にすえたエンジン技術開発がたちゆかなくなりつつあり、研究開発を前進させるエネルギーを消耗させていた。その仕切り直しの新型車開発プロジェクトが、首尾よく進行していく可能性は未知数である。一歩後退したあとに二歩前進するための再出発となるからだ。そのチーフエンジニアになれば激務になることは目に見えていた。精神と身体のどちらかを、あるいは両方を痛めてしまうこともありうる。

「嫌ということはいっさいありませんし、考えさせてくださいということもありません。僕がのぞまれているのでしたら、やらせていただきます」

藤下は率直に言った。

やりきれる仕事であるかないかの判断はつかなかった。しかし、やりきりたいのであれば、やるとしか答えようがない。チーフエンジニアの仕事がうまくできるかどうかはわからなかったが、これは未経験だから、やってみなければわからない。ベストをつくして働き、それで結果が出なければ、あとは野となれ山となれと思うしかない。少年の頃に大好きだったハードロックの歌の一節にこうあった。〈Life is too short now, to live it half way.（もう半分生きたんだ、残りは長くない）〉。こんなときに、ふと脳裏に鳴り響き、藤下修の背中を押した。

こうして三週間後の二〇一一年七月一日付で、新型コペン開発のチーフエンジニアとなる辞令が出ることになった。

チーフエンジニアはクルマづくりのディレクターだ。クルマの世界の英語ではデザイナーと呼んだりもする。ひとりのデザイナーがつくりたいクルマをイメージして細部までレイアウトし、それぞれのスペシャリストたちの技術をまとめていく古典的なクルマづくりの方法があった。クルマは複合的な技術の産物である。高い安全性と使い勝手のよさ、モダンアートとしてのデザイン、時代と地球環境に適合するメカニズム、素晴しい走り味、隠し味となるディテール、もっとも重要な生産と価格のコストと、一台の新型車を開発する仕事は複合的で多岐にわたる。

映画監督の仕事にも似たところがある。映画監督は、脚本と俳優をあたえられ、演出部、撮影部、照明部、録音部、美術部、制作部、撮影所、現像所などを駆使して一本の映画を完成させる。あるいは、多種多様な建設技術者に設計図をゆだね、みずから現場監督となって建築物を完成させる建築家にも似ている。

したがって映画や建築物のように、チーフエンジニアの能力や創造性、感性や哲学、さらには個性や人格が、できあがった自動車製品から、いやおうもなく滲み出る。ましてやスポーツカーは趣味の製品に分類されるから、チーフエンジニアの嗜好がそのまま製品の魅力となる。そのような走る製品のチーフエンジニアを藤下修は命じられた。

「堀さんが会議室に入られて、お帰りになるまで、一五分間ぐらいでした。一瞬で覚悟を決めた感じでした」と藤下は言っている。


新型コペン開発のチーフエンジニアになることを了承した藤下は「これからは仕事一筋の生活になるのだな」と思った。こころのなかに風が吹きぬけるような気持ちがした。休みなく働かなければならない大仕事を目の前にしたとき、だれもが感じるだろう、こころに吹く風であった。

三〇歳のとき藤下は、大阪本社から滋賀のテクニカルセンターへ転勤している。一家をあげて大阪から滋賀へ引っ越し、そこで二〇年間暮らした。チーフエンジニアになれば、大阪へ舞い戻り、本社の製品企画部で責任仕事に追いまくられるだろうから、その安定したゆたかな生活が終わる。

二〇年前に、テクニカルセンターへの転勤を命じられたときは、ひと騒ぎがあった。

神戸市のど真ん中で生まれ育ち、ダイハツに就職してからは大阪市内で生活をしていた藤下にとって、関西経済圏の衛星都市になりつつあった近江八幡市といえども、そこは暮らしたことがない、ちいさな町であった。しかもテクニカルセンターのある滋賀工場は、絵に描いたような田園地帯の台地にある。大都会に生まれてそこで暮らしていた者には、近江八幡市の公共交通機関は不便としか言い様がなかったし、夜の八時ともなれば真っ暗になってしまう、ちいさな町の生活に馴染めないと思った。

その時代はバブル経済の真っ盛りで、机上の計算では日本が世界一の金持ち国家になっていた。過度の投機で高騰した東京都の山手線内側の土地価格総額で、アメリカ全土が買えるという馬鹿げた計算が成り立つほどであった。日本の景気は異常なほどよく、転職する先はいくらでもあったから、たとえばダイハツでは、滋賀へ転勤するのが嫌であったら、さっさと転職する者がすくなからずいた。

バブル経済の時代には、転職や独立して起業することが、流行になるという風潮があった。サラリーマンにとって転職と独立は、現実の仕事選択である以上にロマンチシズムでもある。会社組織に属している者の最大の自由は、その組織を辞めることだからだ。最大の自由の享受はロマンそのもので、冒険旅行にでも出発するような新鮮でチャレンジングな気分になれる。しかもこの時代あたりから日本の終身雇用制度の安定的魅力が薄れはじめていて、転職と独立は夢と希望のある仕事選択ということになりつつあった。

実は藤下も、転職を考えて行動をおこしたひとりだった。しかし、すんでのところで思いとどまり転職はしなかった。そのことをこう言っている。

「僕は都会で生まれて育ったから、ちいさな町で暮らしたことがなかった。だから自然があってしたがって、その地域の人びとがおだやかに生活する、ちいさな町の暮らしのいいところを知らなかった。大阪には趣味の仲間もいたので、滋賀へ引っ越すのは気が進まず、転職して大阪暮らしをつづけようと考えました。転職先はすぐにみつかりました。自動車部品のメーカーでした。ところが、相坂さんというよき上司がいて、転職なんかしないでダイハツで一緒に仕事をやろうよと熱心に言ってくれたし、転職すると決めた部品メーカーの部長さんも、あんた本当にウチにくるのかと心配してくれたので、考えなおしたのです。結論を言えば、僕は入社以来ずっとブレーキ開発の仕事をしていて、それがまだまだ興味がつきないことに気がついて、転職はいつでもできるはずだから、いまはダイハツにいて目の前の仕事をやろうと考えたのです」

藤下が言っている「相坂さんというよき上司」とは、初代コペンのチーフエンジニアとなる、相坂忠史《あいさかただふみ》である。藤下とコペンの縁はいたるところに散らばっていた。

そして一家をあげて滋賀へ引っ越した。気のりがしなかったちいさな町の暮らしだったが、慣れてしまえば大阪にくらべて生活物価が安く、空気のきれいな滋賀の生活はわるくなかった。職住接近の自動車通勤生活も気に入った。やがて広い庭のある家を買った。大阪生活では、とうてい手に入らないような家だった。テクニカルセンターへの転勤をうけいれた理由のひとつは、滋賀ならば広い庭のある家を買うことができるだろうと目論んだからだ。

バブル経済はつづくはずもなく崩壊し、時代は〈失われた二〇年〉と呼ばれる経済の低迷期に入った。バブル経済の異常な好景気から一転して、不景気の時代がはじまった。

そのために藤下の滋賀生活は、仕事に追いまくられることがなく、落ち着いたものになった。ちょうど週休二日制が定着してきた時代で、繁忙期であっても土曜日の午前に出社して残った仕事を片づければ、それで一週間分の仕事はすんだ。そのようにゆとりのある生活のなかで、ふたりの息子の子育てと教育にじっくりと向き合った。広い庭では外来種の針葉樹を育ててガーデニングの趣味を楽しんだ。息子たちが地域の少年サッカークラブに加入したことがきっかけで、藤下はそのクラブのヘッドコーチ役をひきうけることになる。自分たち一家をうけいれて仲間と認めてくれた地域への恩返しという気持ちがあった。滋賀時代の藤下は、安定した仕事をもち、その仕事はやりがいがあって充実していて、家族を大切にし、趣味を楽しみ、地域の活動にも参加するという、理想的なワーク・ライフ・バランスを手に入れていた。それは藤下修が子供の頃から思い願っていた、あるべき家庭と生活だった。

だが、チーフエンジニアになれば、激務の日々がまちうけている。生活の風が大きく変化する。新型コペンの開発プロジェクトの先頭に立つという、やりがいのある創造的な仕事をすることで、獲得するものははかりしれず、自分で自分を鍛える新しい段階に踏み出すことは嬉しかったが、ひとつの大きな選択をすれば失われるものがあることを知らないわけではない。そのことを思うと藤下修は、ちょっぴりさびしかった。

国内販売－販売台数の推移

（台）

年	小型三輪	軽三輪	三輪合計	小型乗用	小型貨物	小型車計	軽乗用	軽貨物	軽合計	総合計
1955	27,163		27,163							27,163
1956	33,117		33,117							33,117
1957	35,443	271	35,714							35,714
1958	28,502	9,683	38,185		212	212				38,397
1959	27,727	39,212	66,939		1,690	1,690				68,629
1960	32,182	86,608	118,790		1,139	1,139		1,374	1,374	121,303
1961	31,860	57,229	89,089		6,254	6,254		45,251	45,251	140,594
1962	29,065	36,314	65,379		10,500	10,500		56,072	56,072	131,951
1963	20,178	33,381	53,559	409	34,846	35,255		64,875	64,875	153,689
1964	15,588	20,527	36,115	5,045	47,696	52,741		79,452	79,452	168,308
1965	8,581	11,757	20,338	11,336	48,764	60,100		91,330	91,330	171,768
1966	6,471	6,553	13,024	17,084	54,335	71,419	2,298	90,602	92,900	177,343
1967	5,164	4,056	9,220	19,376	55,695	75,071	35,916	98,362	134,278	218,569
1968	3,410	2,381	5,791	13,760	44,245	58,005	69,193	112,646	181,839	245,635
1969	2,529	1,567	4,096	18,308	36,713	55,021	80,382	104,104	184,486	243,603
1970	1,959	912	2,871	13,521	20,263	33,784	128,889	113,600	242,489	279,144
1971	1,307	942	2,249	17,643	23,681	41,324	129,020	117,498	246,518	290,091
1972	705	34	739	25,673	32,952	58,625	90,676	128,267	218,943	278,307
1973	5		5	37,136	45,519	82,655	71,767	137,977	209,744	292,404
1974				35,552	34,758	70,310	44,719	108,468	153,187	223,497
1975				53,932	48,571	102,503	33,771	100,598	134,369	236,872
1976				32,122	43,999	76,121	35,716	114,661	150,377	226,498
1977				32,530	47,003	79,533	34,787	130,679	165,466	244,999
1978				65,355	42,405	107,760	32,362	126,232	158,594	266,354
1979				68,040	40,959	108,999	31,788	145,855	177,643	286,642
1980				61,306	30,717	92,023	29,727	165,485	195,212	287,235
1981				49,259	22,329	71,588	31,695	210,534	242,229	313,817
1982				38,194	14,697	52,891	38,593	247,965	286,558	339,449
1983				67,322	11,142	78,464	44,896	260,581	305,477	383,941
1984				65,780	10,682	76,462	41,466	297,953	339,419	415,881
1985				61,666	10,050	71,716	35,724	329,384	365,108	436,824
1986				50,108	8,001	58,109	37,500	375,754	413,254	471,363
1987				40,143	4,845	44,988	35,550	400,123	435,673	480,661
1988				44,187	4,862	49,049	45,926	426,625	472,551	521,600
1989				50,663	5,189	55,852	106,316	347,339	453,655	509,507
1990				43,091	6,472	49,563	211,782	231,345	443,127	492,690
1991				29,520	6,007	35,527	244,150	205,004	449,154	484,681
1992				19,545	5,813	25,358	225,203	183,225	408,428	433,786
1993				23,083	4,854	27,937	201,522	168,543	370,065	398,002
1994				19,443	4,898	24,341	197,040	170,677	367,717	392,058
1995				12,760	4,142	16,902	223,959	171,603	395,562	412,464
1996				22,284	2,521	24,805	276,359	168,073	444,432	469,237
1997				37,543	2,934	40,477	254,321	153,529	407,850	448,327
1998				42,326	1,501	43,827	259,514	133,889	393,403	437,230
1999				14,051	1,498	15,549	330,061	176,901	506,962	522,511
2000				27,476	1,229	28,705	367,893	152,545	520,438	549,143
2001				26,623	1,286	27,909	366,340	147,742	514,082	541,991
2002				13,658	1,027	14,685	349,705	140,205	489,910	504,595
2003				8,578	906	9,484	397,211	135,160	532,371	541,855
2004				15,547	925	16,472	427,095	134,242	561,337	577,809
2005				12,560	14	12,574	433,049	155,531	588,580	601,154
2006				21,220	9	21,229	460,484	140,787	601,271	622,500

1955～1966年は当社調べ、1967～1996年は販売会社報告ベース、1997年以降は登録・届出台数で表記

出典：『道を拓く　ダイハツ工業100年史－資料集』　2007年9月発行　ダイハツ工業株式会社より

COPEN

第2章

ダイハツで生まれ育った自動車技術者

「学生時代はクルマ好きではなかった。いちばん好きなものは音楽だった。もちろんクルマ嫌いではなかったし、大学は駅から遠い山の上だったから、お金があればクルマがほしかった。でも苦学生としては、アルバイトで学費と生活費の両方を稼がなければならず、クルマまでは手がまわらない。買えたのは中古の五〇ccのスクーターでした。だから僕はクルマに夢中になっていた青春時代がなかったので、若き日々のクルマ愛好について語れない。僕はダイハツに入ってから、クルマを学び、クルマが好きになり、クルマを語れるようになった」

と、藤下修は言っている。まさにダイハツで生まれて育った自動車技術者なのである。

一九六一年(昭和三六年)に神戸市の下町の繁華街で生まれた。ふたり兄弟の次男だった。父親は、外国航路の船員見習いになって世界の海と港町をめぐる好奇心の持ち主であったが、結婚すると家業のペンキ屋を手伝う職人になった。人生を気ままに生きる人で、昔ながらの職人らしく宵越《よいごし》の銭を持とうとせず、職人のつねで仕事にあぶれれば酒を飲んだ。藤下少年の目には、家庭と家族をかえりみない放蕩な父親に見えた。そうなれば父親はあきらかな反面教師となる。そこから独立心が芽生えた。

　生まれ育った神戸の家は、関西の言葉で言うところの文化住宅で、個人商店が建ち並ぶアーケード街の裏手にあった。そこには都市の下町の庶民の貧しいけれどいきいきとしたコミュニティーが存在した。藤下がただよわせる生粋の都会人らしさは、神戸の町のものだ。神戸は言うまでもなく、日本でも指折りの大きな港町だから、エキゾチックな風に吹かれて、混沌とした下町繁華街の風景と、そこで暮らす多種多様な生き方をする人びとのなかで育った。そのような神戸の下町繁華街の風景と人びとは、好むと好まざるとにかかわらず藤下の原風景になっていて、いまはその人びとと風景に哀愁を感じるが、少年の頃の藤下は、その町とその家から脱出することばかりを考えていた。

　しかし多感な少年ひとりでは、どうなるものではない。停滞したり、横道にそれたり、道をまちがえたりする。最初に生き方をおしえてくれたのは小学校四年生のときの担任の女教師で、引っ込み思案と思われていた藤下少年のいいところを次々と発見して、自信をもたせ、積極的に生きる力をあたえてくれた。

　それからは音楽だった。四歳年上の兄のラジオで、手当たりしだいに音楽番組を聴き、ハードロックが好きになる。アメリカのバンドのグランド・ファンク・レイルロードと、イギリスのレッド・ツェッペリンというバンドのギタリストだったジミー・ページのファンになった。その重く獰猛《どうもう》にひずんだ大音量のエレキギター・サウンドと、バックビートが小気味のよい激しいリズムが好きになったばかりではなく、ハードロックの魂には自己決定の生き方をしめす哲学があったから、実家からの脱出を夢みる少年は、たちまちのうちに虜になり、生きる指針になった。まだレコードの時代で、それは少年の小遣いでは思うように手が出せないほど高価だった。レコードのレンタルショップもなかった時代だから、ラジカセでエアチェックとダビングを繰り返し、カセットテープのコレクションを増やしてハードロックに聴き惚れ、手当たりしだい音楽雑誌を読みあさって知識を溜め込み、思うがままにその音楽と哲学を学習した。

中学時代にクラシックギターの手ほどきを学校の音楽教師からうけて、高校生になるとエレキギターを手に入れた。さっそく学校の仲間を集めてシカゴ・ブルースのバンドを組んだ。ハードロックへの興味は、ロックンロールの原点のひとつであるシカゴ・ブルースへと深入りしていた。探究心の強い藤下のマニアックな気質が、すでに芽生えていたのである。

大学は電子工学科を選んで受験し、合格した。電子工学科を選んだのは、コンピュータの時代になることが目に見えていたので、その高等教育をうけて専門の知識を身につければ、安定した職業について働きつづけられるだろうと考えたからである。そうすれば生まれ育った家と町から脱出できる。

大学生になるとニューグラスという一風変わったアメリカン・ポピュラーミュージックにのめり込んだ。プログレッシブ・ブルーグラスとも呼ばれるブルーグラスのひとつのジャンルの音楽である。大学の軽音楽研究会がその根城であり、フラットマンドリンを担当した藤下はバンド活動に熱中した。練習に励み、学園祭の季節になれば、あちこちの大学祭のステージで歌い演奏した。学生生活はアルバイトをする時間以外はバンド活動にあけくれた。凝り性というほかはないが、ミュージシャンになりたいという夢はもたなかった。楽器の演奏テクニックと楽譜を読み書きする能力が、趣味のレベルにとどまっていたからである。音楽を語ることが得意だったのでポピュラーミュージックの音楽評論家になりたいという若者らしい夢はみた。

青春時代に人間の精神の骨格と筋肉が育って成長し大人になるのだとしたら、藤下修の骨も肉も音楽でできていることになる。このことはダイハツの自動車製品を開発する技術者になってから、実は役だつのである。

バンドのステージ活動をつうじて藤下が経験したことは、音楽のプレーヤーとして観客を楽しませることであった。音楽マーケットでは音楽そのものが商品である。素晴しい音楽を創造すれば、それは話題になり、音楽商品となって世界各国で売れ、コンサートをやっても観客が集まり利益が出る。それは人びとの生活に寄り添い楽しませるという活動だ。人びとを楽しませる商品を生み出すという人間の活動は、それが音楽であっても自動車であっても同じ行為である。音楽を創造するのとクルマをつくるのは、人びとを楽しませるものを生み出すという一点でつうじあっていた。藤下はそのことに無自覚であったが、やがてバンドが音楽活動をするのと同じリズムや感覚で、新型コペンの開発プロジェクトに取り組むことになる。

もうひとついえば、リズム感がわるい人は、クルマの運転が上達しにくいという傾向がある。

クルマは楽器にたとえられることがあって、たとえばいかに高級なスポーツカーであっても、運転が下手なドライバーがあやつれば最高性能を発揮させられないわけで、高級スポーツカーの神髄を味わうためには高度なドライビングのテクニックとセンスがなければならない。高度なドライビング・テクニックの根底にあるのは運転のリズムだ。まさに楽器もそうである。いかに名だたる楽器でも、それを演奏する人の技術とセンスがよくなければ、よく鳴らない。演奏の技術とセンスを磨くためには、まずリズムを身につけなければならない。学生時代の大半を、楽器を弾き唄っていた藤下の心身には、ポピュラーミュージックのセンスと軽快なリズムがやどっていた。

一九八四年（昭和五九年）春に、大学卒業をひかえた藤下の目の前の切実な目的は、生まれ育った家と町から脱出することであった。そのためには、まず就職しサラリーマンになって、給与生活をしていくことがベストだと考えた。関東地方の大手電気器具メーカーで働いていた先輩が誘ってくれたが、家と町から脱出することがメインテーマなのだから、不確定要素を増やさずに、それを確実に実現できる最短路を狙った。したがって生活圏であった関西地方にある、電子工学科新卒の従業員を募集する、いくつかの大企業の入社試験をうけた。好きな音楽にかかわる電子楽器の開発をしてみたいと思ったが、就職することが目的だから、業種にこだわらなかった。

そして合格したのがダイハツ工業だった。技術系の同期入社は一〇〇人ちかくいた。一九八四年のダイハツは、現在のスモールカーに特化したメーカーではなく、軽自動車、登録車、商業車、トラックなどを製造販売する総合自動車メーカーであった。

藤下が入社した一九八四年にダイハツは創業七七年をむかえていた。

国産エンジン・メーカーの草分けとして一九〇七年（明治四〇年）に発動機製造株式会社が設立され、これがダイハツの前身となった。ダイハツ工業株式会社に社名変更したのは一九五一年（昭和二六年）だったが、自動車製造販売を開始した一九三〇年（昭和五年）に、その三輪トラックをダイハツ号と命名している。ダイハツは、すなわち〈大阪の発動機メーカー〉からくるニックネームであった。それをブランドネームに使い、最終的に会社名としてかかげた。ダイハツには機知あるいは頓知ともいうべき愉快な感性があった。

そのダイハツの歴史を公開展示しているのが、大阪府池田市にあるダイハツ本社内のヒューモビリティワールドである。工場見学にくる小学生をおもな来場者としている企業博物館だ。関西地方に本社をおく自動車メーカーはダイハツ一社だから、関西地方の小学生が社会見学で自動車メーカーをおとずれるとしたら、それは必ずダイハツなのである。

ヒューモビリティワールドの最初の常設展示は、一九三三年（昭和八年）製の灌漑《かんがい》用のディーゼル・エンジンだ。二メートルほどの高さがある、その大きな水汲み用エンジンは、ダイハツのルーツが発動機製造株式会社であることをしめす展示だ。その真横に一九三一年（昭和六年）製の三輪トラックであるダイハツ号が置かれている。これは古い歴史がある自動車メーカーとしてのモ

1907年 発動機製造株式会社

1930年 ダイハツ1号車 HA型

1931年 ツバサ号 HB型

ニュメントである。

その次の常設展示は、一九五七年（昭和三二年）製のミゼットだ。大型化していった三輪トラックが町中の狭い道を走りにくくなった時代に、ダイハツは三〇五ccエンジンのちいさな三輪トラックであるミゼットを製造販売して大ヒット商品になった。一九五〇年代以前に生まれた人たちには、子供の頃に見覚えのある懐かしいクルマだ。ダイハツというメーカーがヒット商品を生むときは、時代の流れを巧みに読んで、そのときの庶民がどのようなクルマを必要としているかをみつけたときだ。そのような庶民生活に役だつ商品開発がダイハツは得意であり、それは現在にもつづくダイハツの流儀である、ということがミゼットを見るとわかる。

ミゼットの近くには一九七七年（昭和五二年）製のシャレードが展示されている。直列三気筒九九三ccエンジンを搭載するFWD《エフダブルディー》（フロント・ホイール・ドライブ：前輪駆動）ハッチバック・コンパクトカーだ。庶民が軽自動車より、もうすこし大きなクルマがほしいという時代に、シャレードはヒット商品になった。シャレードを展示している意味は、いまや日本国内では軽自動車を主力商品にしているダイハツが、かつては総合自動車メーカーであったことを物語るためだ。その時代は東南アジアのみならず北米市場やヨーロッパ市場へ海外展開していた。

シャレードを見た来場者は、そのあと八〇年製ミラから現代へとつづく軽自動車商品群と対面していく。一九九五年のムーヴ、〇二年のコペン、〇三年のタント、一一年のミライースである。そして最後にインドネシア現地生産のアイラの展示にたどりつく。アイラの意味するところは、

1957年 ミゼット DKA型

1962年 ミゼットMP5型

1977年 シャレード G10型

1980年 ミラ（クオーレ）L55型

1995年 ムーヴ L600型

2012年 アイラ インドネシア生産

軽自動車をふくむスモールカー・メーカーであることをアピールし、現在のダイハツの海外展開が東南アジアに集中していることをしめすためだ。ヒューモビリティワールドを見学すると、ダイハツの歴史と現在が、ひと目で理解できる。

ダイハツに就職した藤下修は、大阪本社近くの寮に入り、大衆商品の量産メーカー企業ならば必ず実施する工場研修と販売店研修をうけた。

メーカー企業では、工場は現場と呼ばれて、もっとも尊重されている。現場は製品の品質を最終的に決定し、現場から出荷された製品がそのまま顧客へ渡るから、絶対に手抜きができないメーカーの生命線である。どのようにすぐれたビジネスモデルや開発技術があろうとも、現場がわるければ品質がおちるので、そのメーカーは必ず衰退する。そのものづくりの労働の現実を、新入社員にたたき込んで教育するのが工場研修だ。

販売店研修は、ダイハツの看板をかかげる販売店へ行って、ダイハツの商品や会社の評判を聞き取り調査することであった。この研修によって、外部からの声で、ダイハツを理解するのが目的だ。藤下はそのとき学んだことをよく覚えていた。

「僕は神戸出身だったので、神戸市内の販売店をまわれと命じられました。世間知らずの新入社員がトラブルをおこすのを避けるために、地の利のある出身地で販売店研修をおこなっているようでした。販売店といってもディーラーではなくて、いわゆる町のモータース屋さんをまわれと指示される。モータースへ行くと、たいていの店には社長たる親父さんがいて、ダイハツが好きなんだ、という話をしてくれる。ダイハツは歴史のある会社だし、地道に真面目にクルマをつくっているから信用している。ホンダみたいな派手さはないクルマだけれど、頑丈で丈夫で長持ちするのがダイハツのクルマだ、ということをおしえてもらった。ダイハツの製品を売って整備する、お客様と直接の関係にある、モータースの親父さんの意見だから、ダイハツというのは、こういう会社で、こういう製品をつくって、お客様に喜ばれているんだということが、すとんと腑におちるわけです」

研修が終わると配属が決まる。藤下は製品開発の現場である実験部第三実験課へ配属された。ブレーキ開発のための実験をする課で、滋賀のテクニカルセンターが建設される前だったので、大阪府池田市のダイハツ本社工場に実験部があった。

ブレーキ開発の現場に配属された藤下は、そのときのことをこう言っている。

「新人は、朝から晩まで、試験車の整備をやらされる。クルマをジャッキアップして、ネジをゆるめて、タイヤをはずして、部品交換をしてブレーキやらスプリングを組みかえて、またタイヤをつけてネジをしめる。こうして整備の方法とクルマの機構を覚えていくのですが、整備士の免許が取れるのではないかと思うほど毎日繰り返す。先輩たちは、いともたやすく、そういう仕事をやって見せてくれるのですが、新人は整備を覚えるどころか、そもそもトラックのタイヤが重くて持ち上げられない。そういうことひとつとっても、先輩たちはすごいなと思いました。係長さんに相当する組長さんになると、ブレーキの神様に見えてしまうぐらい仕事ができる。そういう日々でわかってきたことは、クルマというのはメカニズムの塊《かたまり》であるということでした。ものづくりとはメカニズムづくりなんだとわかる。しかし僕は電子工学の勉強しかしていない。メカニズムも材料も学んでいない。そこではじめて、これはヤバイぞと気がついた。自動車の開発という仕事がわかっていないから、漠然《ばくぜん》とブレーキの電子制御の開発をするのだろうと簡単に考えていたけれど、メカニズムがわからなければ電子工学の知識があっても、ブレーキ制御の機構を考えることさえできないわけです。ブレーキ実験の現場に配属されてみると、電子制御がどうしたこうしたなんてことはふっ飛んじゃって、とにかく自動車のメカニズムを学ばないと、ダイハツでは生きていけないと思った」

ブレーキ開発をする実験部第三実験課で、新人の藤下は鍛えられた。

当時のダイハツの技術フィロソフィーは、ひとくちに〈現地・現物・現象〉という言葉で表現されていた。すべての技術開発の答えは〈現地・現物・現象〉にあるのだという、シンプルでストレートかつ本質的な考え方である。これを〈三現則〉と呼んだ。本来、三原則と書くが、現の字をあてはめた造語だった。〈三現則〉と大きく書かれた貼り紙が、第三実験課の壁にあった。

藤下が最初に〈三現則〉にふれたのは、当時ダイハツで生産していたキャブオーバー登録車トラックのブレーキのテスト走行をするから連れていってやると、先輩技術者に誘われたときである。トラックの車名はデルタといい、デルタ・トラックと呼ばれていた。急坂で知られる神戸の六甲山へテスト走行に行くという。一九八四年当時は一般公道を使った自動車メーカーのテスト走行が黙認されていた時代だ。

先輩技術者は、まずデルタの荷台を重い荷物で満載にした。法律で定められた積載重量をはるかにこえた過積載をする。トラックを使って仕事をするユーザーたちは、違法とは知っていても背に腹はかえられず過積載をすることが多いからである。そのように現実の使用状態にしたデルタで六甲山へ向った。運転方法はトップギアのまま山道をくだり、ブレーキを踏みっぱなしにして、カーブのたびにさらに強く踏む。シフトダウンしてエンジン・ブレーキを使うというような運転方法をとらない。ユーザーがずぼらな運転をしたときを想定するからだ。山道の勾配、スピード、ブレーキを踏む力、前後ブレーキの温度などを計測する計器を装着している。

六甲山の山道をテスト車のデルタがくだりはじめると、たちまちのうちにブレーキ温度が上昇してフェード現象がおきる。フェード現象とは、ブレーキが過熱してきかなくなっていく現象だ。ブレーキ・シューが焼けてガスが発生し、異臭が鼻をついた。

ハンドルをにぎる先輩技術者の横で藤下は息をのんだ。「これは命がけのテストだ」と思った。そしてすぐに「お客様が運転しているときに、こんなことになったら、それこそ人命が危機にさらされる」と思いなおした。その思いは最終的に「ブレーキ開発は人命をあずかる怖い仕事だ」という認識になった。この怖さがないと一人前の自動車技術者にはなれない。自動車はつねに人

1984年のダイハツ工業本社ビル

1984年 デルタ トラック 3代目

命を乗せて道路を走る。道路は人びとが歩き、人びとの生活があり、他車が走る。技術者には〈三現則〉から、技術の怖さを察知する、強い倫理と責任感が必要だ。このエピソードは、当時のダイハツ実験部の人材育成は、怖さを座学教育するのではなく、体験で学習し自覚させていたことをしめしている。

藤下は配属されたブレーキ開発をする実験部第三実験課で、ふたりの上司にめぐまれた。

ひとりは直属の上司で、当時は組長と呼ばれた係長クラスの人物であった。藤下ら五人のスタッフをマネジメントするブレーキ開発組のチーフだった。その組への配属を人事担当者につげられたとき「ちょっと大変だけどな」と言われたのは、この組長のことであった。技術技能にすぐれ、マネジメントもぬかりなく、素晴しく仕事のできる人だったが、個性がとても強く、もうれつな堅物でとおっていた。仕事の中身と段取りを、よく考えて練りあげ、そのうえで仕事に着手しないと、静かな声で怒られる。質問ひとつするのも、考えが足らないと答えてくれない。それがとても怖い。生粋の大阪人だったので、怒るときの口癖は「あんさん、帰りなはれ」という大阪弁だった。耳にやわらかく聞こえるが「おまえは必要ない」というきつい言葉だ。関西の言葉は洗練されているので直接的な表現をしないが、ぐさりと人の心をえぐるところがある。東京弁でいえば「味噌汁で顔あらって出なおせ」とか「豆腐の角で頭うって死ね」だろう。

藤下はこの組長を尊敬した。

「組長さんに会えてよかったと僕は思っています。若かった僕が人並みに成長できたのは、組長さんのおかげです。現場の仕事とブレーキ開発のすべてをおしえてもらい、十数年も一緒に仕事をさせていただいた。僕にとっては神様みたいな人でしたね。家で家族といるより、組長さんと長期出張して、寝食をともにし仕事をしている時間のほうが長かったくらいです。この人は頑固で気むずかしいのではなく、よく考えないで質問したり、正当な理由なくたすけを乞うたりする、人間として筋の通っていないことをゆるさないだけです。部下に仕事を振るときは、お願いしますと、みずから頭をさげる人ですからね。仕事のしかたはもちろん、人づきあいの基本を学ばせていただいた」

もうひとりは、実験部第三実験課の課長になった上司であった。

「雲の上の純粋技術者だと思っていました。いまもそう思います。技術についての考え方をおしえていただき、こういう人になれたらいいなと憧れましたが、この人の真似はできない。技術のあらゆる原理と法則をよく勉強されていて、理論的に瞬時の判断をされるし、わかりやすく説明できて、解析や解決方法も正鵠《せいこく》をえていました。その話を聞いていると、これはだれかにおしえてもらったことではなく、すべて自分で学んだことだから血になり肉になっているのだと思いました。計測用の機械を買う予算がないと、専門家でもないのに自分で設計図を描いて、自分でつくってしまう。実験屋は図面を描くのが苦手な人が多いのですが、そういう苦手を自分で学んで克服している人でした。ブレーキの博士とか操縦安定性の博士と呼ばれていて、実験部をひとりでささえているような人でした」

しかし、鋭すぎて物事をはっきり言うところがあるので、万人に好かれる人物ではなかった。怒るときの口癖は「馬鹿」だった。長野県出身なので関東弁を使った。「関西の人間は、馬鹿と言われると、関東の人が偉そうに言っていると感じる。生意気言いやがってというふうに感じる」と藤下は言っている。しかし、この上司から数えきれないほど「馬鹿じゃないか」と言われたが、一度も不快になったことはなかった。

藤下が尊敬し、大いなる影響をうけた上司は、どちらも個性が強い技術者で、野武士のような人物であった。

藤下は、もうひとつドライビング・テクニックに興味をもった。同期入社でシャシー設計部に配属された上田亨のドライビングを目の当たりにしたからである。上田はクルマを自由自在にあやつることができた。

そのドライビング・テクニックは、安全に滑らかにクルマを走らせることができて、たとえば車庫入れがスムーズにできるというようなレベルではなかった。テスト・コースを走ると、尋常ではないスピードでカーブに進入し、わざと四本のタイヤを滑らせてクルマを不安定にすると、その不安定な状態のクルマを意のままにあやつり、ハイスピードでカーブを走りぬける運転ができた。

上田亨は一九六〇年（昭和三五年）に奈良県で生まれた。法隆寺の近くの町である。長野県の大学へ進学し、繊維機械工学を学び、大学院まで進んだ。その六年間の学生生活をこう言っている。

「長野へ引っ越して、運転免許を取ったのです。雪の季節でしたから、雪道でクルマの運転を練習しました。そのとき雪道ですから、クルマが横滑りをして走ることを知りました。モータースポーツの用語でドリフト走行と言いますが、この走り方がおもしろくて、クルマを運転する興味が深まり、それまでクルマ好きではなかったのですが、自動車部へ入って、ラリー競技のドライバーを夢中になってやっていました。とくに大学の三年と四年、そして大学院の二年間は、時間があれば山道を走って、冬は毎晩のように雪道を走って、運転の練習をする日々でしたね」

雪道で運転の練習をしたことが上田の人生を決定した。クルマ好きになり、ラリー競技に熱中し、学生レーシングドライバーとなった。大学自動車部の連合が主催する学生ラリーに出場するだけではあきたらず、ＪＡＦ公認の本格的なラリー・シリーズに出場して、競技を楽しみドライビング・テクニックを磨いた。学生レーシングドライバーは資金力がなかったので、好成績をあげてはいないと上田は言うが、そのモータースポーツ活動は、サッカーのＪリーグでいえばＪ３のレベルにあった。ようするに日本のアマチュアではトップクラスということだ。

大学院卒業にさいしては自動車技術者をこころざした。奈良の旧家の長男であったから関西地方の自動車メーカーへの就職を希望して、ダイハツの入社試験をうけて合格した。同期入社の新入社員のなかで、スポーツ・ドライビングができる者は、上田ひとりだった。

上田のスポーツ・ドライビングを見た藤下は、クルマを自由自在に走らせるドライビング・テクニックに驚嘆し、運転をおしえてもらいたいと思った。モータースポーツを知らない者が、レーシングドライバーの運転を初めて見たとき驚くほかはない。町のなかで走っているクルマとは、まったく異なった走りをするからである。尋常でないスピードで滑らかに走り、タイヤがグリップ限界をこえてスピンしそうになっても、悠々とクルマをコントロールする。ハンドル、アクセル、ブレーキ、クラッチ、シフトチェンジと、すべての操作が正確かつ確実で素早く、まさにスポーツとしてクルマをあやつっている。

上田は同期入社の仲であったが、大学院卒入社なので二学年歳上だったから、まぎれもない先輩である。その先輩の凄まじいドライビング・テクニックをすこしでも学びたいと思った。

学生バンドでギターやフラットマンドリンの熱心な奏者であった藤下には、上田のスポーツ・ドライビングの神髄が理解できた。楽器は毎日練習していれば、その人なりに上達する。演奏テクニックが上達すると、音楽活動がよりいっそう楽しくなって、音楽を深く理解できるようになり、さらに楽器のよしあしがわかってくることを、藤下は知っていた。そのことは自動車技術者も同じだと思った。運転がうまくなれば、クルマを走らせて楽しいということが、どういうことなのかがわかり、より深くクルマを理解することができるはずだ。よき先輩にドライビングの手ほどきをうければ、レーシングドライバーとまではいかないが、テスト・ドライブをするぐらいの運転技術が身につくだろうと考えた。実験部の技術者として成長するには、自分でテスト・ドライブして、クルマを吟味できるほどのドライビング・テクニックが必要だと思った。藤下は運転免許証を取得していたが、学生時代は日常的にクルマを運転することがなかったので、運転初心者であった。しかもクルマを所有していない。

ダイハツ入社一年目の一九八四年の秋が深まる頃、上田が新型車を買うと言いだした。

「一一月に、ウチからすごいクルマが出る。シャレード926ターボという、世界ラリー選手権に出場するために開発されたクルマだ。たった二〇〇台の限定販売だ。こんなすごいクルマは、いままでダイハツになかった」

たしかにシャレード926ターボは、飛びぬけたクルマであった。

シャレードは一九七七年から二〇〇〇年まで生産販売されていたダイハツのハッチバック・コンパクトカーである。そのシャレード926ターボは、一九八三年に販売開始した二代目シャレードをベースにする、市販レーシング・スポーツカーだった。九二六cc三気筒SOHCエンジンは文字どおりターボチャージャーを装着しており、最高出力は七六馬力／五五〇〇回転と公式発表されていたが、サファリ・ラリーなど世界ラリー選手権でクラス優勝したワークスチーム仕様などは軽く一〇〇馬力をこえていたと伝えられる。フロント・ホイール・ドライブの五速マニュアル・トランスミッションで、レーシングドライバーであった上田にはおあつらえむきのリトル・モンスターだろうが、素人の手に負えるクルマではなかった。運転初心者には滑らかに発進することすらむずかしい。価格は一一五万円で、当時の軽自動車ミラの価格の二倍以上であった。

このような特別の限定販売車を、ダイハツの新入社員が優先的に購入できるはずもなかったが、上田はラリー界で顔がきいたので、確実に購入できるつてがあった。

その話を聞いた藤下は「僕も一台ほしい」と言った。上田はそのリクエストをかなえてくれた。ふたりしてダイハツ最強の、いや日本最強の一リッター・ターボを購入した。

そのときの思い出を、上田はこう言っている。

「藤下は、それまでクルマを運転していなかったから仕方がないのだが、まずドライビング・ポジションが決まらない。したがって目の位置がしっかりしていないから、最初の頃は真っ直ぐ走れないぐらいでしたね。藤下の横に何度か乗って、運転をおしえたという記憶がある」

藤下にはシャレード９２６ターボを買う合理的な計算があった。楽器になじんできた経験から、初心者であっても、できれば最初から本物と呼ばれている楽器を手に入れたほうがいいということを知っていた。よく鳴る楽器の美しい音を追いもとめていけば、その楽器に対する本質的な理解が深まり、正確な演奏テクニックが身につき、迷うことなく確実に上達していくからである。シャレード９２６ターボは、まちがいなく本物のレーシング・スポーツカーであった。正確なドライビング・テクニックで走らせれば、思いのままにあやつれて、高性能なクルマを運転する楽しさを満喫できた。藤下の運転の腕前は着実に上達していった。バックビートのリズムが身についている者は運転がうまくなるという説がある。

一九八五年になるとダイハツ技術本部は、ＡＢＳ《エイビーエス》（アンチロック・ブレーキ・システム）の本格的な開発業務に着手した。

昨今では、ほとんどの四輪市販車が標準装備しているABSだが、一九八五年当時は、ごく一部の高級車だけが装備している価格が高い電子制御ブレーキ・システムであった。しかしABSは、走行安全性を格段に高めるブレーキ・システムであることはあきらかだった。ABSのすぐれた安全性向上性能を認めた世界中の自動車技術者は、この電子制御ブレーキ・システムをすべての市販車に標準装備すべきだと考えた。このイノベーションのなかにダイハツ技術本部もいた。

クルマの運転操作で、いちばんむずかしいのはブレーキングである。クルマがもっとも安定して走っているのは、アクセル・ペダルを踏んで走行しているときであり、もっとも不安定になるのは、アクセル・ペダルから足を離して、ブレーキ・ペダルを踏んでいるときだからだ。これにハンドル操作がくわわると、さらに不安定要素が増す。そのことは滑りやすい路面、たとえば雪道のアイスバーンを走れば、だれもが感じることだろう。アイスバーンを自分の足で歩くときに滑って怖いから、クルマも滑るにちがいないと思う。ブレーキを踏んだときにタイヤがスリップするかもしれない。交差点などで一時停止できなかったら、どうしようと考える。スリップしたあげくにスピンしたら、ハンドルがきかなくなると思うのも怖い。

ABSは、たとえば滑りやすい路面でブレーキを踏むとき、スリップさせないようにして確実に減速させるために、その運転操作を自動的に支援する電子制御ブレーキ・システムである。タイヤがスリップしなければ、ハンドル操作もきくので、危険回避も可能になる。あるいは舗装道路で、危険を察知して急ブレーキを踏んでも、タイヤをスリップさせないように自動的に運転操作支援をして、制動距離をのばさないようにする。また、ハンドル操作で危険を避けることを支援する。

自動車の専門用語で、タイヤの回転が止まってスリップすることを、タイヤがロックしたという。滑りやすい路面でブレーキを踏んだり、急ブレーキをしたとき、タイヤはロックしやすい。ABSのAは〈アンチロック〉だから、ロックさせないという意味で、BSは〈ブレーキ・システム〉なので、つまりABSは〈タイヤをロックさせないブレーキ・システム〉である。

ABSの仕組みは、タイヤの回転数をセンサーで計測し、その計測データを、電子回路すなわちコンピュータが読み込んで、タイヤの回転状態をつねに把握し、たとえばブレーキングでタイヤがロックすると、コンピュータが瞬時に自動的に計算して判断し、ブレーキのきき具合を調節制御して、ロックさせないようにする。

このABSを開発するためには、ブレーキの機械仕掛けと電子制御技術を組み合わせなければならない。一九八〇年代はパーソナル・コンピュータの普及がはじまる時代で、それはコンピュータの価格が安くなってきたからである。コンピュータが普及すればするほど、その価格は安くなる。安くなれば庶民商品にコンピュータ技術が導入できる。こうして庶民が乗る自動車にも、コンピュータ技術が流れ込んできた。コンピュータによる制御は、自動車の性能を格段に向上させる技術であった。たとえばエンジンを電子制御すれば燃費がよくなる。現在はブレーキのみな

1984年　シャレード926ターボ G26型　限定販売：200台　駆動方式：FWD
エンジン型式：CE型 水冷直列3気筒926ccSOHCターボ 76ps/5500rpm 5人乗り

1989年　アプローズ　型式及駆動方式：A101S型FWD、A111S型AWD
エンジン型式：HD型 水冷直列4気筒1589ccSOHC EFI仕様120ps/6300rpm 5人乗り

らずクルマ一台まるごと、エンジンもトランスミッションも四本のタイヤの回転までもコンピュータが制御し運転支援をしている自動車技術の時代になっている。

このABS開発チームの一員となった藤下は、自動車技術者として大いなる成長をとげることになる。

ABS開発は、膨大な予算を必要とする研究開発になっていくが、タイヤの回転を電子制御する技術はABSだけにとどまらず、近未来の自動車の基本的な安全性能技術の向上へと直結し、そのさきには自動運転の基礎技術になるという見通しがあった。そのためにさまざまな路面のテスト・コースを新設するなど本腰を入れた技術開発のための設備投資が、ダイハツのみならず全自動車メーカーでおこなわれた。

ダイハツがABSを商品化するまで五年ほどの時間が必要だった。最初にABSを装備したのは、一九八九年（平成元年）に発売された新型車アプローズになった。標準装備ではなくオプション装備であった。

アプローズはダイハツの独自開発による直列四気筒一五八九ccエンジン搭載の五人乗り乗用車だが、たんなる4《フォー》ドア・セダンではなく、トランクとリアゲートが一体となったテールゲートをもつ5《ファイブ》ドア・ハッチバックという意欲作だった。国内発売にさきがけて、ジュネーブ・ショーで発表したところからも、自信のほどが見てとれるが、ABSは当時の常識からしてオプションであった。よほどの高級車ではないかぎり、どの自動車メーカーでもABSはオプション装備だった。まだＡＢＳの価格がこなれていなかったからである。アプローズは廉価で一〇八万円から約一四〇万円までの価格設定だったが、オプションのＡＢＳの価格は一八万円もした。

その時代の現実を藤下はこう説明している。

「当時はどちらもオプションのＡＢＳとカーステレオが比較されてしまう時代だった。ＡＢＳとカーステレオが同じ価格のオプションならば、カーステレオが選ばれてしまうのです。ＡＢＳの安全性能が広く認知されていないし、安いとは言えない価格でした。あの当時の技術レベルでは、どれだけ頑張っても、小型化できずに重いし、価格が張るので、あまり人気がなかった。ようするにＡＢＳは、まだ商品としての魅力を獲得できていなかった」

今日では標準装備され、ほとんどのドライバーがＡＢＳを理解して、その安全性能を享受しているが、四半世紀前は、ＡＢＳは商売にならないと思われていた。ＡＢＳが標準装備されるのは一九九〇年代後半である。普及するまでに一〇年間の長い時間が必要だった。

ＡＢＳの技術開発は、タイヤの回転をコントロールして安全性を向上する電子制御技術の進化へとつながっていった。ダイハツは軽自動車初の、横滑り防止装置ＶＳＣ《ブイエスシー》（ビークル・スタビリティ・コントロール）の開発に成功している。

「ＡＢＳ開発の一員になったことで、僕はダイハツの開発技術者になれたと思う」と藤下は言っている。ブレーキからクルマ全体を考える視点が獲得できたからだ。

クルマを走らせながら開発する技術者として藤下は成長をつづけた。それはブレーキのみならずクルマの操縦安定性と乗り心地のすべてを開発する技術者へ成長することであった。四〇歳で実験部第一車両実験室の主担当員になり、四八歳で実験部運動・走行性能開発室の室長になった。そして五〇歳にして新型コペンのチーフエンジニアに任命された。

チーフエンジニアになった藤下修にあたえられた仕事は、安全に楽しく走るスポーツカーを開発することであった。それならばできると藤下は思った。あたえられた仕事にベストをつくすこの自動車技術者は、ひそかに新型コペン開発の情熱に火をつけた。

COPEN

第3章

新型コペン開発プロジェクト

二〇一一年七月一日から藤下修の新型コペン・チーフエンジニアの仕事がはじまった。

その日は金曜日で、梅雨があけない曇り空の蒸し暑い日であった。

藤下は大阪本社工場の第一地区にある製品企画部へ出勤した。家族はまだ滋賀にいて本格的な引っ越しの準備に追われていた。藤下だけが大阪本社ちかくの独身寮を仮住まいにして、二〇年ぶりの本社勤務にもどった。

最初の一週間は、新型コペン開発プロジェクトの引き継ぎのための期間だった。前任のチーフエンジニアが一週間で仕事を終わらせて、藤下へと引き継ぐのである。この一週間で藤下は、それまでの新型コペン開発プロジェクトの変遷を理解しなければならない。

その新型コペン開発プロジェクトは、およそ一年半前の二〇一〇年一月に発足していた。この発足期日は二〇一二年八月をみすえて設定されたものだ。そのとき発売一一年目をむかえる初代コペンの生産が終了するからである。なぜ、初代コペンの生産が終了するかといえば、歩行者保護の車両規定法規変更が施行されるからだ。具体的にいえば初代コペンのエンジンヘッドとボンネットのあいだの空間が、変更された法規では不足する。ボンネットを高く盛りあげれば変更後の法規をクリアすることは可能だが、それでは初代コペンのエクステリア・デザインが崩れて商品としての魅力を失ってしまう。したがって初代コペンをフルモデルチェンジさせるならば、二〇一二年八月が好機であった。

新型コペン開発のプロジェクトが発足した二〇一〇年一月は、初代コペン生産終了の三一か月前だった。この三一か月は、新型車開発の期間として、異例に長期であった。

近年、日本の自動車メーカー各社の新型車の開発期間は一般に二〇か月前後で、ひとくちに二年間である。ダイハツの場合は一七か月から二〇か月であった。かつては多くの自動車メーカーが新型車開発の期間を四年間としていた。しかし、自動車メーカーとしては、この四年間を短縮したかった。開発期間を短くすれば、開発コストがダウンするからである。また自動車商品のトレンド傾向や動向など市場の変化にすばやく対応することもできる。自動車メーカー各社は九〇年代から、開発期間の短縮に取り組んできた。

いまやクルマにかぎらず工業製品のほとんどは、ＣＡＤ《キャド》（コンピュータ・エイデッド・デザイン：コンピュータ支援による設計）で設計され、ＣＡＥ《シーエイイー》（コンピュータ・エイデッド・エンジニアリング：コンピュータ支援による設計・製造の事前検討）で解析やシミュレーションをする。このＣＡＤとＣＡＥが開発期間の短縮を実現した。ＣＡＤで部品を設計すれば、ＣＡＥで瞬時に、その部品の、たとえば強度解析ができるからである。またＣＡＤで設計した部品を組み合わせる場合も、ＣＡＥで組み合わせた場合の強度解析が瞬時にできる。そのためにCAEの解析やシミュレーション技術を使えば、実際に試作部品をつくって実験や試験をすることが極端にすくなくなる。コンピュータのなかで部品の耐久信頼性まで解析できるからだ。このことで試作品をつくってテストする時間が大幅に短縮できた。もちろん、CADとCAEで設計した部品は、最終的に試作され、それを現実に実験試験することで、実際の部品ができあがる。

こうして開発期間が圧倒的に短縮されるばかりではなく、開発コストが大幅に低減され、また開発されたばかりの新技術が短時間で新製品に投入できるようになった。日常生活に必要な工業製品のなかで、すばぬけて部品点数が多いクルマの設計製造に、CADとCAEは多大なメリットをもたらした。そのためにクルマの開発期間は、かつての半分の期間、すなわち二年間になった。

その短縮された開発期間からみると、新型コペンの開発プロジェクト発足のタイミングは、三一か月前と、かなりの前倒しである。ダイハツの新型車開発期間は長くても二〇か月だから、二〇か月にプラスして一一か月も長い、一・五倍以上の開発期間だ。それには明瞭な理由があった。

ダイハツは新型コペンに、開発中の直列二気筒エンジンを搭載したいと構想していた。二〇〇九年一〇月の第四一回東京モーターショーで参考展示され、開発中であると発表された直列二気筒エンジンである。二〇一一年一二月の第四二回東京モーターショーにもひきつづき参考展示した。ダイハツが力を入れて開発しているエンジンだった。この直列二気筒エンジンを新型コペンに搭載する構想があったので、一一か月の開発期間をうわのせしていたのである。

開発中の直列二気筒エンジンは、軽自動車規格の排気量六六〇ccで、燃料直接噴射やターボチャージャー装着などの技術を駆使して、燃費を飛躍的に向上させる目的があった。ガソリン一リッターあたり三五キロメートルの燃費性能が獲得目標だった。

この獲得目標三五キロメートルの燃費には重大な意味があった。軽自動車の燃費がハイブリッドカーの燃費に負けていたからだ。五人乗りハイブリッドカーの二代目トヨタ・プリウスは二〇〇三年の時点で燃費三五・五キロメートルを達成していた。このプリウスのエンジン排気量は一五〇〇ccで、軽自動車の六六〇ccの二倍以上ある。それなのに四人乗りの軽くちいさな軽自動車より、登録車のプリウスのほうが燃費がいいのは、なぜだという疑問が世間に浮上してくる。しかもハイブリッドカーの市場競争が激化した結果として、二〇一六年(当時)では一六〇万円台のハイブリッドカーが売られていた。つまりハイブリッドカーは軽自動車よりも燃費がよく、その価格は軽自動車の価格帯にせまりつつあった。軽自動車はハイブリッドカーに追い込まれているようにみえた。

しかし冷静に考えれば、登録車のハイブリッドカーはエンジン排気量やボディーサイズを自由に決められ、そのうえ電気モーターやバッテリー、発電機にも規制がないから、軽自動車より燃費がよくなるのは必然的なところがある。たとえばエンジンの排気量を、電気モーター、発電機、バッテリーとの最高効率のバランスをとって自由に設定できる。あるいはボディーのサイズを自由に設定して空気抵抗を軽減したボディー・デザインにすることも可能だ。しかし軽自動車は法律で細かく規定されているスモールカーだから、エンジン排気量の上限は六六〇ccで、ボディーのサイズも規定より大きくすることはできない。しかもエンジンパワーだけで駆動されていて、電気モーターのたすけをかりていない。ようするに技術開発の自由度が圧倒的にちいさいので、ハイブリッドカーのように短期間の開発で燃費を向上させることが困難であった。

そのような技術的な次元のちがいを理解する人たちは、軽自動車の燃費が負けていることを疑問に思わないが、それは少数派にすぎない。技術的な次元がちがうということを理解しない多数派は、現実の燃費数字で単純な比較をするから、そうは思わない。軽自動車を生産販売する自動車メーカーとその技術者が燃費向上の努力をおこたっていると思うかもしれない。サボっていると言われても、軽自動車メーカーもその技術者も面とむかっての反論はむずかしい。この多数派を納得させるためには、現実に軽自動車の燃費を向上させるほかに方法がないのである。

ダイハツは二〇一一年に燃費三〇キロメートルを実現した軽自動車〈第三のエコカー〉ミライースを発売して、ハイブリッドカーの燃費にせまるが、それで多数派が納得するのは一時的なことにすぎない。ハイブリッドカー同等もしくはそれ以上の低燃費の軽自動車が登場しなければ多数派は納得しない。そのためにダイハツは、燃費三五キロメートルを目標とする、低燃費エンジン直列二気筒の開発に注力していたのである。

この直列二気筒エンジンの開発計画は、気筒容積が四〇〇ccから五〇〇ccのエンジンがもっとも効率よく燃焼する、つまり燃費がいいエンジンだという原理的な内燃機理論から出発している。

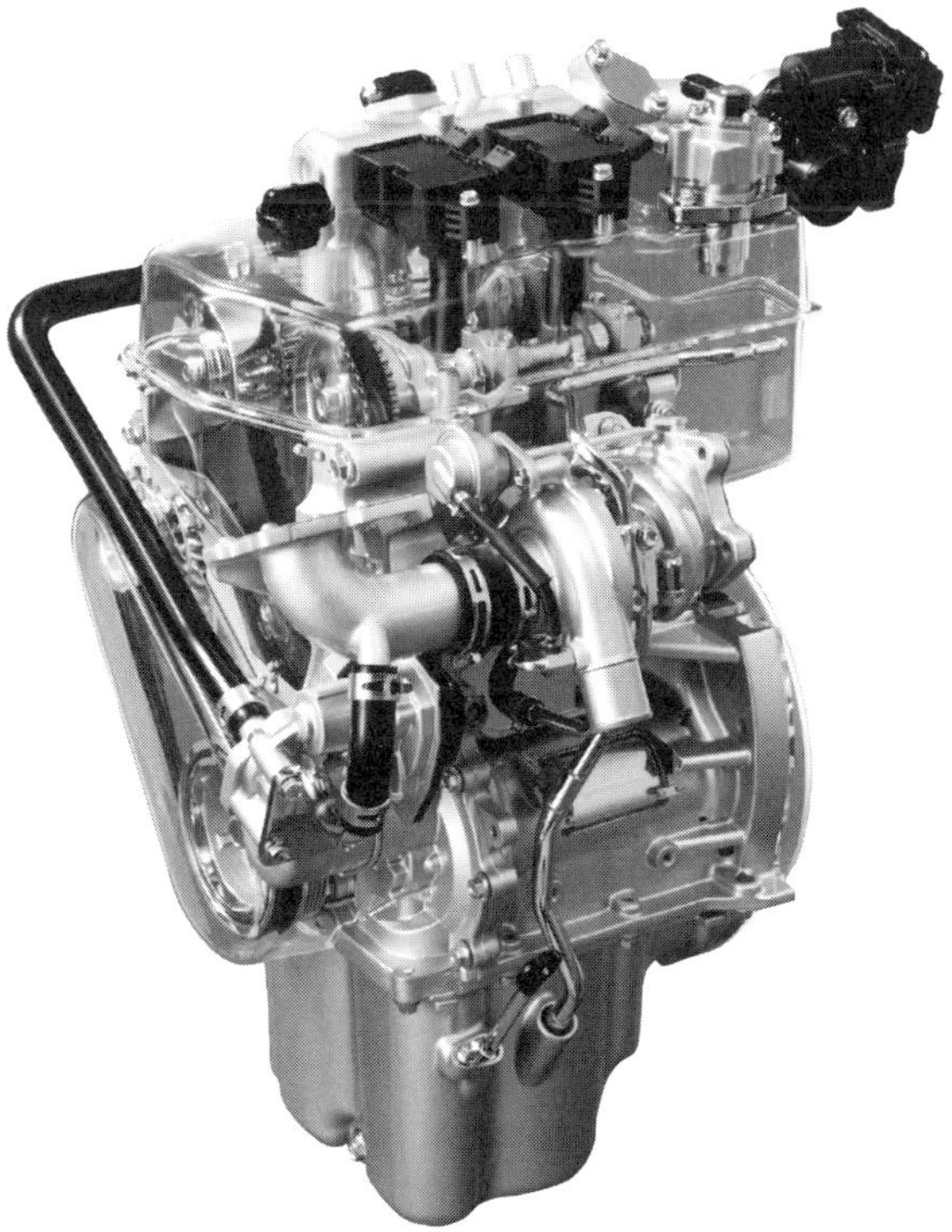

2011年の東京モーターショーに参考展示された直列2気筒直噴ターボエンジン
低回転からの太いトルクと低燃費性能の向上を目指して開発がすすめられていた
水冷直列2気筒直噴DOHCインタークーラーターボ
総排気量：660cc　最高出力：64ps/6000rpm　最大トルク：11.2kg-m/2000rpm

その理論を六六〇ccの軽自動車エンジンにあてはめて考え、ダイハツは一気筒あたり三三〇ccの、二気筒エンジンの研究開発に着手していた。精鋭のエンジン技術者が集められ、熱交換器つきの排気再循環EGR《イージーアール》（エグゾースト・ガス・リサーキュレーション）など燃費向上の高度な技術がつぎ込まれた研究開発であった。

机上の構想では、燃費がすこぶるいい直列二気筒直噴ターボ・エンジンが完成したあかつきには、新型コペンのみならずダイハツの軽自動車に全面的に搭載する目論みがあった。つまり新型コペンに直列二気筒エンジンを搭載するのは、直列二気筒エンジン全面展開路線のシンボルにするためである。コペンのフルモデルチェンジの目玉技術として直列二気筒エンジンがさっそうと登場し、それがセダンやワンボックスに全面展開されていくという華々しいビジネスモデルが検討されていた。

しかし4ストロークの直列二気筒エンジンの泣きどころは、振動と騒音をおさえ込む技術開発がきわめて困難なことだ。その困難さを克服して振動と騒音を解決することができても、機構が複雑になった場合は、重く大きなエンジンになってしまう心配があった。しかも複雑な機構は部品点数の増加をよぶのでコスト低減までむずかしくなる。

ダイハツのエンジン技術者たちは、それらのことを承知で、直列二気筒エンジン開発に猛然と挑戦していた。技術の進歩とは、不可能だと思われていることを可能にすることだからである。

だが、試作されていた直列二気筒は、完全に振動と騒音をおさえ込んではおらず、軽量コンパクトでもなかった。その試作エンジンを新型コペンに搭載した場合は、車体に振動騒音を対策する機構をそなえなくてはならず、エンジン本体とそれらの機構の重量を合計すると、既存の直列三気筒ターボ・エンジンを搭載するよりも、四〇キログラムちかく重くなってしまう。いかに燃費のいいエンジンでも四〇キログラムも重ければ、スポーツカーのエンジンにはなりえない。重いクルマは軽快に走らないからである。

試作されていた直列二気筒は、開発途上のエンジンだから、今後の研究開発によって軽量化は可能であろう。しかしそれには長い時間がかかる。ちいさくすることも、軽くすることも、技術の土道だから、小手先の工夫でまかなえることではない。だれがやっても、どうしたって時間がかかる。新型コペンの発売予定時期に間に合いそうになかった。直列二気筒エンジンを新型コペンに搭載する構想は、いかんともしがたい状況にあった。

そのために新型コペンの開発プロジェクトが仕切り直されることになった。直列二気筒エンジンをセントラル・アイデアとする、新型コペンの開発プロジェクトの製品企画が、すぐに成立しない可能性が濃厚になってきたからだ。直列二気筒エンジンを搭載しない新型コペンの、あらたな製品企画の構築が必要になるという仕切り直しであった。そのためにチーフエンジニアの交代がおこなわれた。

一週間の引き継ぎ業務が終わると、藤下はいよいよチーフエンジニアとしての仕事を開始することになった。

引き継いだ製品企画プロジェクトチームのスタッフは五人だった。新型コペンの商品企画をしてきた商品企画部の二名、デザイン部からきていたデザイナーが一名いた。製品企画部は二名で、一名が製品企画の実務を担当する者、そしてもう一名が業務を円滑に進行させる役の庶務である。この五名のスタッフの力をまとめて、新型コペン開発を再出発させるのがチーフエンジニアの主務であった。藤下ひとりでは手腕を発揮しようにも、それはかなわないのである。五人の力とチームワークがなければ、新型コペン開発がなりたたないことは自明の理であった。

最初の会議で、藤下は新しい基調をうちだした。〈低慣性、活き活きプロジェクト〉である。

藤下はこう説明している。

「チーフエンジニアの打診をうけた六月一一日から約一か月間、ずっと考えつづけてきた基調でした。自分の仕事をふりかえったり、メモを書きながら考えを整理し、あらためて初代コペンについておさらいし、古今東西のスポーツカーを学習し、引き継ぎ業務をしながらプロジェクトの雰囲気をさぐり、最終的にまとめた言葉でした。新型コペンは、低慣性がすべてである。クルマは慣性がすくないほど、よく走る。ハンドルもきくしブレーキもきくから安心して走れる。ドライバーの操縦にクルマがリズミカルにスピーディーに反応するから気持ちよくて楽しい。低慣性こそ軽くちいさなスポーツカーの神髄だと僕は考えた。そういう新型コペンを、活き活きと開発しよう、ということです。チーフエンジニアが交代して仕切りなおす開発プロジェクトですから、心機一転して、活き活きやろうと。スポーツカー開発の現場では、製品企画する者たちが、活き活きしていなければ、気持ちよく走れるクルマの開発はできないでしょう」

慣性とは高校の物理の授業で習う法則だが、物理が苦手な人はすくなからずいる。慣性とは、物体に力がはたらかなければ、静止している物体はいつまでも静止をつづけ、動いている物体はその動きの速さで等速直線運動をつづけるという法則だと説明される。慣性とは物体が運動の状態をつづけようとする性質で、その物体の質量が大きいほど慣性は大きくなると説明されることもある。具体的なクルマの動きで説明するとわかりやすい。クルマを運転しているときに急ブレーキをかけてもクルマが急に止まれないのは慣性があるからで、ブレーキの力が同じであれば重いクルマより軽いクルマのほうが制動距離が短くなるのも慣性があるからだ。また、急ブレーキをかけてクルマの速度が急におちたとき、乗っている人の身体が前のめりになるのは、身体の慣性によるものである。

このとき藤下が、低慣性という物理の法則の言葉を基調としてうちだしたのは、もちろん物理の再学習をしろと言っているわけではなかった。藤下が開発したい新型コペンの走行性能イメージをひとことで伝えるためには、いままでのクルマの走行性能を語る言葉、たとえばスポーティーに走るとか俊敏な旋回性能といった言葉では伝えることができないからであった。

なぜ伝わらないかといえば、藤下がイメージしている新型コペンの走行性能は、いままでのライトウエイト・スポーツカーにはない魅力がそなわっていたからである。それは藤下が長年の操縦安定性テスト走行の経験をもとにして模索しつかみとっていた魅力的な走行性能のイメージであった。ひとことで言うならば、乗り手を選ばないライトウエイト・スポーツカーの走行性能である。運転初心者であろうが練達《れんたつ》のドライビング・テクニックをもつドライバーであろうが、だれが運転してもライトウエイト・スポーツカーの運転が楽しめる走行性能であった。

だれもが楽しく運転できて、乗員全員が安心して乗れ、性能や機能が充実しているクルマというのは、ダイハツが理想としてきたクルマである。いままでもダイハツのワンボックスやハッチバック・セダンの自動車商品は、乗り手を選ばず、乗員全員がカーライフを満喫できるクルマをめざしていた。その理想を新型コペン開発でも実現したいと藤下は考えた。新型コペンはオープンカーの走行性能を楽しむライトウエイト・スポーツカーだが、あくまでもダイハツのクルマなのだから、めざす理想は同じであるべきだった。

藤下がイメージする新型コペンの走行性能を考えつめていったとき、そのイメージをあらわす言葉として低慣性という言葉に到達した。低慣性は法則の言葉であったから、甘さのない現実の言葉である。藤下が決意をしたとき、そこには甘い夢や言葉がなかった。技術者として徹頭徹尾、現実を見つめることが、行動のエネルギーになる人であった。

それまでの新型コペン開発プロジェクトがまとめていた製品企画を、いったんすべて引き継ぐところから、藤下のチーフエンジニアの仕事がはじまった。

引き継いだ製品企画は、直列二気筒ターボ・エンジンをフロントに搭載して前輪を駆動するふたり乗りオープン・スポーツカーを開発することがメインテーマで、電動開閉式ルーフのアクティブトップを継続することや、丈夫なフレームに軽いボディー外板を使うといった斬新なアイデアで構成された製品企画だった。それは前任のチーフエンジニアが真摯に新型コペン開発に取り組んでいたことがわかる充実した製品企画であった。

この引き継いだ製品企画を、ほぐして再構築しなければならない。

まず最初に「電動開閉式ルーフのアクティブトップは絶対に継続すべき機構だ」と藤下は判断した。アクティブトップは、ドライバーがシートに座ったまま、ルーフロックを解除し、開閉スイッチを操作することで、自動的にハードトップ・ルーフが開いて、自動的にトランクに収納される機構であった。ハードトップ・スタイルのコペンが、たちまちのうちにオープンカーへと、わずか二〇秒で変身する。二〇〇二年に初代コペンが発売されたとき、世界中のクルマ好きが、こんなちいさなオープンカーなのに電動ハードトップがついていると驚いた機構であった。

「アクティブトップはコペンのアイコンだ、と僕は思いました。これなくしてコペンではありません。初代コペンのユーザーのみなさまからお話を聞いても、アンケートをいただいても、アクティブトップがコペンの最大の魅力であることは、あきらかでした。初代コペンが生んだ絶対的な価値です。大型の高級車には電動開閉式ルーフをそなえる車種がありますが、軽自動車サイズのちいさいクルマで電動開閉式ルーフを実現したのは、初代コペンだけでした。コペンは電動開閉式ルーフをもつ、庶民が買える唯一のクルマでしょう。とんでもない苦労をして開発したものであることは、世界中の自動車技術者にはわかっていることです。軽自動車のオープンカーに電動開閉式ルーフをつけられたらいいな、ということはだれもが考えることでしょう。だけれどだれも手を出さなかった。機構が複雑になるし重くなる。雨漏りの心配だってあります。皮肉ではなく現実のこととしてオープンカーは、雨漏れから逃れきれないクルマのことですよ。それを電動開閉式にするといったら、さらに課題が増えて開発が難しくなるから、躊躇して当然のことです。開発にお金をかけても、うまくいくかどうかわからない。そういう機構にダイハツは踏み込んで挑戦し、苦労のすえに実用化した。しかも、やめることなく、一一年も継続してきたのは、お客様に信頼されて、かわいがられる機構になっているからでしょう。だからアクティブトップは、コペンのオリジナリティーです。他社の軽くちいさなオープンカーと勝負して、これだけは絶対に負けない唯一の武器と言ってもいい。その武器をさらに磨きあげて、新型コペンに採用するのは当然のことだと思いました」

アクティブトップについて熱く語る藤下の言葉は、初代コペンへささげる最大の敬意であった。

もうひとつ、藤下のこころをときめかす車体構造が企画されていた。

しっかりとしたフレームを開発し、樹脂（ポリプロピレンなどの強化プラスチック）ボディーをかぶせるという構造である。もちろんドアだけは、側面衝突に対するパッシブセーフティーのために従来と同じ鉄板製だが、この車体構造にすると、樹脂ボディーをたやすく交換できることになる。いくつかの種類の樹脂ボディーを用意して、ボディー交換を楽しめるというアイデアまでおり込

初代コペンのアクティブトップ。マニュアルフロントロックを手動で解除し、スイッチを連続操作するとサイド・クォーターウインドゥガラスが下降する

トランクリッドが後方に開く

ルーフパネルとバックパネルを折りたたみ、トランクルーム内に格納される

トランクリッドが全閉し、ロックされる

ルーフ収納時のトランクルーム。この状態でもハンドバッグなどが積める容量があった

まれていた。ただし、あくまでもボディー交換は、そういうことも可能だという発想の段階であった。それが本当に製品化できるかどうかは、この時点では具体的に検証されていなかった。それにしてもクルマ好きの夢をかなえる楽しいアイデアだと思った。

しっかりしたフレーム、すなわち高い剛性と安全性をもったフレームは、開発が成功したあとにDフレームと名づけられる。Dはダイハツの頭文字だ。たやすく交換できる樹脂ボディーは、変化《へんげ》ボディー、七変化、着せかえなどと呼ばれていたが、正式な企画として承認されたあとに、すこし洒落てドレスフォーメイションと名づけられる。

Dフレームとドレスフォーメイションは、新型コペンの強烈な個性になって、製品的魅力を抜群に高めると藤下は判断した。ボディーのフォルムやカラーをユーザーの好みでたやすくかえられる廉価な自動車製品は、自動車一三〇年の歴史のなかで、まず例がない。これが実現できれば、世界初のこころみである以上に、ユーザーのカーライフに新しい楽しみをあたえられる画期的な自動車製品になる。だが、藤下が考えたことは、そればかりではなかった。

「Dフレームとドレスフォーメイションは、新型コペンを軽量化する有効な構造になりうるのではないかと思いました。新型コペンはだれもが気持ちのよいドライビングを楽しめるスポーツカーであって、乗り手を選ぶレーシングカーではありませんが、しっかりしたフレームに軽量ボディーを載せるというのは、まさにレーシングカーの構造と同じです。レーシングカーというのは軽くするために、そういう構造になっている。だとしたら、Dフレームを入念に開発すれば、それ相当の軽量化が実現できるのではないかと思った。軽いということは、低慣性を実現するための、もっとも重要な要件です。したがってドレスフォーメイションというカーライフの大きな楽しみと、低慣性の気持ちのよい走りの両方が実現できるかもしれない構造だと考えました。ただし、操縦安定性と乗り心地をよくするための高性能フレームをダイハツは開発したことがないので、Dフレーム開発について僕はちょっと見当がつかないところがありました。やったことがないから、わからないところがある。直列二気筒エンジンを搭載した実験車のオープンカーがあったので、それに乗ってみたのですが、補強でフレーム剛性は上がっているけれど、操縦安定性と乗り心地がいいとは思えなかった。そのとき、フレーム剛性だけを上げても高性能フレームにはならないことを理解しました。Dフレーム開発は、かなり時間をかけて研究しないと、うまく開発できない、むずかしいことなのだとわかりました」

引き継いだ商品企画にあったアクティブトップとDフレームによるドレスフォーメイションを、新型コペンの二本の大黒柱にしようと藤下は考えた。ただしそれは藤下の考えであって、承認された企画ではない。

懸案事項はやはりエンジンであった。直列二気筒エンジンの小型化と軽量化を実現するために長い時間がかかるのであるならば、十二分に熟成されているダイハツの主力エンジンのKF型三気筒ターボ・エンジン、ないしは初代コペンが搭載しているJB-DET四気筒ターボ・エンジンを候補にしたほうがいいと考えた。

そのエンジンを、どのようにレイアウトするのかも、チーフエンジニアの裁量範囲にあった。引き継いだ製品企画はフロント・エンジンによるフロント・ホイール・ドライブであったが、レーシングカーのように車体中央にエンジンがあるミドシップ・レイアウトやフロント・エンジンで後輪駆動のレイアウトも、とりあえずは検討すべきだと藤下は思った。あらゆる可能性はすべて検討すべきだが、思い込みの願望や非現実的な夢を追うつもりはいっさいなかった。うちだした基調どおり、低慣性の新型コペン開発が実現できればよかった。

新型コペンの製品企画は、ダイハツが強力に推進している〈ＢＲ《ビーアール》（ビジネス・リフォーム）業務プロセス改革〉のひとつに位置づけられていた。

ＢＲ業務プロセス改革は、全社をあげて推進している構造改革なので、新型コペンの開発は、特別な管理のなかにあった。特別な管理下にあったのは新型コペンだけではなく、新型軽自動車ミライース開発とインドネシアで販売する一リッターカー開発も同様で、これらを〈ＢＲ三大プロジェクト〉としてまとめて、経営陣のみならず各部門の執行役員と部長など現場責任者たちが合同で管理し開発を推進していた。

具体的には毎週一回の業務報告会がある。担当全役員と各部門の部長など約四〇名が集まって、ＢＲ三大プロジェクトの各チームからの提案と報告を吟味し、指導する会議だ。業務報告会というやわらかい名称をつけられているが、隔週で社長が必ず出席するという最高指導会議である。

JB-DET型 水冷直列4気筒16バルブDOHCインタークーラーターボ
総排気量：659cc
最高出力：64ps/6000rpm
最大トルク：11.2kg-m/3200rpm
燃料供給装置：EFI（電子制御式燃料噴射装置）

KF-VET型 水冷直列3気筒12バルブDOHCインタークーラーターボ
総排気量：658cc DVVT（可変バルブタイミング）
最高出力：64ps/6400rpm
最大トルク：9.4kg-m/3200rpm
燃料供給装置：EFI（電子制御式燃料噴射装置）

新型コペンは、ダイハツの軽自動車商品の旗印になるべき機種だが、ミライースのようなダイハツの経営をささえる大きな利益を生む屋台骨のメイン機種ではない。ミライースのように大量生産をしない新型コペンが、業務報告会によって管理されているのは、新型コペン開発が全社的に推進していた直列二気筒エンジンの重要プロジェクトだったからだ。

二〇〇六年から着手したBR業務プロセス改革は、ダイハツの生き残りと永続的な成長をかけた全社的な構造改革であった。

BRはビジネス・リフォームの頭文字であることはすでに書いたが、この場合のリフォームは住居の改良を意味する和製のカタカナ言葉ではなく、英語のreformそのものである。すなわち改革、改正、改善であり、それはつくり直すことであるから、現行のビジネスを再構築することだ。再構築するためには、いまある組織や意識や方法を解体する必要がある。解体は破壊することであり、痛みや犠牲をともなわない破壊はありえない。血が流れても破壊しなければ、再構築はできない。構造改革とは、まことに厳しいものである。

しかし、このときのダイハツには構造改革をやるべき正当な理由があった。ダイハツがおかれた刻々と変化する経済状況のなかで、成長と永続をもとめれば、軽自動車市場をリードしてきた伝統ある自動車メーカーという存在に安住することはできず、自己改革が必要になっていた。

目前の状況でいえば、軽自動車市場をリードしてきたとはいえ、長年の好敵手である自動車メーカーとの熾烈な販売競争は休むことなくつづいている。そればかりか強力な第三勢力が登場してきた。うかうかしていると軽自動車市場第三位のメーカーになりさがってしまう可能性はゼロではない。また、軽自動車市場の大きな変化が予測されてもいる。ショッピングモールで軽自動車のセールスがおこなわれている現状は、軽自動車が通信販売で購入される時代の到来を示唆《しさ》していると考えられていた。そのような軽自動車をめぐる時代の変化は急激におきる蓋然《がいぜん》性があり、そのときダイハツが旧態依然としていれば時代の流れに乗り遅れる。

ダイハツの経営そのものについても自己改革が必要であった。軽自動車を主力商品としているダイハツは、それが日本国内市場だけで販売されている自動車商品だという宿命を負っている。つまり日本国内の景気動向でダイハツの業績が左右されてしまう。

ダイハツはインドネシアとマレーシアで現地生産をする海外ビジネスを展開しているが、全世界を相手にグローバル展開する自動車メーカーではない。並みいる日本の自動車メーカーと欧米の大手メーカーは、世界各地域の大きな自動車マーケットで手広く現地生産をふくむグローバリゼーション・ビジネスを展開しているが、ダイハツにはそのグローバリゼーション・ビジネスがない。

グローバリゼーション・ビジネスのスケールメリットは、景気が世界各国や地域ブロックをかけめぐるように移行するときに発揮される。たとえばアメリカの景気が冷えたときに、中国が好景気になっているというケースである。こういうケースであれば、グローバリゼーション・ビジネスをする自動車メーカーは、経営資本をアメリカから中国へシフトして成長を維持する。しかし、軽自動車を主力商品とするダイハツは、日本の景気動向に頼るほかはない。日本の景気がわるくなっても、景気が回復するまで、順調な企業活動をつづけられる強固な経営体力をもつ企業でなければ、永続的な成長はのぞめないのである。これは日本国内の景気動向だけではなく、将来的には日本の人口減少という市場の根底的な変化にかかわる大きな課題にもなるが、たったいまダイハツに必要なのは永続的な成長をのぞんで、中長期経営計画を生きぬく強固な経営体力であった。それを実現する力が獲得できたならば、スモールカーのメーカーとしてグローバリゼーション・ビジネスへふたたび舵をきることも可能になる。

さらに深慮しなければならないことは、自動車の近未来に大きな変化がおこる予測があることだ。自動車の世界史では二〇世紀はガソリン内燃機の世紀であったが、その一〇〇年が終わり、次の一〇〇年がやってきたことを目の前の現実がおしえている。

わかりやすい仮説をたてるが、二一世紀の後半にバッテリーのイノベーションがおこり電気自動車の時代がやってくることにしよう。そのとき既存の自動車メーカーは決定的なアドバンテージを失うはずだ。

ご存知のとおり電気自動車は電気モーターを原動機とするが、電気モーターはエンジンほど複雑で高度な原動機ではない。高度な工業技術力をもつ国でなくても電気モーターは開発と生産が可能である。電気自動車の時代になったならば、既存の自動車メーカーが独占的にもっている、エンジンをゼロから開発生産できる工業技術力というアドバンテージが失われてしまう。いままでドイツ、フランス、イギリス、イタリア、スウェーデン、アメリカ、ロシア、日本などエンジンをゼロから開発生産できる高度な工業技術力がある国でなければ自動車メーカーは成り立たなかったのだが、電気自動車の時代が到来すると、電気モーターを開発生産できる国であれば、電子制御技術と車体技術を手に入れて、自立した自動車メーカーを起業することが可能になる。

その先駆として、いままで自動車を生産していなかった企業が自動車メーカーとして名乗りをあげる今日的な動向がある。電気自動車の時代になれば、この動向が拡大するであろうことは言うまでもない。

このように自動車の歴史が大きく変化する時代が、目前にせまっていると自動車メーカーの経営者は考え、身がまえなければならない時代だ。

二〇一六年一月二九日に、ダイハツ工業はトヨタ自動車の完全子会社になって、トヨタ自動車のスモールカー分野を担当し、ダイハツ・ブランドを永続させる計画を発表した。ダイハツは二〇一六年七月末に株式の上場を廃止して、八月一日には完全子会社になる段階にいるが(当時)、BR業務プロセス改革に着手した二〇〇六年の段階では、トヨタ自動車の連結子会社であったから、一部上場の企業として自主的な構造改革をやらなければならない必然があった。

ひとくちに構造改革と言っても、大きな組織における自己改革は、そう簡単には実現できない。巨大な船が舵をきっても、方向転換に時間がかかるのと同様に、構造を改革したからといって、ただちにそこで働く者の意識改革が達成されないからである。意識改革がなされなければ、構造改革が実現しない。構造改革の心髄は意識改革である。

そのためにダイハツのＢＲ業務プロセス改革は、意識改革を手堅く推進する戦略をもっていた。社内にひとつの構造改革をしたちいさな組織を新しくつくり業務をおこない、その組織づくりと運営にかかわった者たちの意識を具体的に改革する。こうして意識改革がなされた者たちを、旧態依然とした各部署へ配置し、ＢＲ業務プロセス改革の担い手として、構造改革を実行していくという戦略である。

その第一段階として、製造業のかなめである生産工場の構造改革から手をつけた。

大分（中津）工場を稼働させていた既存の完全子会社であるダイハツ車体株式会社を、ダイハツ九州株式会社に名称変更し、高効率の生産工場として再構築する構造改革がはじまった。二〇〇六年のことである。それまでの二大生産拠点であった大阪の本社（池田）工場と滋賀（竜王）工場には手をつけずに、ダイハツ九州に増資して、ダイハツ九州をダイハツの生産部門の構造改革の拠点とした。

ダイハツ九州は、二〇〇七年に大分に第二工場を増設し、二〇〇八年には久留米工場を新設し、ダイハツ最大の生産工場になった。ダイハツ九州は内外のダイハツ工場のマザー工場になるべく、きわめて生産効率の高い工場になった。当時の担当役員は「世界一の生産効率と言っていい」と断言している。言わずもがな生産効率の高い工場は、生産コストを低減し、市場動向に対応してフレキシビリティーを発揮した生産を可能にする。こうしてダイハツ九州を再構築し生産にたずさわった人材が、内外のダイハツ工場へ配属され、すべてのダイハツの工場の構造改革を推進していくことになる。

製品開発分野では、前述のBR三大プロジェクトをたちあげるのだが、そのうちのひとつが二〇〇八年に開発プロジェクトが始動したミライースの開発であった。それはガソリン一リッターあたり三〇キロメートルの燃費を達成する、四人乗り軽自動車開発のプロジェクトだった。低燃費を誇るハイブリッドカーの台頭で、経済的なクルマとしての軽自動車の面目が失われつつあり、それを挽回するためでる。

ミライース開発プロジェクトのチーフエンジニアであった上田亨は、そのときのいきさつをこう言っている。

「ハイブリッドカーと同じ燃費のミライースを、ハイブリッドカーの半額で売り出そうという開発プロジェクトでした。当時、ハイブリッドカーは価格競争を展開していて、それは一六〇万円を切るぐらいまで安くなっていた。だからミライースは、その半分で七九万五〇〇〇円です。とはいえ燃費がいいクルマを廉価で売るための開発のしんどさは並大抵ではなかった。しかも僕は、それまでチーフエンジニアの仕事をしたことがなかった。仕事のやりかたを知らない者が、こんな開発困難なクルマのチーフエンジニアをまかされる。頭のなかが真っ白になりました。やってもいないのに、できませんとは言えませんから、挑戦するしかないのですが、正直なところ、やってできるとは、とうてい思えませんでした。低燃費と安い価格は絶対矛盾と言ってよく、両立できるかどうか、わからなかった」

ダイハツにおける従来の新型車開発方法では、ミライースの開発は不可能と上田は考えた。それまでの開発プロジェクトは、各部門からスタッフが集まって構成されるもので、開発プロジェクトをつかさどるチーフエンジニアに絶対的な決定権がなかった。各部門から集まってきたスタッフは、それぞれが所属する部門の決定にしたがうからだ。開発予算についても同じだった。従来の方法は各部門から要求される予算を積み上げて総予算とするもので、最初に開発プロジェクトで総予算をたてて逆算し、各部門に予算を配分するというわけにはいかなかった。こういう従来の方法では、短期間に一点突破の全面展開をしなければならないミライース開発は、べらぼうな開発予算がかかることになり、実現できないと思った。

そこで発想されたのが「社内にバーチャル・カンパニーを設立して、従来の開発方法と手を切る」というアイデアだった。従来の方法を否定するのは、構造改革では当然の手法である。

さっそくダイハツ社内に架空会社を設立した。ミライース担当の役員が社長となり、上田は副社長のチーフエンジニアになった。バーチャル・カンパニーに〈入社〉するスタッフは、異動申請書を提出したのちに人事が発令された。技術系では各部門の次長クラスが異動してバーチャル・カンパニーの主査を主務とし、もとの部署を兼務とした。こうすることでバーチャル・カンパニーで決定したことが優先され、その決定事項をもとの部署へ命令し実行させることが可能になった。従来の方法とはまったく逆の仕事の流れである。開発予算はバーチャル・カンパニーが管理する独立した予算になった。共通固定費や工場負担費もバーチャル・カンパニーに一元化された。こうすると予算総額がふえるので、予算をやりくりする自由度が大幅に増して、予算の効果的な使い方が可能になった。

バーチャル・カンパニー方式の素晴らしい効率を上田はこう説明している。

「ミライースは、新しい特別な技術を採用していないのです。それでいてハイブリッドカー並みの燃費を実現できたのは、効率のいい開発マネジメントができたからです。各部門が、いま手にしている技術を、燃費向上のために徹底して磨く。エンジンならば、ちょっとでも燃焼効率を向上させる。車体部品だったら一グラムでも軽くする。もちろん、それまでも燃焼効率向上とか軽量化はやっているのですが、さらに踏み込んで、もう半歩でも一歩でもやってもらう。そうやって各部門がちょっとずつかせいでくれたものを集めて一台のクルマにまとめてみると、ハイブリッドカー並みの燃費が、廉価で実現できたのです。これは新しい技術開発の方法を発見することにもなった。新技術ではなく、いまある技術を集めてきても、マネジメントしだいで、新しい価値をつくることができるという方法の発見です」

ミライースの開発プロジェクトは完全に目標を達成した。低燃費と廉価を両立させたので、一台あたりの利益は大きくなかったが、〈第三のエコカー〉というキャッチフレーズが評判を呼び販売台数がのびるとともに、ミライースに引き寄せられて販売店に足を運ぶ消費者が目に見えて増加した。客寄せのための週末イベントをうたなくても、販売店はにぎわったのである。そのにぎわいはミライース以外の商品の販売台数も増加させた。あるいはまた企業経済のニュースをとりあげるマスメディアで、バーチャル・カンパニー方式がさまざまに報道されたこともダイハツのプレゼンスを高めることになった。

そうした成功体験をもって、このプロジェクトに参加していたスタッフはそれぞれの部署にもどって、BR業務プロセス改革という構造改革の担い手になっていった。

二〇一〇年一月に発足した新型コペン開発プロジェクトは、自動車生産を知りつくしビジネスモデル構築に長けた上層部によって発案された。それは生産と販売のコストの低減をベースにした商品戦略的アイデアからスタートしている。実はDフレームによるドレスフォーメイションありきの新型コペン開発だった。新型コペンのビジネスモデルは緻密に組み立てられていた。

ボディー外板部品を手軽に取りかえて、各ユーザーが自分好みの逸品もののボディーの新型コペンを所有できるドレスフォーメイションは、量産自動車の歴史のなかで初めてのこころみである。この夢のような企画で、自動車好きの気をひき、あるいは自動車離れが進んでいるという若者たちを刺激するという意図があった。さらに、いわばこの珍しいクルマを、ダイハツのディーラーへの集客を画するアドバルーン的商品にするという意図もあった。いかにディーラーに消費者を集めるかは、重要な販売戦略である。クルマを売り歩くよりは、買いにきてもらったほうが、販売コストがはるかに安くなるからだ。そのためには、消費者がダイハツのディーラーへ行ってみたいと思えるような仕掛けが必要であった。

また、そのボディー外板を樹脂（強化プラスチック）にする意図も、ひとつではない。従来クルマのボディー外板は鉄板だが、その鉄板は高値の傾向にあり、価格変動がおこりやすい。ようするに鉄板の価格は、安くなることが見込めず、かつまた不安定なのである。しかし樹脂は、石油が原料だから、鉄板より価格が安く、コストの変動がすくない。

生産工程では、鉄板ボディーはプレス加工で成形するので、大規模のプレス工場と多くの金型が必要になる。大規模の工場はそれ相当の大きな設備投資になり、よい金型を製造するためには長い経験によって獲得された高度な技術力が必要である。ところが樹脂ボディーの成形方法は、ひとつの金型に過熱して軟化させたプラスチックを圧力をかけて押し込んで成形する射出成形（インジェクション成形）である。金型はひとつで、工場も大規模にはならない。工場の維持管理費をふくめて計算すれば、鉄板ボディー成形よりはるかに生産コストがおさえられる。

塗装工程においては、鉄板ボディーは必ず塗装しなければならないが、樹脂ボディーは製造方法が進化すれば塗装の必要がなくなると期待されていた。樹脂は射出成形のときに色をつけられるからである。樹脂の製造方法が進化し安定して美しい色をつけられるようになれば、塗装工場がいらなくなるという目論みがあった。

塗装工場は、自動車部品工場のなかでも最大規模の工場になるという。自動車のボディーは大きいから塗装工場の建屋も大きくなり、しかもゴミを寄せつけず大気の動きに影響されない気密性の高い空調がほどこされた工場でなければならないからだ。さらに塗料や溶剤などの廃液を処理する施設も必要になる。つまり樹脂ボディーの製造方法が進化し美しく着色できる製造が可能になれば、その製造原価は鉄板ボディーより圧倒的に安くなるのであった。樹脂ボディーの製造方法の進化に期待がかかるのは当然であろう。

樹脂部品は、鉄の部品と機械結合するとき、結合部分を強化しなくてはならないから、思ったほど軽くならないという短所がある。また樹脂は鉄のように錆びたりしないので自動車ボディーの材料として最適だが、リサイクル性がない。しかし樹脂ボディーの利便性はとても大きく、樹脂を積極的にボディー材料として活用することは、地球の自然環境のなかで許容範囲にあるとダイハツは考えている。

こうした複合的な意図があって、Dフレームとドレスフォーメイションのアイデアが発案されていた。やがてスモールカーのボディーは樹脂になっていくのではないかという予測があり、そうなれば新型コペンは先駆となる。

新型コペン開発のチーフエンジニアとなった藤下修は、その開発プロジェクトのスタッフのなかに頼りになる人物がいるのに気がついた。

殿村裕一《とのむらゆういち》である。商品企画部に所属する、フットワークがよさそうな痩せ形のこのとき四三歳の男であった。

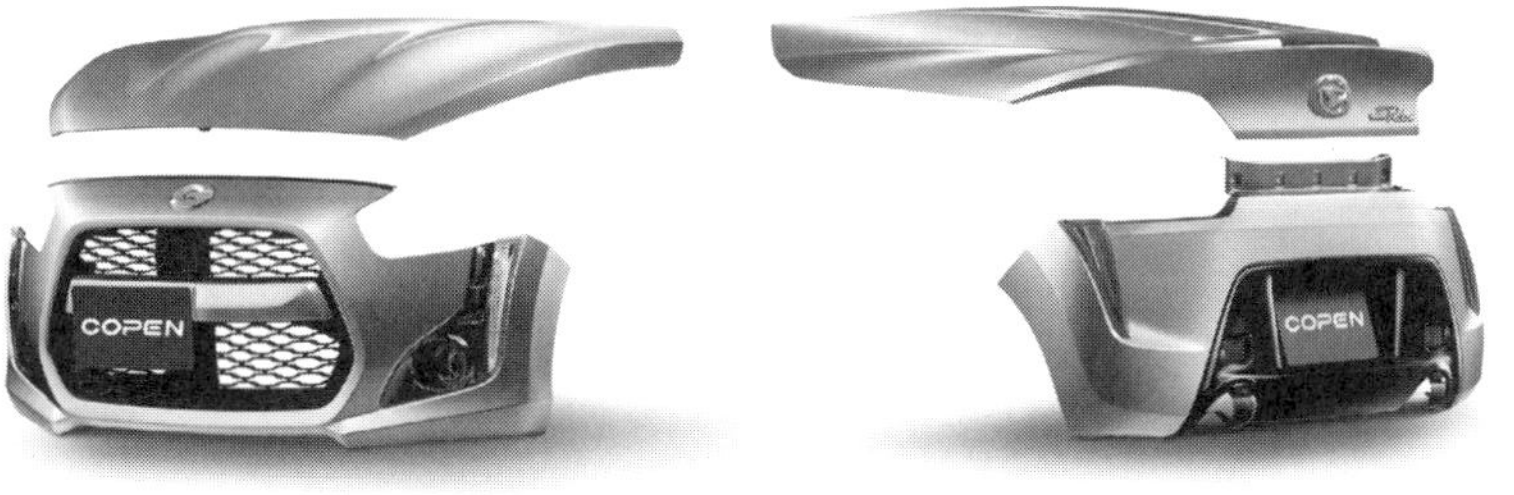

樹脂製のボディー外板（前後バンパー、ボンネットフード、トランクフード）

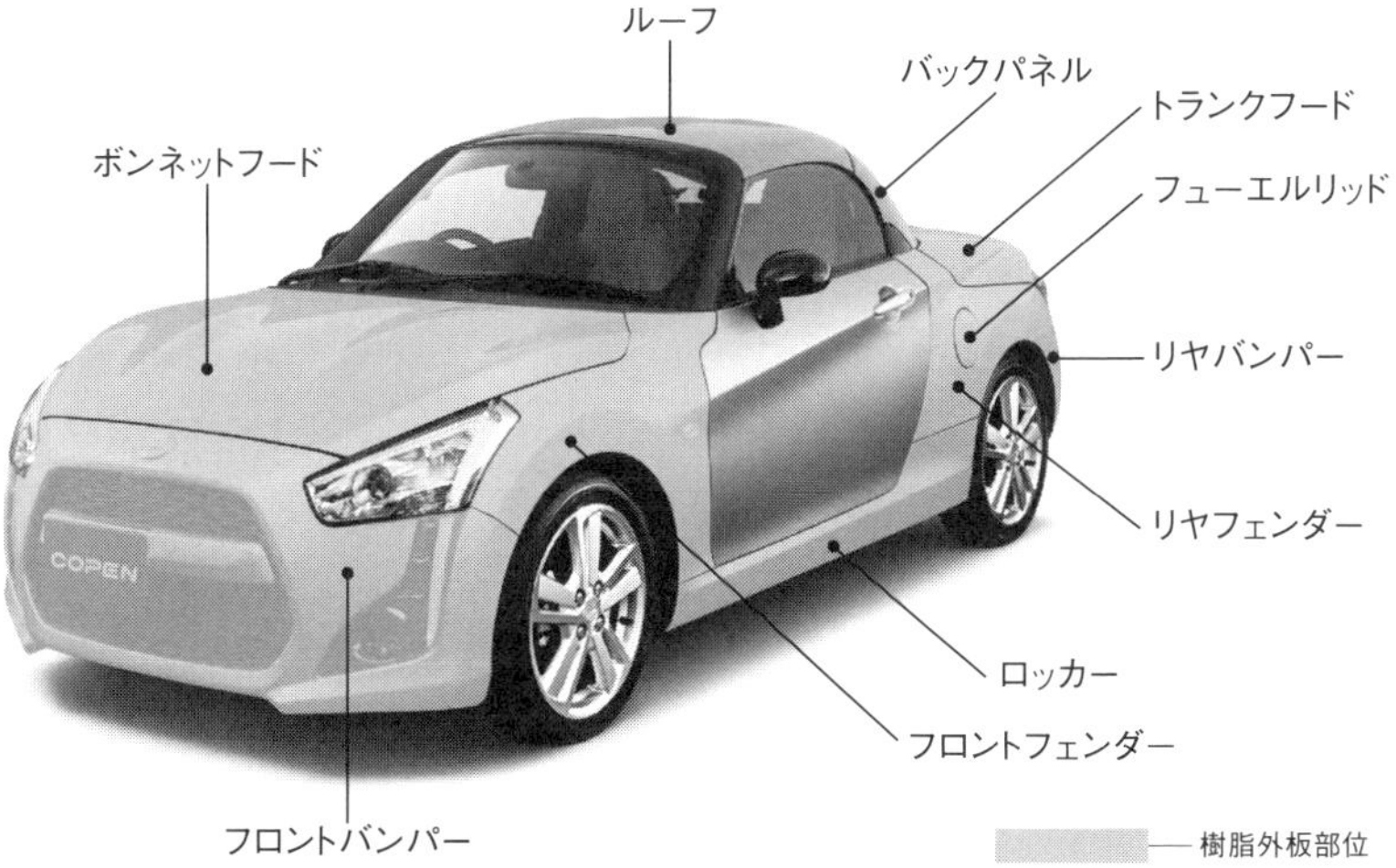

コペンはドア以外の外板が樹脂製で、ルーフとバックパネル以外の樹脂外板は交換可能

「殿村は、どんなに辛いことがあっても、あははと笑って笑顔を見せる。困難を笑い飛ばしてしまう力のある男ですよ」と藤下は言っている。

このときから殿村は、二〇一四年六月に新型コペンの第一弾コペン・ローブが発売され、その年の一一月に第二弾のコペン・エクスプレイが発売される直前までの三年と二か月間、藤下とともに新型コペン開発プロジェクトの仕事をした。藤下がチーフエンジニアとして新型コペンの開発をなしとげられたのは、殿村の献身的な尽力があったからだ。

殿村裕一は二〇〇七年八月に三菱自動車工業からダイハツへ転職してきた人物である。その年のダイハツは一二〇人の中途採用者をうけいれている。

三菱時代の殿村は、エンジン開発技術者として、世界ラリー選手権で世界チャンピオンになったランサー・エボリューションやパリ・ダカール・ラリーで優勝したパジェロのレーシング・エンジンを担当して、世界各地のレース現場を飛びまわっていたことがある。そのあとは製品企画でパジェロを一〇年間担当していた。

ダイハツへ転職してきた動機を、殿村はこう言っている。

「三菱でお世話になっていたとき、これからはちいさなクルマの時代がくるのではないかと思い、自分が乗りたいと思う、ちいさいクルマの企画をやってみたいと考えるようになったのです。三菱では、エンジンをやって、製品企画をやったから、次は商品企画で、ちいさいクルマの企画をやりたかった。しかしその頃の三菱には、魅力的なちいさなクルマの商品計画がなかったので、三菱では自分のやりたい仕事ができないのかと思っていた。しかも自分が担当していたパジェロが市販されて、その開発者として自動車雑誌に取材されて、大学時代のアルバイトでお世話になった出版社の人たちにも再会して、自分の人生の前半戦を走りきった感じがしていた。僕の人生物語の前半が完結したような気持ちになったのです。そういう気持ちをもつと、どういうわけか人生後半の絵が描けなくなってしまった。転職したいと考えたのですが、もう三九歳になっていたから転職はむりかなと思っていたけれど、とりあえず転職するための行動をおこしてみた。そうしたら運よくダイハツが商品企画部門で雇ってくれるというから、一家をあげて大阪へやってきたのです」

殿村の話を聞いていると、やりたいことをやるために身軽に生きようとする信念を感じる。

とうぜんのことながら、殿村はダイハツと三菱自動車を比較して見る目をもっている。

「ダイハツと三菱自動車を比較する意味があるのかないのか、僕にはわかりませんが、三菱自動車は一度、よくもわるくもドイツのダイムラー傘下の外資系企業になっている。たとえば、そのとき稟議書というものがなくなって、すっきりした。ダイハツにきてみると、もちろん稟議書があって、いくつも判子が押されている。古きよき日本の企業だなと思った。ただしダイハツは、やるとなったら素早く動く。そこはすごいと思いました」

一九六八年（昭和四三年）に広島の呉市で生まれた。小学生時代にスーパーカー・ブームの洗礼をうけてクルマ好きになるが、自動車技術者になりたいと考えたことはなかった。高校入学直前に父親の転勤で東京へ引っ越し、気がついたら大学の工学部でエンジンの勉強をしていたという。理系の勉強が好きだったからである。自動車部に入部してモータースポーツに目覚めるが、それでも自動車メーカーに就職することは考えていなかった。自動車雑誌の出版社でアルバイトをして、そのまま自動車雑誌の編集記者にならないかと誘われたこともあったが、自動車メディアの世界で働く気にもならなかったという。

「就職先はいくらでもあるから遊びたい放題の、ちゃらんぽらんなバブル時代の大学生そのものだった」と殿村は言っている。ただし筋を通すときは真っ直ぐ生きてしまうようで「せっかくエンジンの勉強をして自動車部で活動していたのだから、出版社もいいかと思ったけれど、一度は自動車メーカーで働いてみようと三菱に入った」のである。

軽やかに気ままに生きるタイプの人と思われがちな発言をするが、三菱でレーシング・エンジンを担当していたときは、世界チャンピオンをかけた真剣勝負の開発仕事に集中したあげくに、過労とストレスで身体をこわしている。

ダイハツでは念願の商品企画へ配属され、マーケティングと企画に熱中して働いた。小型SUV（スポーツ・ユーティリティー・ビークル）のビーゴとトヨタ・ラッシュ、軽自動車のムーヴ、タントなどの市場調査やユーザー調査を担当した。ダイハツの商品企画について、こう言っている。

「ダイハツは軽自動車を主力商品にして、日本国内の市場で薄利多売の商売をしている企業だから、軽自動車の商品企画の失敗がゆるされない。屋台骨であるミライース、ムーヴ、タントのモデルチェンジに失敗したら、そのダメージは大きい。そのために商品企画はもうれつに時間をかける。ものすごく石橋をたたく。徹底した市場調査をやる。お客様の話をこれほど聞くメーカーは他にないのではないかと思う。だからモデルチェンジで、お客様の期待をはずすことがない。お客様の要望は必ず絶対に新商品に反映されている。三菱にいたから感じることなのかもしれないですが、これだけ市場調査をやれば、失敗するはずがないと思うぐらいです」

二〇一〇年一月にコペンのフルモデルチェンジ、すなわち新型コペン開発プロジェクトである製品企画チームが組織されたときに、商品企画のスタッフとして、そのチームの一員に選ばれた。スポーツカーのフルモデルチェンジなのだから技術者経験のある者がよいだろうと、殿村に白羽の矢がたった。

「スポーツカーの開発は一生に一度はやってみたいと思っていましたから、一〇年に一度のチャンスをあたえられて、こんなに嬉しいことはない」と思った殿村は、すぐに初代コペンを買った。コペンのことを、よく知らなかったからだ。そのコペンに乗って、頻繁に開催されるコペン・ユーザーの集まりの常連になってユーザーの話を聞いた。モータースポーツ好きの血が騒いで、スポーツキットのサスペンションを組み入れ、ジムカーナというタイムトライアルの競技にも参加した。

そうした自主的な調査活動をつうじてわかったことを、殿村はこう言っている。

「コペンのユーザーは集うことが好きなのです。オフ会があると二〇〇台ぐらい必ず集まります。

最初は何が楽しくて集うのかと疑問でしたが、コペンは、コペンが好きな人たちが、好きなクルマのコミュニティーを楽しむアイテムになっていることがわかりました。こういうクルマは他にないでしょう。だからコペンが好きで、乗っているだけで楽しいというユーザーが八〇パーセントですね。通勤など日常的にコペンに乗るお客様です。スポーツカーだからスポーツ・ドライビングを楽しむというユーザーは二〇パーセント以下で、ましてやサーキットを走ったり、モータースポーツ競技をやるユーザーは五パーセント以下でした。ようするにコペンは、目をつりあげて歯をくいしばってサーキットをがんがん走るようなスポーツカーではなくて、だれもがにこにこしながらオープンエアを楽しむクルマだった」

コペン・ユーザーは、そのコミュニティーを楽しむのが好きであった。これはたしかに希有な現象だった。希少なクルマやスポーツカーの愛好家がクラブをつくり集うことや、ヒストリックカーや輸入車のオーナーたちが年に一度のイベントを開催して集まることはあったが、コペン・ユーザーのように頻繁に多数が集うというのではなかった。

殿村が一員となった新型コペン開発の製品企画は、三〇人ほどの大きなチームだった。直列二気筒エンジン開発を担当する大勢のスタッフがいたからである。それにしても規模の大きな開発プロジェクトだった。

「二〇一〇年一月からの新型コペン開発は、直列二気筒エンジンが中心の製品企画でした」と殿村は言っている。

「Dフレームと樹脂ボディーの車体構造は既定路線になっていましたが、ドレスフォーメイションはまだアイデアの段階だった。アクティブトップは、それがコペンそのもののシンボル的機構だから、絶対継続でした。とはいえ、何といってもメインテーマは直列三気筒エンジンで、それが実現できれば、操縦安定性や動力性能は初代コペンの延長線のレベルで進化させればいいという雰囲気でした。デザインについても丸いフォルムとか丸いランプとか、初代コペンの延長線でいいのではないかと、だれが見てもコペンだとわかるようなモデルが、ほぼ完成していた。しかし、それではダメだと、初代コペンの延長線上に居座っているようなモデルチェンジではなく、コペンには無限の可能性があるのだから、もっとチャレンジしろという指導が、二〇一一年にあった。ダイハツの商品ラインナップをささえる屋台骨のクルマではないのだから、キープコンセプトのような当たり前のモデルチェンジではなく、新しいクルマの魅力が生まれるようなモデルチェンジをしなさいという指導でした。そこから、α（アルファ）、β（ベータ）、γ（ガンマ）とコードネームがつけられたボディーの三種類のデザイン検討がはじまり、もっとも突拍子もないデザインだと思っていたγを、二〇一一年の東京モーターショーで展示して、来場者の反応を徹底調査することが決まった。γは、好き嫌いがはっきりする斬新なデザインだったから、これで反応を調査すれば、何か新しいデザインの方向がつかめるかもしれない。そのあたりからアイデア段階にあったドレスフォーメイションを、ようやく現実的に考えるようになった。その時点でドレスフォーメイションという言葉はまだ生まれておらず、着せかえというような言葉で語っていたと記憶しています」

ちなみに、このときのαはコペン・ローブへ、γはコペン・エクスプレイへと成長していくのだが、それは三年先のことであった。（α、β、γの写真は後に収録）

しかし大問題は、肝心かなめの直列二気筒エンジンを搭載するという基本計画の雲ゆきがあやしくなっていたことだ。それはセントラル・アイデアがゆらぐことだから、約三〇名いた新型コペンの製品企画の方向性も見直さなければならない。

そこで開発プロジェクトが仕切り直され、チーフエンジニアの交代がおこった。新型コペンの製品企画のスタッフは、たった五人に減らされ、殿村はそのひとりになって残留する。そこへ藤下修が新しいチーフエンジニアとしてやってきた。

これは開発プロジェクトが一度解散して、再編成されたにひとしい。残留した商品企画、デザイン、製品企画のスタッフの選抜基準は、製品企画の企画骨子をゼロから練りあげられる人を選んで残すというものだったことからも、再編成されたことはあきらかだった。しかし会社の業務としては、新型コペンの製品企画は継続していることになっている。直列二気筒エンジンを搭載するという計画も正式に中止されたわけではない。その年、二〇一一年一二月開催の東京モーターショーにγデザインを展示することも決定事項であった。

チーフエンジニアとなった藤下は、すでに書いたが〈低慣性、活き活きプロジェクト〉の基調を殿村たちに提唱した。殿村はこう思った。

「あれは素晴しいスローガンでした。藤下さんが考える新型コペンが、低慣性という言葉でぴたりと定義されていた。新型コペンは低慣性のスポーツカーだというコンセプトが鮮明になった。実はそれまで、コペンはスポーツカーなのか、スポーツカーではないのか、という基本的な議論があったのです。コペンをスポーツカーという言葉で表現すると、何かコペンの大切なものが言えていないのではないかという疑問の気持ちになる。では、スポーツカーではないのかといえば、見ればわかるように、どう考えたってスポーツカーなのです。じゃあ、どういうスポーツカーなんだという問いの、答えは見えているのですが、言葉になっていなかった。スポーツカーとひとくちに言っても、たとえば野性的なものもあれば、エレガントなものもある。それを藤下さんが、コペンはスポーツカーだと言いきって、それは低慣性のスポーツカーなんだと、すっきりと定義した。それまで議論していた積み重ねの上に、低慣性というスローガンがぽんとのっかって、方向性を明確にした」

藤下は、殿村たち新型コペンの製品企画スタッフをだれひとりとして知らなかったが、最初の同意者をえたのであった。しかし藤下はこう感じていた。

「僕は製品企画の素人だから、そこで使われている隠語というか符牒《ふちょう》がわからない。言葉すらつうじない奴がきたのか、というふうに見られていたと思います。実際問題、僕は製品企画の仕事の進め方やルールがわかっていなかった」

殿村は、藤下と会議をして仕事を進めるたびに新しいチーフエンジニアへの信頼を増していった。殿村はこう言っている。

「藤下さんについての情報は、テクニカルセンターの実験部にいた人という以外になかったから、動力性能と操縦安定性のスペシャリストなんだろうとしか思っていなかった。初めて顔あわせしたときは、背が高い人だから威圧感を感じて、怖い人で堅物かなと思った。ところが話してみると、話しやすい。僕が担当しているマーケティングを、よく理解しているばかりか、マーケティングについて独自の見識をもっていたのが最初の驚きでした。仕事の進め方は、自分の思うとおりに業務命令して、スタッフをがちがちに管理しない。スタッフの主体性と自主性を認めて、僕らが提案することをよく聞いてくれる。しっかりとした理由を話して、こうしたい、ああしたいと言えば、基本的にOKしてくれる。よっぽどヘンなことを言わないかぎり、僕らの提案を否定することがなかった。問題があれば話し合うことで解決するという姿勢をつらぬくのです」

それは音楽バンドのやり方であった。学生時代はもちろん、ダイハツに入社してからも同僚とロックバンドを組んで楽しんでいた藤下は、よりよいバンド・サウンドをつくるための方法を知っていた。メンバーひとりひとりがその楽曲のテーマを理解することが基本であり、演奏にあたっては自分の音をよくしたいのなら、仲間の歌と音をよく聴くことだということを知っている。だれかひとりが突出した演奏をしてもサウンドは響かない。バンドにおける最良の協力関係は、ひとりが全員の音を聴き、全員がひとりの音を聴くことだ。あるいは長年ヘッドコーチをつとめてきたサッカーチームの方法でもあった。サッカーはフォーメイション・スポーツだから、ヘッドコーチはチームのメンバーに、そのチームが組むフォーメイションの戦略的意味と戦術的効果をおしえたら、あとは個々のプレーヤーの主体性にまかせる。

仕事は音楽バンドやサッカーのような趣味ではないから、最大の力を要求される厳しさにあふれている。そのことはブレーキ開発や操縦安定性開発のチーム・リーダーをつとめてきたから身に染みていることであった。しかし、どこかに楽しみや希望がないと、仕事は活性化せず、最大の力が発揮できないことを藤下は自分のこととして自覚していた。ささやかな楽しみと希望は、自由と主体性が認められてこそ発見できるものである。藤下は新型車開発プロジェクトこそひきいたことはなかったが、よりよいチーム・マネジメントについては一家言をもっていた。

殿村は藤下の人柄について質問されると、こう答えた。上司の人柄を部下が語るということは、人物を批評することだから、その上司と部下のあいだに人間的な信頼関係がないとできない。信頼関係がなければ、それはただのゴマスリか嫌味になってしまう。

「藤下さんは、もともと声が大きいけれど、自信のあることを語るときは、さらに大きな声になる。しかし自信のないときは、それが会議であっても、蚊の鳴くような声でしゃべるのです。だれにも聞こえないような声になってしまう。怒れば、怒鳴る。怒鳴ってもあとにはひかない。さっぱりしている。怒鳴るのはダイハツの第一線でばりばりやっている人の元気な特長と言っていいと思いますが、藤下さんはその意味で、もっともダイハツの人らしい人ですね。そういうわかりやすいところがあった」

新人チーフエンジニアである藤下は殿村たちの強力なサポートで、チーフエンジニアがやるべき最初の仕事である〈車両構想提案〉の制作を進めることができた。この構想は前任のチーフエンジニアの手によって、きちんとまとめられていたので、右も左もわからない藤下はずいぶんとたすけられた。低慣性のスポーツカーであることを加筆したり、搭載するエンジンは直列三気筒ないし直列四気筒もありうると追加するなど、若干の変更をほどこすことから車両構想提案を推進していった。

しかし、全社的な管理下にある新型コペン開発の製品企画は、一筋縄ではいかないものであることを理解させられた。製品企画を手がけたことがない藤下は、低慣性の新型コペンを開発すれば、それが新型コペンの最大の価値になって、ユーザーとなったお客様を感動させられるだろうと考えていた。

だが、製品企画は、動力性能や操縦安定性のハードウェアだけを企画するものではなかった。だれもが驚くような新機構をめいっぱい考え出して、その実現性を精緻に吟味しなければならなかった。たとえばオープンにしたときにエアカーテンが作動して外気を寄せつけなければ、道路に充満する排出ガスの臭いから逃れられるだろうというアイデアが、実現するのか。あるいはリア・エンジンにすることでフロントのトランクスペースが広く大きくとれて、そこにベビーカーを積めるようにならないか。そうした驚くような新機構があれば、新型コペンの商品的魅力が格段に向上するばかりか、新型コペンが販売店の店頭にあるというだけでお客様が集まり、ミライースやタント、ムーヴの販売につながるだろうというところまで製品企画は広く深く企画されていなければならなかった。

車両構想提案は、もうひとつ別の意味で重要であった。車両構想提案が承認されると、次は〈先行開発提案〉の段階になる。この先行開発提案は、試作車をつくって生産開始まで開発を前進させていく具体的な計画の提案なので、数億円の開発費用がかかる。これだけの費用がかかってしまえば、もうあともどりはできないから、その前段階である車両構想提案は徹底的に練りあげられたものでなくてはならない。車両構想提案に十分な時間をかけて、さまざまなアイデアを絞り出し、議論をつくし、その新型車の商品的魅力を限界いっぱいまで高め、その商品的存在意義を可能なかぎり検討するのが、ダイハツの新型車開発の流儀であった。

藤下たちは、考えられるかぎりの新型コペンの機能をぜんぶ書き出し、一方でクルマに利用可能な新技術を残らず調べあげて列挙し、それらすべてを分析して、新型コペンの車両構想提案を前進させていった。毎週繰り返される業務報告会のたびに、新しい構想を書類にして提出し、指導と判断をあおいだ。

しかし、いっこうに担当役員たちは藤下たちの車両構想提案を認めなかった。担当役員たちにコペンに対する強い思いがあったからだ。コペンはダイハツの旗印である。そのコペンがフルモデルチェンジをするのだから、慎重になるのは当然であった。まだ見ぬ新型コペンの性能、機能、イメージ、商品的な魅力と存在意義を完全に把握するまでは認めないという姿勢であった。

コペンに対する強い思いは、新型コペンの巨大な夢をみたいという理想と、その理想ゆえの慎重さが相対することになった。新型コペンの製品企画が螺旋階段をのぼり新次元へたどりつけば、そこに初代コペンが存在した意義をふくみ込んだ、なおかつ新鮮な価値をもった新型コペンが姿をみせる。したがって製品企画という螺旋《らせん》階段を一歩ずつ踏みしめるように上昇していくためには、徹底した慎重さと熟考があるべきだという担当役員たちの強固な姿勢があった。はてしない会議が延々と繰り返された。

こうなれば止揚《しよう》する以外に車両構想提案が進展する方法がない。理想と慎重さという矛盾をはらむことは、それが挑戦課題であるとき避けられることではない。しかしその場合の絶対的条件は、その理想と慎重さが本物であることだ。ご都合主義や個人感情といったものが混じっていない、高次元のすみきった真の理想と慎重さでなければならない。

藤下がチーフエンジニアになってから、およそ三か月後の二〇一一年一〇月に、新型コペンの製品企画は一時凍結されることになった。凍結は五か月後の翌年二〇一二年二月に解除された。そのとき直列二気筒エンジン開発計画と新型コペン製品企画は、切り離されていた。この一時凍結という方法は、秀逸な大人の知恵であったようだ。新型コペンの製品企画が、見事に止揚されていた。

凍結期間にあっても藤下たち新型コペン開発プロジェクトは活発に活動していた。開発プロジェクトの推進は凍結されていたが、すでに決定されている業務を遂行しなければならないからである。

二〇一一年一二月の東京モーターショーに、スポーツ・コンセプトモデルのD-X《ディークロス》を参考展示し、その反応を細かく調査する重要な業務があった。このD-Xのデザインは、のち二〇一四年一一月に発売開始する新型コペン・エクスプレイへと発展するものだが、この東京モーターショーではコペン＝Copenと銘打たず、発売前のコペン・プロトタイプに冠されるKOPENも使われていない。D-Xの商品コンセプトは〈走りの喜びを追求した、新感覚スポーツモデル〉であり、開発の狙いは〈ダイハツのチャレンジする姿勢を示すと共にスポーツカーの新しい世界観をテストマーケティングする〉というものである。

D-X参考展示の企画意図は大きくふたつあった。

ひとつは翌年二〇一二年八月には生産を終了する初代コペンのフルモデルチェンジを予想させ、話題を提供することである。新型コペンと銘打たないミステリアスゲーム的な演出で、クルマ好きの反応をたしかめたかった。

とりわけ東京モーターショーでクルマ好きに問いたいのは、デザインであった。D-Xのデザインは、初代コペンのデザインから大幅に飛躍していた。初代コペンの丸っこい可愛らしいデザインではない。いかにもガンダム世代が好みそうな、あるいは直線的なデザインの大型バイクを彷彿させるような、力強いデザインだった。このデザインを、モーターショーの来場者がどう思うかを調査したかった。モーターショーの来場者は、入場料を支払って自動車ショーを楽しむクルマ好きである。おそらく来場者の大半は、初代コペンの存在を知っているはずだ。そのような層のクルマ好きが、このデザインに、いかなる反応をしめすかを知りたかった。

もうひとつ深く調査したいテーマがあった。二〇一一年は〈若者のクルマ離れ〉という言葉がマーケティングの世界で発せられてから一〇年ほど経過した年である。たしかに若者層のクルマへの関心はますます低下しており、それは自動車運転免許証を取得する若者が減っていることからもあきらかだった。その原因は、日本人はもうクルマに飽きたのだという全体文化論説から、スマートフォンに代表される、新しいコミュニケーションや遊びにお金がかかってクルマまで手がまわらないというスマートフォン・ライバル説、あるいは若者層の深刻な貧困という社会の階級化が進行している説など、さまざまな分析がなされている。

そうした現実のなかで、ダイハツが調査したかったことは、若者層が好みそうなデザインのオープン2シーターがあった場合、それでも若者層は関心を向けないのか、という仮説の検証である。ダイハツは、柔軟な発想からニッチなマーケットの存在を掘りあてるマーケティングを得意としている自動車メーカーだから、若者のクルマ離れという言葉を鵜呑みにせず、自分たちの手で検証してみるのだった。

魅力的な走りをもった新型コペンを開発する自信がある藤下たちが、もう一方でやらなければならないことは、こうした現実的なマーケティング調査だった。製品企画とは、プロダクトアウトとマーケットインの両方をまとめあげるものだ。プロダクトアウトは製造者が考える最良の商品を生産販売することで、マーケットインは消費者の要求や願望を調べあげて企画した商品を生産販売することだ。どちらもマーケティング用語である。マーケットインは、技術開発現場というプロダクトアウトしか経験していない藤下が、身につけなければならないチーフエンジニアの作法のひとつであった。

藤下や殿村たちの製品企画チームは、東京モーターショーの一〇日間は毎日、朝から晩まで会場で立ち働いた。

初日はメディアの記者たちや自動車メーカー関係者に公開されるプレスデーで、三〇分ごとにさまざまなメディアの取材をうけた藤下は面食らった。いままで自動車専門誌の編集記者や精鋭的な自動車評論家と話した経験はあったが、そこでは自動車を愛する気持ちと専門的な言葉がつうじて、興味深い議論を楽しむこともあった。いわばクルマ好きの仲間意識が強い自動車村の庭先の話である。しかし東京モーターショーとなれば、テレビや新聞の経済部の記者や経済誌の編集記者の質問にも答えなければならず、その質問は社会経済あるいは流行商品としての自動車および自動車産業について端的に問うものや、ダイハツに対する無理解や固定観念があるのではないかと思えるようなものもあり、そうしたクルマ好きではないマスメディアの記者たちと初めて出会った藤下は、いささか閉口した。クルマ好きの言葉が通用しないマスメディアに対応する作法を身につけることもチーフエンジニアとして必要であった。マスメディアの向こう側にこそ多数派のお客様がいるからである。

一般公開の九日間で、五〇〇人ほどのアンケート調査ができた。それらの調査結果を分析し、さらにアンケートに応じてくれた人たちの一部を集めてグループインタビューをするという周到な調査を続行した。その結果について、殿村はこう言っている。

「D-Xは意外なほど好評だった。アクが強いデザインだという人たちがもっと多いかと予想していたが、案外そうでもない。嫌いだという人はいるのですが、とても好きだという人が予想以上に多い。若い層に人気があり、それも意志的な支持なのです。しかしグループインタビューのなかで、デザインスケッチなどを見せながら、実際に買ってもらえるかどうか、という段階でご意見を聞くと、コペン・ローブとして発売することになるデザインのほうが人気があるのです。どちらがいいか、という決定的な結論は出なかったですね。フルモデルチェンジですからD-Xの大胆なデザインをやることの意味は大きいと思いましたが、それではお客様がついてきてくれない可能性が高い。D-X一本でやる自信がない。そういう報告を、業務報告会にあげました」

そのとき担当役員たちから「樹脂ボディーなのだから、両方やればいい」という意見が出た。新型コペンは、ひとつのデザインではなく、ひとまず二種類のボディー・デザインをもち、それを交互に交換できるクルマとして開発するという基本方針が固まった瞬間であった。それはコペン・ローブ、コペン・エクスプレイ、そしてコペン・セロと三つの異なったデザインで構成される新型コペンのコンセプションになった。また、高性能Dフレームを開発することも、このとき同時的に決定したと言っていい。

2011年の東京モーターショーに出品されたD-Xは、新しい走りの感覚を目指した新型2気筒ターボエンジンを搭載し、ボディーはタフでアグレッシブなスタイリングを採用するとともに樹脂製とすることで、オープンだけでなくさまざまなボディータイプに変更できる構造になっている

若者がクルマ離れしているのだとしたら、ボディーがたやすく交換できるオープン2シーターのスポーツカーだったら振り向いてくれるかもしれない。あるいは、乗り手を選ばないオープン2シーターのライトウエイト・スポーツカーの走り味に、多くの人びとが興味をもってくれるかもしれない。まだドレスフォーメイションのネーミングはなく、高性能Dフレームも存在していないが、藤下たち新型コペン開発プロジェクトの面々は我が意をえた。

新型コペン開発の製品企画の凍結がとけた二〇一二年二月から、車両構想提案から先行開発提案へと前進していくための努力が再開された。しかし、担当役員たちを納得させるめどがたっていない。

人事異動によって、新型コペン開発プロジェクトの製品企画の実務担当者が交代したのは梅雨をすぎた頃であった。

新しい実務担当者は大澤秀彰《おおさわひであき》だった。エンジンの電子制御開発の技術者であったが、飛躍をのぞんで製品企画へ異動して七年ほどの四九歳であった。新型コペン開発を、大澤はこう見ていた。

「同じ部署の同じフロアで新型コペンの製品企画をやっていたから、横目で見ていたわけです。順調に製品企画が進行しているとは言いがたい状況がつづいていましたね。どのようなモデルチェンジでも新型車開発でも、製品企画の初期の段階では、混乱したり停滞することはあるのですが、コペンはずっと停滞しているように見えていたから、何でなんだろうと思っていました。その製品企画の一員になってみて、すぐにその理由がわかりました。役員もふくめて、コペンはダイハツのシンボルなのだから、斬新なフルモデルチェンジをするのだという強い意志がある。電動アクティブトップのオープン２シーター・スポーツカーである、ということは全員が一致していた。しかし、どういうスポーツカーなのか、というところで意見がまとまっていなかった。丸目の初代コペンをオーソドックスにモデルチェンジするのか、乗り手を選ばない楽しいスポーツカーにするのか、近未来的なスポーツカーなのか、はたまた走りを追求したピュア・スポーツカーなのか、意見がまとまっていないのです。それは新型コペン開発の自由度が大きいところからきているのだと思った。この機構はコストが高いから採用をやめようとか、これはタントやムーヴと共通部品でなければならないとか、そういうしがらみが比較的すくない。こういう機構が絶対にいいのだと提案すれば、そうなるところが多い。初代コペンと関連性のない、まったく新しいコペンをつくろうと思えば、そうなっていく。だからかえって意見が分散していって、明解な解答が出てこない。藤下さんと殿村と私は、チームですから意見をまとめて、会議のたびに書類をつくるのですが、遅々として企画が進まず、三人で困っているという時間が長かった」

　大澤秀彰は一九六三年（昭和三八年）生まれの、スーパーカー世代であった。子供の頃は美しいスタイルのフェラーリ３０８ＧＴ《ジーティー》に憧れた。東京生まれで、電気工学を学んだのも東京の大学である。高校時代はオートバイに親しみ、ソロツーリングが好みだった。学生になってからはアルバイトをして中古のマツダ・コスモ三代目を買って愛車にした。自動車部には入らないタイプの自動車好きで、エンジンの電子制御を研究開発する技術者になりたかった。

ダイハツへの就職を希望したのは、耐えきれないほど満員の電車で通学していた中学生のときに、生まれ育った東京の雑踏が嫌になり、どこか他の落ち着いた町で暮らしたいと思っていたからである。静岡県浜松市にあるスズキや兵庫県明石市の川崎重工などにも就職活動をこころみたが、ダイハツから内定をもらえたので、その時点で就活をやめた。一九八六年（昭和六一年）にダイハツに入社した同期の技術者は一五〇名ほどいたが、そのうち関東出身者は一〇名程度で、電気工学を学んでいたのは大澤ひとりであった。

待望の大阪の生活は、食べ物が旨くて驚き、初めて食べたふぐ雑炊の味に感動した。東京と肩を並べる大都会だから、生活するには何不自由しない。ちょっと足をのばせば海や山の自然があるのも、だだっ広い関東平野のど真ん中からきた若者を喜ばせた。大阪はのぞんだとおりの、ちょうどいい大都会であった。ただし大阪の文化に馴染むまで、すこし時間がかかったと、大澤は言っている。

「基本的に関西の人は東京が嫌いなのです。しかし、だからといって排斥したり差別したりはしない。ただ嫌いという、それだけのことなのです。東京の言葉が嫌いで、東京の話題が嫌だというだけなのです。私がそのことを気にしすぎていたのかもしれませんが、半年もすれば自然にとけ込めました。東京よりはるかに歴史のある商業都市ですから、ふところは深い。大阪の言葉の意味やニュアンスを覚えるために、大阪弁を使ってみたりしましたが、同僚たちから気持ちわるいからやめてくれと言われて、やめました」

　エンジンを試験して性能を仕上げていく部署に配属された。エンジンの電子制御がこれからはじまるという時代だった。その時代をささえる新世代のエンジン技術者として、大澤は育てられた。

「ダイハツはまだキャブレターの時代でした。EFI《イーエフアイ》（エレクトリック・フューエル・インジェクション：電子制御燃料噴射装置）は、まだやっていなかった。そのことが私にはさいわいしました。電気しか勉強していませんから、機械がわかりません。エンジンは機械ですから、エンジンの基本を実学でたたき込まれました。三年間毎日、朝から晩までテスト室でエンジンの動力性能を計測をして、その報告を上司にすると、新人がやることだから勘違いや不備やミスがあるので、上司は顔を真っ赤にして怒鳴り、アホ、ボケ、カスと二時間ぐらい説教される。それでメンタルを病むこともなかったから、あらかじめ逃げ道を用意してくれて、怒鳴っていたのでしょう。そういう日々をすごしてエンジンの基本を体得したことが、電子制御時代になって、どれほど役にたったかわからないぐらい、よい勉強になった。一人前になると、だいたいひとりで何でもできるようになっていて、そうなるとだれも怒鳴らなくなる。いまは開発スピードが速いので、二時間も説教している時間がもったいないという時代ですが、新人のときに、あの上司に出会えてよかったと、いまも感謝しています」

　大澤の思い出話を聞いていると、一九八〇年代後半のダイハツでは、若いエンジン技術者を手塩にかけて育てていたことがわかる。

「エンジンを評価する仕事」と大澤は言っていたが、試作された新型エンジンを試験して性能を発揮させ、市販車に搭載するまでに仕上げる技術者に育てられた。

エンジンの電子制御技術は、排出ガスの有毒性を軽減し、燃費を向上させ、さらにはフィーリングまでコントロールできるので、電子制御の時代は一気に開花した。しかし、どう電子制御したら性能をおとさずに燃費やエミッションがよくなり、いかに電子制御すればスムーズに回転してフィーリングがよくなるかは、機械としてのエンジンのメカニズムや特性がわかっていなければできない仕事なので、電子制御の技術者にはエンジンについてのゼネラルな知識が要求される。

一人前になってからは、二代目ミラの三気筒五五〇ccEB型（五五〇ccは当時の軽自動車エンジン排気量規格）、四代目ミラ、マックス、三代目ムーヴなど主力車種すべてに搭載された四気筒六六〇ccのJB型、ストーリアの四気筒一三〇〇ccK3型、四代目シャレードの四気筒一三〇〇ccHC型、トヨタ・ヴィッツの四気筒SZ型一〇〇〇ccと一三〇〇ccなど、電子制御時代の新型エンジンを開発から生産まで次々と手がけた。

「エンジンは耐久性、性能や燃費といった基本品質が大切なのですが、最後は自分が乗ってテストして、不快なへんな動きを解決して、気持ちがいい楽しいエンジンに味つけするのが大事だと思います」と大澤は言っている。

係長クラスになると、開発現場でエンジンをいじるより、マネジメントの仕事が多くなった。それならばクルマ一台をまとめる製品企画へ行きたいと自己申告した。製品企画ではトヨタ・イストやミラなどの燃費改善を担当した。製品企画への異動願いを申し出た理由を、大澤はこう言っている。

「製品企画は、責任部署ですから、設計や技術開発の他部署からは突き上げられ、役員からは直接怒られるけれど、まさに一台のクルマを、お金から工数、期間を計算して、試作車をつくって仕上げていき、すべての図面をそろえる仕事なので、やりがいがある」

そのような玄人仕事をする大澤が、新型コペンの製品企画チームの一員になった。

「選ばれたわけではないと思います。ひと仕事終えたところだったので、じゃあ次はコペンをやってくれというだけでした」と大澤は言うが、好んで初代コペンを通勤の足にする、初代コペンを知りつくしたオーナーだった。初代コペンをフルモデルチェンジンする製品企画にはベストな人選であった。

大澤はエンジンの試験を滋賀テクニカルセンターでやっていたので、藤下のことを知っていた。しかし、テスト・コースで立ち話をした程度で、藤下の人柄を知っていたわけではない。大澤は藤下のことを「厳しくて怖い人」だと思っていた。

「藤下さんは操縦安定性の実験出身ですから、エンジン評価の部署にいた私は何度かテスト・コースで一緒に仕事をしたことがありました。しかめっ面して、おまえ運転技術はあるんだろうなと言われて、そのときは厳しくて怖い人だなと思いましたね。ところが藤下さんがチーフエンジニアになって、私がその下についてみると、話しやすい。一緒に悩んでくれる感じなのです。チーフエンジニアに多いタイプは、情熱にあふれ自分の思いを得々と述べて、細かいところまで目を光らせて、ああしろ、こうしろ、と熱心に仕事を進める人です。ところが藤下さんは、製品企画の仕事が初めてだったせいもあるのでしょうが、自分の思いを熱く語るけれども、放任主義というか、仕事をまかせてくれる。方向性がブレたりズレたりしなければ、どんどん主体的に仕事を進めてくれという姿勢でした。他の部署との会議でも、言葉を選んで、おだやかに説明して、誤解や齟齬《そご》がないように気を使っていました。そういうチーフエンジニアだったから、私は製品企画の書類づくりに専念できたし、商品企画の殿村の仕事と、きちんとしたすみわけができていたので、チームとしての仕事はとても円滑だったと思います。ただし、役員に話を聞いてもらい、承認をうけるまでが大変でした」

大澤秀彰が参画したことで、藤下の製品企画プロジェクトは布陣をととのえ強化された。製品企画の仕事を万事こころえた大澤が実務を進行するのだから、新人チーフエンジニアの藤下は大いにたすけられた。製品企画の実務経験がないために書類の書き方すらおぼつかない藤下であったから、それらに精通している大澤がすべての書類を書く仕事を積極的にやるとなれば、これほど頼もしいことはない。

製品企画というダイハツにおけるクルマの開発業務がぜんぶ見えている大澤は、先手をうって開発業務が遅れないようにすることや細かなところをつめていくこともぬかりなかった。開発業務に困難が生じたときは、どのように解決すべきかも、よくわかっていた。スマートに仕事をする大澤は、社内の生産、設計開発、営業、広報など各部署とつうじているので、渉外にも適任であった。

一方で殿村裕一が、マーケティング分野を固めて書類作成をし、藤下の仕事を代行するように役員たちと有効な関係をたもっている。新型コペンのユニークなビジネスモデルを構築して企画に仕上げたのも殿村の仕事であった。

しかも、この三人は、ひとつの共通した見解をもつようになる。それは新型コペンの操縦安定性についての認識であった。

殿村裕一は、そのことについてこう言っている。

「僕はクルマの運転が大好きで、ずっとモータースポーツをやってきました。スポーツ・ドライビングは自己流ですが、タイムトライアル競技に出場して楽しんできた。だから、フロントのサスペンションをがちがちに固くしたようなハンドリングが好みでした。ぱっとハンドルをきったら、すぱっとフロント・タイヤがきれて向きが変わり、リア・タイヤが流れてついてくるという、きびきびしたハンドリングですね。しかし藤下さんが言う、ボディー剛性がしっかりしていて、サスペンションがよくはたらくクルマがいい、ということは頭では知っていたのですが、それがどういうことなのかが、よくわかっていなかった。藤下さんは、僕がスポーツカーはきびきびしたハンドリングがいいですねと言うと、絶対にちがうと言った。新型コペンを開発するときに、きびきびという言葉を二度と口にするなとまで言いました。藤下さんが理想とするハンドリングと操縦安定性は、まず最初にドライバーがクルマと対話できることなのです。クルマと対話しながら運転したら、その乗り味がどこまでいっても気持ちがいい。ドライバーの思うままに走る。つまり、ふところが深い運転が楽しめるというものです。実際に藤下さんが走りを仕上げた新型コペンに乗ってテスト・コースを走ると、一四〇キロでコーナーリングしても、怖くないどころか、気持ちがよくて楽しくなる。六四馬力のエンジン最高出力を、ぜんぶ使いきって運転を楽しんでいるような爽快感がした。僕はクルマの操縦安定性の何たるか、本当にいいハンドリングとはどういうものなのか、そのときにわかりました。自動車の開発にかかわる者として、本物を知って成長したと思う」

この気持ちがよくて楽しい操縦安定性こそ、藤下修が新型コペン開発で絶対にゆずれないことであった。

大澤秀彰は、こう言っている。

「新型コペンを担当して、よい操縦安定性とは、こういうものなのだということがわかりました。この開発では、いろいろなクルマに乗って比較検討する機会が多かったので、操縦安定性がいいということは、こういうことなのだと理解できたのです。新型コペンは、ハンドルをきると気持ちよくコーナーリングしていきます。サスペンションが粘って、四本のタイヤがしっかりと接地しています。私はエンジンの味つけをやっていましたから、そういうことは技術によって実現するものだと知っています。エンジンをこういう味にしたいと考え、そのための技術を開発してき

リヤショックアブソーバー
減衰力特性を適正化し、ロール姿勢をコントロール。操舵のリニアリティを向上。
リヤサス中間ビーム
スタビライザーの設定により、リヤロール剛性を向上。ビーム〜スプリングシート間に補強ブレードを設定し、横剛性を向上。
フロントショックアブソーバー
減衰力特性の適正化と、リバウンドスプリングの追加により、ロール姿勢をコントロール。操舵のリニアリティを向上。
COPEN
リヤサス中間ビームブッシュ
トーコレクトブッシュの採用により、コーナリング時トーイン化し、操縦安定性を向上。ねじり/前後バネ定数を低減させ、乗り心地を向上。また、車両内外にストッパーを追加し、リヤグリップを向上。
ステアリングギヤ
ストロークレシオを適正化し、軽快な操舵応答性を実現。

2代目コペンは、操る楽しさと上質な乗り心地の両立のために、さまざまな技術が投入されている

たからです。それと同じようにクルマの走りも、技術によって味つけできるのだと、あらためて気がつきました。新型コペンの場合は、まずDフレームの開発で操縦安定性をよくする基本を固めたのです。あるべき理想の操縦安定性を見すえてDフレームを開発し、それからサスペンションやハンドリングを同じように開発していく。このような新型コペンの開発を経験すると、このやり方はミラやムーヴやタントにも応用できると思いました。つまり操縦安定性のいいダイハツのクルマができるということが、技術的に理解できるようになった。もちろん、最終的な走り味のところは、それを担当するエンジニアの考えで決まるから、もうちょっとフラット感があったほうがいいとか、乗り心地をよくしたいという、考え方のちがいが出てくるとは思います」

殿村と大澤は、藤下がつくりたい操縦安定性のいい新型コペンの神髄を理解していた。

藤下は平易な言葉で、新型コペンの操縦安定性について語っている。

いわく「だれもが安心してオープンカーの走りを楽しめる」「コペンを運転してきたドライバーはみんなにこにこしている」「いつまでもコペンを運転していたい気持ちになる」といったことだ。操縦安定性のスペシャリストを自負する藤下は、スペシャリストだからこそ専門用語を使いたがらない。だれにでもつうじる言葉で、新型コペンの操縦安定性を表現する。

すぐれた操縦安定性は新型コペンの命だからである。この命から、新型コペンのすべてが構成されていく。フレームもエンジンもサスペンションもデザインもすべて、すぐれた操縦安定性のために存在し、それにふさわしいものでなければならない。藤下の新型コペン開発の戦略は、このようにきわめてシンプルかつ本質的であった。

その新型コペンの命を、開発プロジェクトの先頭に立って推進していく三人が理解し、意志一致していたことは、そのプロジェクトが成功へとむかう重要な出発点だった。これなくして成功はありえない三人の意志一致は、新型コペンならではのすぐれた操縦安定性をつくることであった。

車両構想提案にさきがけて、先行開発提案が正式承認されたのは、製品企画の凍結解除から一〇か月後の二〇一二年一二月二四日になった。車両構想提案は「商品提案（含むビジネスモデル）及び車両構想提案」に構想拡大して正式承認されることになる。どちらの書類もダイハツにおける最高機密なので公開されていない。

いよいよ試作車をつくって本格的な新型コペン開発がスタートする。

車両構想提案と先行開発提案が正式承認されるまでの一〇か月間は、藤下修にとって臥薪嘗胆《がしんしょうたん》の日々であった。夜明けのこない夜はない、と藤下は何度も自分に言い聞かせた日々だった。自分はチーフエンジニアとして不適任ではないかと考えたときもあった。「そんなことはない」と言ったのは、同期入社の仲にして直属の上司である担当役員になっていた上田亨だった。新型コペンの製品企画の全責任を負う藤下をささえてきたのは殿村裕一と大澤秀彰であった。ひとりでチーフエンジニアの重責に耐えなければならないと覚悟を決めていた藤下修は孤立無援ではなかった。

こうして二〇一四年六月に新型コペンを発売することが決まった。

このときの計画では、コペン・ローブとコペン・エクスプレイは同時発売であった。

空力性能は、リヤの揚力を初代と比べて約60%低減して前後の揚力バランスを最適化するとともに、Cd値も約6%低減することで、燃費向上に貢献している

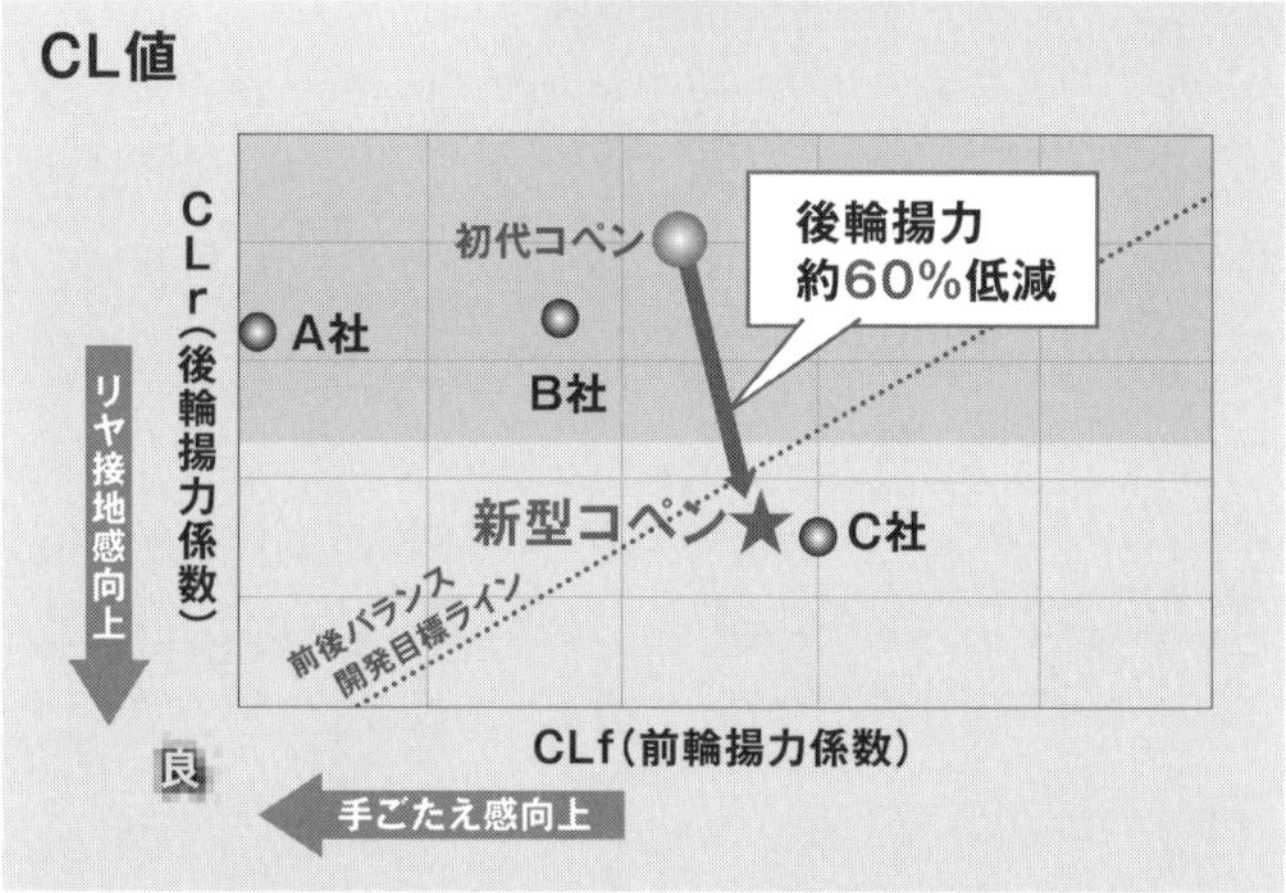

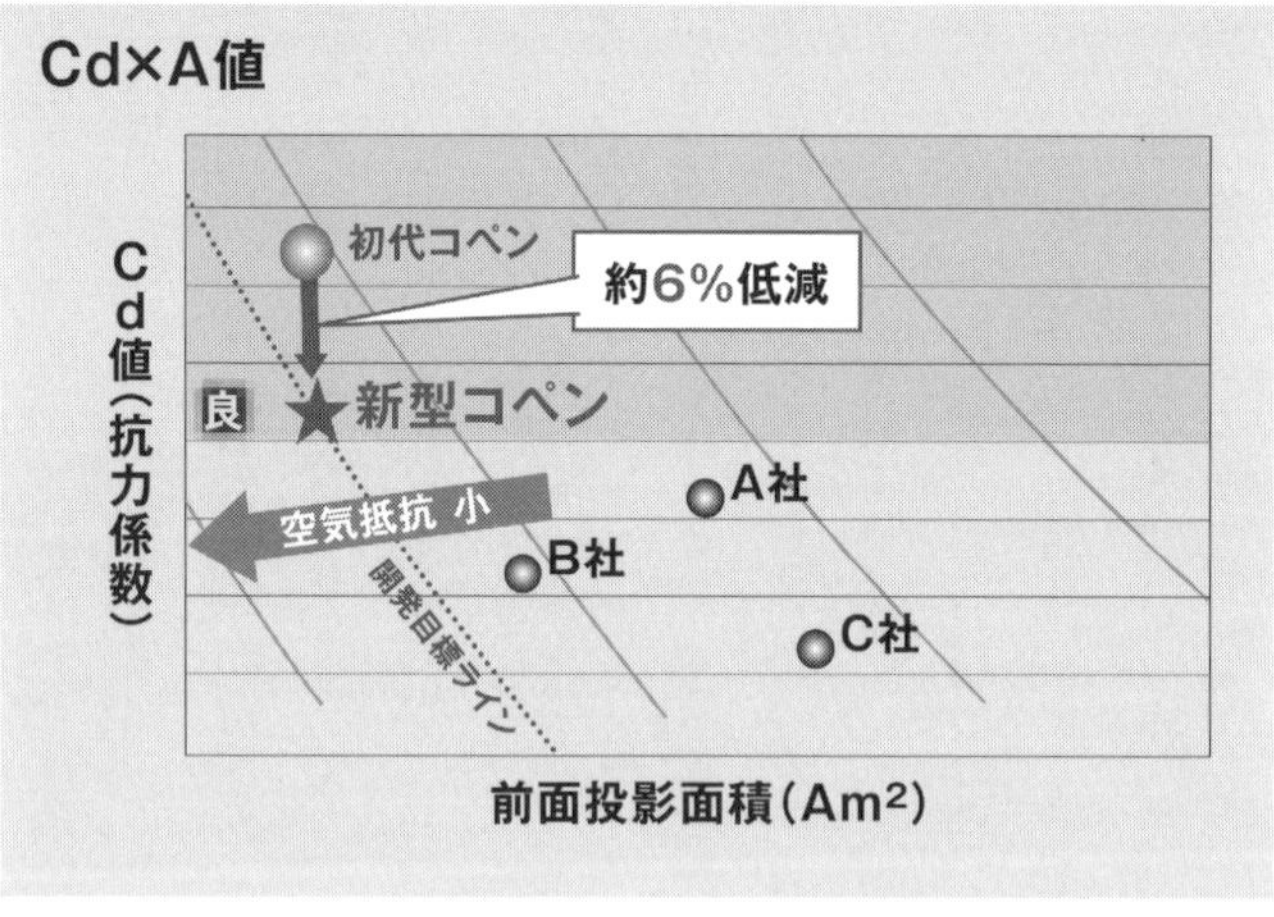

COPEN

第4章

Dフレームという名の車体開発

二〇一三年があけると、新型コペンのプロトタイプ（試作車）製作にむけて藤下たちは動きだした。たった五人だった新型コペン製品企画プロジェクトは、一挙に約四〇名の大部隊に拡大した。

開発スケジュールは過酷であった。

コペン・ローブは、翌二〇一四年六月一九日発売開始と決まっていたが、そこから逆算すると発売二か月前の四月下旬には工場での生産を開始しなくてはならない。そうなると開発期間は一五か月間にみたない。通常の新型車開発期間より二か月間もすくないのである。どう考えても時間がない。そのためにローブと同時発売が計画されていたコペン・エクスプレイの発売時期を遅らせることになった。ローブとエクスプレイの同時発売は、物理的に不可能だった。

新型コペンの発売スケジュールは、第一弾としてローブを六月に、五か月後の一一月に第二弾のエクスプレイがつづくことになった。この時点で第三弾のコペン・セロは発売スケジュールに姿をみせていない。

新型コペンの開発目標は鮮明に定められていた。

〈低燃費・低価格の時代〉と現代を認識し、ダイハツのマーケティング・スローガンである〈もっと軽にできること。〉のステータス・シンボルとなる〈軽自動車最上級のフロント・ドライブのスポーツカーとして、誰もが安心して楽しめる操縦安定性と乗り心地のよさを実現する〉ことである。

そのスポーツカーは〈クルマの楽しさ〉と〈走りの楽しさ〉をお客様に提供することで〈クルマ好きを増やす〉ばかりか〈一人でも多く軽自動車ファンとダイハツ・ファンを増やす〉。自動車業界ぜんたいの利益をまずかかげ、自社の利益〈ダイハツ・ファンを増やす〉があとにきているところは大阪の老舗メーカーらしい姿勢だ。

ビジネス・ターゲットは〈話題性のある商品〉をつくり、〈販売店への集客をはかり、ダイハツ車全体の売り上げ増に貢献する〉である。そのために〈幅広い世代をお客様とするために正常進化デザインと新感覚デザインの複数デザインを投入〉し〈若者層にむけた新しい営業企画を実施する〉。

キーワードは〈オープン・スポーツカーの走りの楽しさ〉〈あらたな付加価値のあるクルマ〉〈選ばれる理由となる価値や個性〉などで、ポジショニングは〈スポーツカーのエントリーとして位置づけ、走る楽しさを気軽に味わえるクルマ〉であった。

ダイハツではプロトタイプにAS《エイエス》（アドバンスト・ステージ：先行段階）というコードネームを冠する。

最初につくるプロトタイプのコードネームはＡＳ１《ワン》になり、最終型プロトタイプとなる二号目のコードネームはＡＳ２《ツー》である。

通常の開発方法では、ＡＳ１を複数台つくり、さまざまなテストを同時におこなって開発時間の短縮をはかる。ところが新型コペン開発では、ためしにＡＳ１を一台だけ試作してみようという計画になった。通常のモノコックボディーではなく、ダイハツが初めて手がけるＤフレームに樹脂ボディーをかぶせる車体構造なので、まさに未知の技術であったから、慎重にならざるをえないと担当役員が判断したからである。

したがってＡＳ１を一台だけ丹念に試作し、徹底的にテストして吟味し、その結果をもってＡＳ２をつくって最終プロトタイプとすることになった。

藤下は新型コペンのレイアウト構想を早々に終えていた。

レイアウトとは、乗員やエンジンの位置、そして駆動方法など、クルマ一台の構造と配置を決めることだ。レイアウトの構想は、構造と配置を決めることで、自動的に開発の総路線を定めてしまうから、よく考え練りあげられた構想でなければならない。絶対に構想を変更できないというわけではないが、その変更は総路線がブレたことになるから、開発業務にわるい影響をもたらさないわけがない。

新型コペンが初代コペンから無条件で引き継ぐのは、電動開閉式ルーフのアクティブトップ装備のオープン・スポーツカーであることだ。藤下が「アクティブトップはコペンのアイコン」と言いきっているぐらいだから、これは不易《ふえき》である。

最初に乗員数を検討した。スポーツカーのなかには２＋２（ツー・プラス・ツー）という四人乗りを採用するクルマがすくなくない。２＋２は、フロント・シートに座席にプラスして、ちいさく狭いふたり用リア・シートがあるので、いざというときに四人乗れる。これは商品的魅力になることはまちがいないが、軽自動車サイズでアクティブトップ装備のオープンカーを２＋２にするのは、絶対的なスペース不足で物理的に不可能である。電動で開閉するアクティブトップはリアに収納されるのだから２＋２にしたくてもなりようがない。２＋１（ツー・プラス・ワン）の三人乗りも同様である。検討の結果、初代コペンと同じく2シーターとした。

エンジンの位置と駆動方法は、フロント・エンジンのＦＷＤ《エフダブルディー》（フロント・ホイール・ドライブ：前輪駆動）とした。日本のクルマ好きが馴染んできた和製英語でいえばＦＦ《エフエフ》（フロント・エンジン、フロント・ドライブ）である。

同じく馴染みの言葉でいえばＦＲ（フロント・エンジン、リア・ドライブ）とＲＲ（リア・エンジン、リア・ドライブ）も当然のことながら検討した。ＦＲは古典的なライトウエイト・スポーツカーのレイアウトで、ＲＲはポルシェが磨きあげてきたレイアウトとして有名である。

しかし、ＦＲとＲＲについては、一度机上検討すれば、あまりにも不利と判断できた。ダイハツはＡＷＤ《エイダブルディー》（オール・ホイール・ドライブ：全輪駆動）の量産車を製造販売しているが、それらはほぼＦＦベースであり、乗用車のＦＲ開発は過去に経験しているとはいえ、ＦＲの技術の蓄積があるとは言いがたい。RRにいたっては、一九五一年（昭和二六年）に発売した三輪セダンBEE《ビー》以後、まったく手がけていない。それでもFRかRRをやるとなれば、現実的に未経験と言っていいパワートレインを新設計しなければならない。設計することは、それほどむずかしいことではないだろうが、そのクルマを鍛えあげ、上質のスポーツカーに仕上げるには、短くても数年はかかるだろうと藤下は判断していた。

藤下が興味をひかれたのは、レーシングカーの定番レイアウトであるエンジンを車体中央に搭載するミドシップであった。現行のFFのパワートレインを改造して、そのまま車体中央に置けば、ミドシップがたやすく実現できるはずである。しかし車体中央にパワートレインを置くとなると、アクティブトップの機構と収納のスペース確保がむずかしくなる。やってできないことはないはずだが、どう考えても複雑な機構になる。現状でさえアクティブトップの機構は複雑であり、それがさらに複雑になるのは、新型コペンにとってメリットのあることではなかった。複雑な機構は、たいてい重量増加につながるし、アクティブトップの機構が正確に動かないと雨漏りの原因になる。

やがて藤下は、新型コペンをミドシップにすることはエンジニア・ドリームにすぎないと考えるようになった。ミドシップの独特な動力性能と操縦安定性が、新型コペンにふさわしいものかどうか、お客様の立場で考えてみると、ふさわしいとは思えなかった。レースでコンマ一秒をあらそうレーシング・スポーツカーならば、ミドシップは最適なレイアウトなのだろうが、初代コペンを愛好しているユーザーたちの大半は、そのような限界ぎりぎりの鋭く尖った走り味を好んでいない。藤下はそのことを、こう言っている。

「初代コペンが一一年間にわたって五万八〇〇〇台（日本国内）も売れたのは、初代コペンのスタイルや雰囲気、スポーツカーとしての走り味がいいと思うお客様が多くいらっしゃったからです。その走り味を分析すれば、スポーツカーの軽快な走りという一言に集約されるのだけれど、初代コペンの走り味はスポーツカーでありながら、やさしさというか、やわらかさを感じさせるところが個性だった。安心してクルマと対話して、ゆったりと楽しく気持ちよく走れるクルマなのです。鋭く尖った走り味をもつスポーツカーを好むドライバーや、癖のある走り味のスポーツカーがいいというドライバーもいるのでしょう。しかし初代コペンは、そういうスポーツカーではなかった。初代コペンの走り味は、ベテランから初心者までドライバーを選ばす、だれもが運転して楽しいものでした。だから新型コペンは、初代コペンの走り味をさらに深めた走り味にしようと考えました。もちろん新型なのだから、格段に走り味がよくなっていなければなりません。ふところが深い走り味、というような言葉で僕はその走り味を考えていた」

最終的に藤下は、ＦＦを選択した。初代コペンの個性であったＦＦスポーツカーの走りの魅力を、専用のＤフレームを新開発することで、さらに磨きあげることが新型コペンの使命だと藤下は考えた。大切なのは奇をてらうことではなく、ＦＦスポーツカーの走りを洗練することなのだ。

レイアウトの構想を煮詰める作業をすれば、パッケージングに考えがおよんでいく。パッケージングとは、いかなるエンジンやサスペンションを使うかを考えて決めることだ。

エンジン選択については迷いがなかった。低慣性であるための最大の要件は、軽いクルマであることだから、軽くてパワーのあるエンジンを選べばいいとストレートに考えた。ダイハツの軽自動車用エンジンのなかから、いちばん軽量のものを選ぶのがベストである。

それは最新の三気筒エンジンであるＫＦ型であった。エンジン単体の重量は四七キログラムで、軽自動車用エンジンのなかでもトップクラスの軽さである。そのＫＦ型のなかで、もっとも高出力なＫＦ-ＶＥＴエンジンが、新型コペンにベストマッチングすると考えた。

ＫＦ-ＶＥＴエンジンのスペックは、排気量六五八cc、水冷直列三気筒ＤＯＨＣ《ディーオーエイチシー》一二バルブ、ターボチャージャー装着のＤＶＶＴ《ディーブイブイティー》で、最高出力は六四馬力（四七キロワット）／六四〇〇回転である。

ＤＯＨＣとは、ダブル・オーバー・ヘッド・カムシャフトの頭文字である。吸気バルブと排気バルブを動かす専用のカムシャフトを、エンジンヘッドに一本ずつ合計二本もつ。ツインカムとも呼ばれる高性能エンジンのあかしとされる機構だ。一二バルブは一気筒あたり、吸気二バルブ、排気二バルブをもつことを意味し、ＤＯＨＣとともに吸排気効率の向上をもたらす。一二バルブもまた高性能エンジンであることを表明する機構だ。

ターボチャージャーは、ターボと略されることがあり、日本語では排出ガスタービン過給器という。エンジンの排出ガスでタービンを回転させて動力を発生させ、その動力によって、コンプレッサーを動かし、エンジンへ最適量の空気をおくり込む機構だ。ふつうのエンジンは、排出ガスを浄化しそのまま排気してしまうので、排出ガスがもつエネルギーを回収できないが、ターボチャージャーはそのエネルギーを回収して再利用するエコロジカルな機構でもある。エンジンへ最適な量の空気をおくり込めるので、燃焼効率が上がって、燃費をよくし、排出ガスの有毒性を減らすこともできる。また、そのことによって高出力をえられる。

ＤＶＶＴはダイナミック・バリアブル・バルブ・タイミングという複雑な機構で、日本語では可変バルブ機構という。エンジンの吸排気をするバルブのはたらきをダイナミックに変化させて燃焼効率を最適にする機構だ。

このＫＦ‐ＶＥＴ型エンジンに組み合わせる変速機は、オートマとかＡＴ《エイティー》と略して呼ばれるオートマチック・トランスミッション（自動変速機）と、クラッチペダルを踏んでシフトレバーを操作するマニュアル・トランスミッション（手動変速機）の両方を用意した。日本で販売されるほとんどのクルマはオートマチック・トランスミッションだが、クルマ好きのなかにはマニュアル・トランスミッションにこだわる人たちがいるからである。初代コペンにもマニュアル・トランスミッション仕様がもちろんあった。

オートマチック・トランスミッションはＣＶＴ《シーブイティー》（コンティニュアスリー・バリアブル・トランスミッション）を選んだ。日本語では無段変速機という。現在のオートマ車の大半が、このＣＶＴを使っている。ダイハツが得意とするのはベルト式のＣＶＴで、ギアを組み合わせる変速機ではなく、ふたつのプーリーを一本の金属ベルトでむすび、ふたつのプーリーの径を電子制御油圧回路で変化させることで変速するという機構である。無段変速機なので、変速ショックがなく、かつエンジンと一緒に電子制御できるので、最高に効率のいい変速比を選べるために、燃費を向上させる。

また、CVTは手動のパドルシフトを併用することが平易にできる。パドルシフトは、ハンドルについているスイッチレバーを操作してCVTを手動変速する機構で、マニュアル・トランスミッションでギアチェンジしているかのような運転が可能になる。新型コペンには絶対に必要なアイテムだ。

マニュアル・トランスミッションは、インドネシアで現地生産している5ドア・ハッチバック五人乗りのアイラ(三気筒一〇〇〇ccエンジン)などに使っている五速変速機を改造して搭載することにした。

サスペンションは、フロント・サスペンションがマクファーソン・ストラット式コイルスプリングで、リア・サスペンションはトーションビーム式コイルスプリングにした。

サスペンションにはいくつかの形式種類があるが、それらの形式種類は自動車の一三〇年の歴史のなかで、ほぼ完成されているメカニズムだから、イノベーションがおこることがほとんどない機構である。

フロントにマクファーソン・ストラット式コイルスプリングを採用したのは、軽量でコンパクトに仕上がるからだ。リアのトーションビーム式コイルスプリングもまた同じ理由である。これ

コペンDBA-LA400K フロント・サスペンション形式：マクファーソン・ストラット式コイルスプリング ブレーキ形式：ベンチレーテッドディスク ステアリング形式：ラック&ピニオン

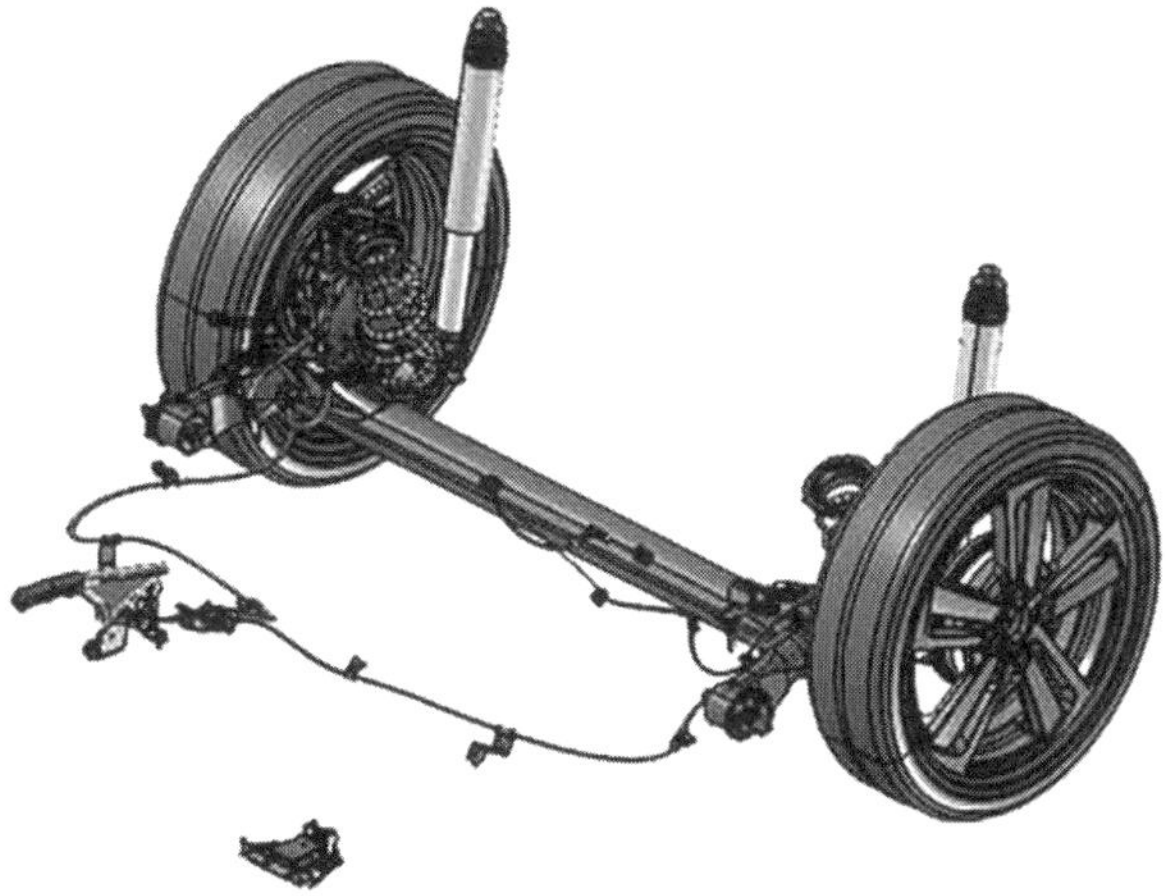

コペンDBA-LA400K リア・サスペンション形式：トーションビーム式コイルスプリング ブレーキ形式：リーディング・トレーリング タイヤサイズ：前後165/50R16 75V

らのサスペンション形式はダイハツの定番技術なので、操縦安定性のスペシャリストである藤下にとっては、もっとも長期間にわたって深く研究開発してきた形式であった。文字どおり自家薬籠中のサスペンションなのである。

クルマの操縦安定性や乗り心地を決定する要素のひとつになるタイヤについては、ブリヂストンがすでに新型コペン専用タイヤの開発に着手していたので心配はなかった。ブリヂストンと共同で専用タイヤを開発することは藤下が何度も経験してきたことである。

こうした新型コペンのレイアウトとパッケージングの構想は、軽量でコンパクトであるという選択軸で、藤下がその性能や特性を熟知した機構と構造を結集していた。すべては低慣性のスポーツカーを仕上げるためである。それはまるで修業を重ねてきた料理人が、その経験から厳選した素材を集め、腕に自慢の調理方法でフルコース料理をつくろうとしているかのようであった。

Dフレームの設計開発が、開発部第一車体設計室で正式に開始されたのは二〇一三年五月だった。

藤下たちが脂汗を流しても遅々として進まない製品企画で悪戦苦闘していた二〇一一年から二〇一二年いっぱいまで、車体設計室では水面下で何度となくDフレームの設計が構想されていた。二〇一二年八月には初代コペンの生産が終了するので、コペンのフルモデルチェンジは既成事実となっていたし、そのフルモデルチェンジが、Dフレームと樹脂ボディー外板の構造を採用することもまた既成事実であったので、車体設計室は水面下で設計構想に着手していたのである。ダイハツの開発部が初めて手がける高性能フレームなので、暗中模索になるのはまちがいなく、そのため時間をかけた設計構想が必要であった。

正式に設計に着手するためには、藤下たち製品企画が車両構想提案と先行開発提案の承認をうけるのを待たなければならない。車体設計者たちは、Dフレームの構想はするが、正式に設計着手できないという時期が長かった。二〇一三年五月に、いよいよ正式にDフレームの設計がはじまった。

「私がDフレーム設計の主担当員を命じられたのは二〇一三年の六月でした。それまで担当していた仕事がひと区切りついたので、ちょうどいいチャンスだと思い、ぜひDフレームの設計をやりたいと申し出て、やらせてもらえることになった。新型コペンはダイハツの旗印になるクルマですから、チャレンジングな仕事になるだろうと興味をもって手をあげたのです。たしかにチャレンジングな仕事になりました。初めて設計するDフレームですから、構想はあれども、現実にはどこから手をつけていいのやら見当がつかなかったことを覚えています」

と、中村尚弘《なかむらなおひろ》は言った。一九九〇年に大学新卒で入社してから二三年間ボディー設計一筋に働いてきた。そのとき四六歳の課長級ベテラン設計者である。

しかし中村とてDフレームの設計は「一筋縄ではいかない」と思っていた。

「新型コペンのボディーは、私たちが手がけてきたボディー設計の延長線上にないクルマです。

ダイハツにかぎらず、いまのクルマのほとんどがモノコックボディー構造で、ダイハツで言うところのアンダーボディーとアッパーボディーが、一体の箱のようになってボディーに剛性をもたせている。ところが新型コペンは、Dフレームに樹脂のボディー外板をかぶせる構造ですから、ようするにアッパーボディーがないので、いままでのようなモノコック構造にならない。オープンカーですから屋根をかぶせているだけで、その屋根はフレーム構造の一部になっていない。Dフレームを内側にあるモノコックだと考えればいいのですが、しかし従来のモノコックボディー設計の延長線にない構造なのです。しかもDフレームは、操縦安定性と乗り心地をよくする性能機能をもたせろというのですから、これも初めてということになる。なにしろ操縦安定性と乗り心地は対極にあると言っていい。これを両立させるのは一筋縄ではいかないと思いました。そういうことですから、世の中をあっと驚かすようないいクルマが、本当にできるのかと思いましたね。正直なところ、雲をつかむような気持ちがしていました」

だが、中村尚弘はそう語りながらも困ったという顔色をしていない。とても興味深いチャレンジングな設計テーマだったと言いたげな、気どらない表情で語っている。

新型コペンが販売されているいま、中村は「いいものができたと思っている。町で新型コペンを見かけると、やっぱり誇らしい」とちいさく言った。技術開発を粘り強くやってのける根っからの技術者らしい静かな声であった。

一九六七年（昭和四二年）に大阪市福島区の野田で生まれ、その町で育った。野田は大阪駅から

フレーム構造やモノコック構造をベースにしながら、従来の構造にこだわらずに骨格のみで剛性を確保したDフレーム

環状線内回りでふたつ目の駅である。大阪中央卸売市場のある町として知られる。それは巨大な市場で、東京の築地市場につぐ日本で二番目の規模だ。学生時代の中村にとってアルバイトといえば市場で働くことだった。

小学生時代から機械いじりが好きだったので、スーパーカー・ブームの洗礼をうけてクルマ好きになった。カウンタックLP《エルピー》400がいちばんカッコいいと思った。理工系の勉強がよくできたので、大学では機械力学や材料力学などを学んだ。バイオテクノロジーにも興味があり卒業研究は原動機などの次世代燃料がテーマだった。就職を考える頃になると、生来の機械いじり好きは、自動車技術者になりたいと思った。長男であったから大阪で自動車メーカーに就職したいと考えるとダイハツしかない。大阪随一の市場の町で生まれ育ったので子供の頃から市場ではたらくダイハツのクルマばかりを目にしてきたという愛着があり、町にはダイハツの看板をかかげる販売店も多く、ダイハツは大阪人のクルマだという気持ちがあった。

念願かなってダイハツの一員になると「目に見えるところの設計がやりたい」とボディー設計を希望した。

中村はダイハツのボディー設計者について、こう言っている。

「新人にちいさな部品の設計をやらせて、時間をかけて丁寧に育てていくのが当時のダイハツのボディー設計部でした。ボディー部品でちいさいといえばブラケットで、結合部品です。クルマのボディーには何百という数のブラケットがあって、ボディーはブラケットの集合体と言ってもいいぐらいです。そういう仕事を三、四年やって、あとはボディー各部をやって、ボディーのぜんたいの設計を経験して、一人前になるのは三〇歳ぐらいでしょう。私が新人の時期は、前面衝突の法規が厳しくなった頃で、衝突エネルギーをいかに吸収させると、乗員傷害値がどれぐらい減るかという研究開発をしなくてはならず、それをやっているうちにクルマの前まわりの設計チーフになりました。ダイハツのボディー設計者は、基本的に何でも屋なのですが、ドア、アッパーボディー、アンダーボディーとそれぞれの得意分野がある。私はアンダーボディーが得意だと思っています」

中村の手がけた車種は、ダイハツが製造していたトヨタ・タウンエースにはじまり、ムーヴ、ミラ、タント、インドネシア現地生産車と多岐にわたる。

ボディー設計の基本は「まずレイアウトをきちんと決めること。どこに人が乗って、どこにエンジンを置くかといったことです。その次は骨格です。安全のためにも、しっかりとしたクルマにするためにも、骨格が大事です。このふたつのことを最初から気をつけて設計していく」と中村は言う。

ダイハツには、五〇年以上も軽自動車ボディーを設計してきた積み重ねがあり、その技術的蓄積が十二分にある段階にきていると、中村は判断している。現在的なボディー設計の技術進化の方向は、材料技術にあって、ハイテンションスチール（高張力鋼板）のいちじるしい発達がその代表だ。ハイテンションスチールは、プレス成形の自由度がまだすくないが、より軽く、より衝撃に強いボディー設計を可能にする材料である。言うまでもなく軽さは燃費を向上させ、衝撃に強いことは安全性を向上させる。

しかしそうしたボディー設計の蓄積された技術は、ミラ、ムーヴ、タントといった使い勝手のいい生活的な軽自動車商品をつくるためのものであって、新型コペンが狙うワンランク上のスポーツカーならではの操縦安定性をもたらすボディー設計の技術ではなかった。

「新型コペンに必要な操縦安定性を追求するボディー設計をやったことがなかった」と中村は言っている。

「それまでの私たちは、ボディーのねじり剛性が高いと、操縦安定性がよくて乗り心地がいいと考えていたのです。ねじり剛性が高いボディーを設計するのは、それほどむずかしいことではないから、そのようなボディーをつくって乗ってみたのです。ところが、思ったほど操縦安定性も乗り心地もよくないのです。それでわかったのは、操縦安定性がいいクルマを解析すると、結果的にねじり剛性値が高いだけで、ねじり剛性値を高くすれば操縦安定性と乗り心地がよくなるのではない、という結論でした。だから、操縦安定性と乗り心地をもたらすのは、ねじり剛性値だけではなく、何か他にあるのだとわかった。しかし、私たちには、それが何だかわかっていない。時間をかけて研究開発すればわかることでしょうが、新型コペンを担当する私たちには時間がなかった。通常のボディー設計をやるように、CAD（コンピュータ支援による設計）で図面を何度も描いて、CAE（コンピュータ支援による設計・製造の事前検討）で解析して、それから試作車をつくって念入りにテスト走行するという悠長なことをやっている時間がないのです。こうなれば実車を使って、ああでもない、こうでもないと手作業のメイク・アンド・トライで研究実験をやってみるしか方法がなかった」

中村が二〇代の若い技術者九名をひきいていた新型コペンのボディー設計チームは、ダイハツ技術本部の伝統的なフィロソフィーである現地・現物・現象の三現則主義にのっとって、大胆な研究実験を開始した。

初代コペンの中古車を購入し、ボディー外板を金切りバサミで切り落とした。ようするにモノコックボディーのアッパーボディー部分を切り落として、フレーム骨格だけの実験車をつくったのである。そしてテスト走行した。

乗って走ってみると、ボディーがふにゃっとしているのが、身体で感じられた。カーブでハンドルをきると、リア・タイヤがワンテンポ遅れてついてくるし、ボディーがにゅるにゅると、たわんでいるのがわかる。ハンドルをきっても素直に反応せず、タイムラグがある。しかもコーナーリングの姿勢が安定しない。計測器をつけて精緻にデータをとった。その結果を中村はこう説明している。

「計測して解析したら、二〇パーセントほどボディー剛性がおちていた。しかし、ボディーがやわらかくなったから、当たりが弱くなったというか、デコボコ道を走ってタイヤにがんがんと激しい入力があるときの、突き上げが案外ちいさく感じる。ようするに乗り心地がよくなるというか、クッション性みたいなものは向上するのだと思いました。これを私たちの言葉ではいなし感が向上したと言います。剛性がおちると、よく走らないし、よく曲がりませんが、いなし感だけはよくなることがある、とわかりました」

次はボディー外板を切り落とした初代コペン改造の実験車に、とりあえず鉄板や鉄パイプで補強を入れてみた。補強の目的は、ボディー剛性を上げることだけなので、量産性や商品性を考慮せずに、補強が必要だと考えられる部分をしっかりと補強してみた。ボディー剛性を上げると、どのような操縦安定性と乗り心地になるのかを確認したかったからである。

テスト走行してみると、たしかにスポーティーな走行感覚があった。ハンドルをぱっときったら、敏感すぎるきらいはあったが、素早く思ったとおりに曲がる。しかし問題は、ざわざわとした乗り心地になり、突き上げが多くなったことだ。いなし感が失われてしまったのである。鋭いハンドリングにはなったが、操縦安定性と乗り心地が両立したと評価することはできなかった。ボディー剛性を上げただけでは、新型コペンがめざす操縦安定性と乗り心地は、実現できないことがわかった。

そこからはじまった作業は、もっとも原始的な研究実験手法と言っていいことだ。

いったんすべての補強を取り除いて、どこにどのような補強を入れれば、操縦安定性と乗り心地が高いレベルで実現するのかをゼロから研究することにした。中村がこれまでの経験で判断し、ここに補強を入れようと思った場所に、ダンボールを当てて切り抜き、それを型紙にして鉄板部

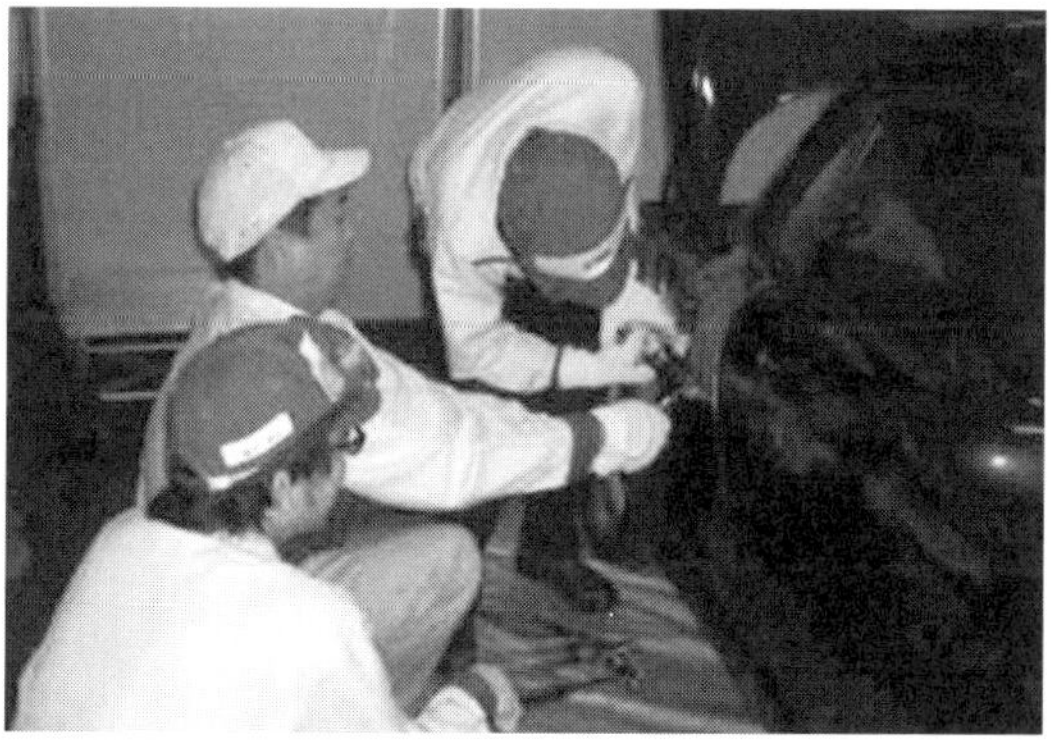

初代コペンの中古車を購入して、金切りバサミでボディー外板を切り取る作業のスナップ写真である。Dフレーム開発の最初の実験車はまさに手作業で製作された

フロントフェンダーが切り取られボディー骨格だけになった初代コペン改造実験車。切断したあとはケガ防止のためゴムを巻いてマスキングしてあるところが玄人仕事

品をつくって溶接する。そしてテスト走行し、操縦安定性と乗り心地のフィーリングをチェックして、計測する。テスト走行と計測をすませると、補強した鉄板を取り除き、また別の場所に補強を入れてテスト走行と計測をおこなう。この作業を一か月間、各部にわたって何度も延々と繰り返した。その結果、どこにどのような補強を入れれば、操縦安定性と乗り心地が向上するのかが、すこしずつわかってきた。最終的にそれらのテスト結果を総合して判断し、あらためて各部に補強を入れた。走らせて計測した結果を、中村はこう言っている。

「操縦安定性も乗り心地も、まあいいだろうと思えるレベルに仕上げて計測しました。ボディー剛性値が、上下曲げで約三〇パーセント向上し、ねじり曲げも八パーセント向上していました。これでわかったことは、ボディー外板がなくても、フレーム骨格さえしっかりさせれば、いいクルマができるということです。つまりDフレームはつくれるのだ、ということが研究実験で証明できた」

すでに二〇一三年の七月末であった。新型コペンの発売予定日は翌年の六月である。ただちに次の段階の開発に入った。もう一歩踏み込んでDフレームそのものの開発を開始した。つまり研究実験が終わり、いよいよ製品開発の段階に入った。

フロント・ホイール・ドライブのミライースが作業場に運び込まれた。このミライースを改造して、Dフレーム開発のための試験車をつくる計画だ。前輪駆動のミライースを選んだのは、ダイハツが販売する軽自動車で、車両重量がいちばん軽い七三〇キログラムだったからである。この開発段階になると、試験車の車両重量を、新型コペンが想定している車両重量にちかづける必要があった。新型コペンは低慣性のクルマなのだから、車両重量をおろそかにした試験車では、製品開発ができないからである。

ミライースの屋根を切除し、前後のボディーサイドの外板であるクォーターパネルとボンネットと四枚のドアも取りはずした。さらにホイールベースを縮めるためにアンダーボディーを切断し、予定されていた新型コペンのホイールベースの長さにあわせて溶接結合した。前後のサスペンション・セッティングも、予定していた新型コペンの仕様に変更した。シートは重心がひくい初代コペンのものを取りつけた。ようするにミライースを改造して、新型コペンのDフレームと見なすことができる裸フレームをつくったのである。

ふたたびテスト走行を繰り返す。まずは操縦安定性を追求し、次に乗り心地などを検討する。ここまでの研究実験で手に入れていた、ボディー剛性を上げる補強の技術をひとつひとつほどこしては、操縦安定性の入念なフィーリングチェックと計測をする作業がはじまった。ミライース改造車は、鉄板や鉄パイプで補強されたできそこないの軽トラックのような姿になっていく。この研究開発試験は、三か月間つづき、ひとつの成果をあげた。納得できる高いレベルの操縦安定性がえられたのである。

一〇月になっていた。翌年の四月には工場で生産を開始する計画だから、残された時間はあと半年であった。

それからは乗り心地をよくすることと、NVH（ノイズ・バイブレーション・ハーシュネス：騒音・振動・突き上げ）を解決する試験がつづいた。機械的な騒音の低減にはじまって、振動をおさえるためにエンジンなどのマウントを検討し、共振を解析して防止すると、防音材、防振材の貼りつけがほどこされた。

一二月になると、ミライース改造車は〈操安マスター車〉と呼ばれるようになった。

操安とは、もちろん操縦安定性のことである。操安マスター車は、これまでの研究開発の成果をすべて取り入れていた。つまり操安マスター車は、性能や機能が、まだ見ぬDフレームにかなりちかいものであった。ふたたびみたび操縦安定性と乗り心地のテスト走行と計測がおこなわれ、NVHの最終的な検討までやりきった。ブリヂストンが開発を進めていた新型コペン専用タイヤの第二次試作タイヤが届いたので、タイヤの剛性やグリップ性能を試験するテスト走行が可能になった。初代コペンのボディー外板を金切りバサミで切り落としてから、七か月がすぎていた。

「操安マスター車で、操縦安定性のみならずNVHまで煮詰めたのは、どんなことを、どこまでやれば、実際に販売できるDフレームに仕上がるのか、わからなかったからです。私たちはひとつひとつやってみて学んでいくしかなかったが、よくぞ操安マスター車を仕上げるところまで、たどりついたなと思いました。まさに暗中模索の研究開発でした」と中村は言っている。

仕上がった操安マスター車を最終的に計測してみると、大いに手応えのある結果が出た。初代コペンのボディー剛性値を一〇〇パーセントとすると、操安マスター車の上下曲げ剛性は三〇〇パーセント、横剛性は一五〇パーセント、ねじり剛性も一五〇パーセントであった。驚くほどボディー剛性が向上したのである。

二〇一三年の一二月から、新型コペンのプロトタイプ一号車ＡＳ１の設計がはじまった。中村尚弘たちボディー設計チームは、操安マスター車を設計図におとしこむ作業を開始した。つまりＡＳ１のＤフレームの設計図を描く段階になった。

操安マスター車は、ミライースのアンダーボディーに鉄板や鉄パイプの補強材を入れた手づくりの構造であるが、ＡＳ１のＤフレームは、量産を見すえた試作フレームだから、工場で生産できる構造になっていなければならない。それは板金部品や他の部品を、溶接したりネジ止めしたりして、工場の生産ラインで組み立てられる構造だ。その構造を構築する板金部品などの設計図を描く。板金部品とは、鉄板をプレス加工をしてつくる部品のことだ。

Ｄフレームの構造について、中村はこう説明している。

「新型コペンの骨格であるＤフレームは、板金部品を溶接した袋構造になっているフレームですから、これ自体はモノコックフレームの一種です。しかし、ふつうのモノコックフレームとは、まったくちがう。ふつうのモノコックフレームは、金属のボディー外板が溶接されて、箱形のモノコックボディーになっている。この箱形モノコックボディーぜんたいが応力をうけるので、箱形モノコックボディーは応力外皮《おうりょくがいひ》構造と呼ばれる。この場合の外皮とはフレームおよびボディー外板のことです。しかし新型コペンは、Ｄフレームだけで応力をうけ、外皮にあたる樹脂ボディーは応力をうけないので、クルマ一台としては箱形のモノコックボディーになっていません。だから何と言っていいのか、Dフレームはフレームとしか言い様がない。ダイハツ独自のオリジナル・モノコックフレームですね」

ＡＳ１のＤフレームの設計は、当然のことながら通常のボディー設計と同じようにＣＡＤ（コンピュータ支援による設計）で図面を描いて、ＣＡＥ（コンピュータ支援による設計・製造の事前検討）で解析やシミュレーションをする。試作部品メーカーで試作部品をつくるにあたっては、ＣＡＭ《キャム》（コンピュータ・エイデッド・マニュファクチャリング：コンピュータ支援による製造）を活用する。

操安マスター車から計測された剛性などの数値は、デジタル・データになっているから、これらの設計製造支援コンピュータに取り込むことができる。だが、現実はそれほど簡単にはいかない。中村の言葉で言えば、次のような設計作業だ。

「操安マスター車は、鉄板や鉄パイプで補強しているだけの試験用車両です。これをＡＳ１として設計するということは、いかにしたら操安マスター車の構造や性能を、板金部品で構成するＤフレームに置きかえられるかということになる。これはハードルの高い仕事になった。なにしろ私たちには時間がなかった」

設計は最初に概案図を描くところからはじまる。Ｄフレームの概案図が描かれると、各部の強度や剛性が解析された。概案図を修正することでＤフレームのぜんたい設計がなされ、そこから部品図へと設計作業が展開していく。時間がないから突貫作業である。

操安マスター車製作中のスナップ写真。ボディー剛性を上げるためにキャビン後ろとテールエンドのバルクヘッドがゴツいスペースフレームになっているのがよくわかる

同じく操安マスター車の製作風景。リアはトラス構造をもちいたスペースフレームになっているのがわかる。完成したDフレームと見くらべると非常に興味深い

こういう設計作業は、ベテランの設計者がいないと不可能だ。ひとつひとつの部品の強度や剛性はコンピュータが計算し、それが目安となるから、設計作業はコンピュータの力をかりて迅速に進行する。しかし、そうして設計された部品が、実際に工場で製造できるのか、という判断をしなければならない。往々にして若い設計者は、理論的には正しいが、工場で製造できない設計図を描きがちだという。設計経験がすくないので工場の生産技術を把握していないから、製造できない部品の設計図を描いてしまうのである。あるいは製造できるにしても、手間がかかりすぎ、結果的に部品の原価を上げてしまうような設計図になってしまう。

工場で製造できるかできないか、それが複雑な工程になるかならないかは、ベテラン技術者ならば設計段階でおおよそ判断できる。そうした経験に裏打ちされた判断力は、Dフレームにドアやアクティブトップを組み込んでいったときにどうなるか、という予測的判断をするためにも必要であった。

衝突性能の確保についても同じである。衝突性能についてはコンピュータで強度計算ができるが、それは目安でしかないので、これもベテラン設計者の知見で、とりあえず迅速に判断して設計作業を進行していく。十分な衝突性能があるかないかは、最終的に実物で衝突試験をして判断する。

Dフレームの試作部品ができあがってくるたびに中村は、若い技術者たちに、それを手でさわらせて、力をかけたり、ねじったりして、その強度や剛性を手で確認することをおしえた。コンピュータを駆使した設計は、実際の部品を目にして手でさわるという大事なことを忘れがちになるからだ。

中村尚弘は若い設計者たちをたばねてリーダーシップを発揮し、ＡＳ１の試作Ｄフレーム設計を、一か月ほどでやりぬいた。時間はなかったが、ぬかりのない設計作業をしたと中村は言っている。

「Ｄフレームの設計は、とにかく操縦安定性と乗り心地の最高性能を追求することが最優先で、そのことに引っ張られた設計作業になった。そのために実際に製造できる部品なのか。衝突性能はどうか。あるいは大径タイヤと剛性の高いサスペンションを使うので、大きな入力があった場合の衝撃力が格段に大きくなるから、それでも大丈夫か。といった判断がおざなりになりやすい。こうしたことを、あらかじめ書き出しておいて、判断するさいのマニュアルにした」

ＡＳ１のＤフレーム設計は、生産を前提とするものなので、この段階で他部署と調整をしておかなければならない。たとえばデザイン部とはテールランプのデザインについて調整をしなければならなかった。Ｄフレームは操縦安定性と乗り心地の最高性能をもとめて設計されている。そのためにテールエンドをぐるりとめぐる太い骨格が必要であった。その骨格を入れるとテールのデザインの自由度が制限される。具体的にはテールランプのデザインが、デザイナーたちの思いどおりにいかなくなる。そのことをデザイン部に理解してもらわなければならなかった。あるいはＤフレームの下面に入れなければならない補強部材が、マフラーに干渉してしまうことが判明したときは、エンジン開発部門へマフラーの位置変更を要請しなければならなかった。

二〇一四年二月になると、試作部品メーカーに依頼していたAS1のDフレーム部品が仕上がってきた。担当役員のアドバイスをうけた中村は、これらの部品の内見会を開いている。新型コペンの開発と生産の関係各部署の技術者はもちろん、ダイハツの多くの技術者たちに呼びかけて部品を見てもらい、さまざまな技術的視点で再確認を頼む目的の内見会であった。中村は、多くの技術者たちの意見に耳をかたむけ、最終的な判断材料とした。

こうしてプロトタイプ一号車AS1の試作Dフレームが完成した。コンピュータの計算によれば、狙ったとおりの性能を保持しているはずであった。しかし中村は、実際に人間が運転してみなければわからないという慎重な姿勢を崩さなかった。計算上は高性能でも、それを人間が感じられなければ、よい製品ではないからだ。

テスト走行をする日が待ち遠しかった。実際にテスト走行してみると、試作Dフレームはものの見事に狙ったとおりの最高性能を発揮した。ボディー剛性値でいけば、初代コペンの三倍という、信じられないほどの高性能フレームであった。しかも乗って走ると、その高性能を身体で感じることができた。

「AS1のDフレームを設計するとき、藤下さんの指示が精神的な余裕をあたえた」と中村は言っている。

「その指示は、お金やら質量を、あまり気にすることはない、というものでした。通常のボディ

プロトタイプAS1のDフレーム部品の内見会風景。コペン開発の技術者のみならず開発と生産の技術者たちが多く参加し、積極的に意見交換して、試作部品を吟味した

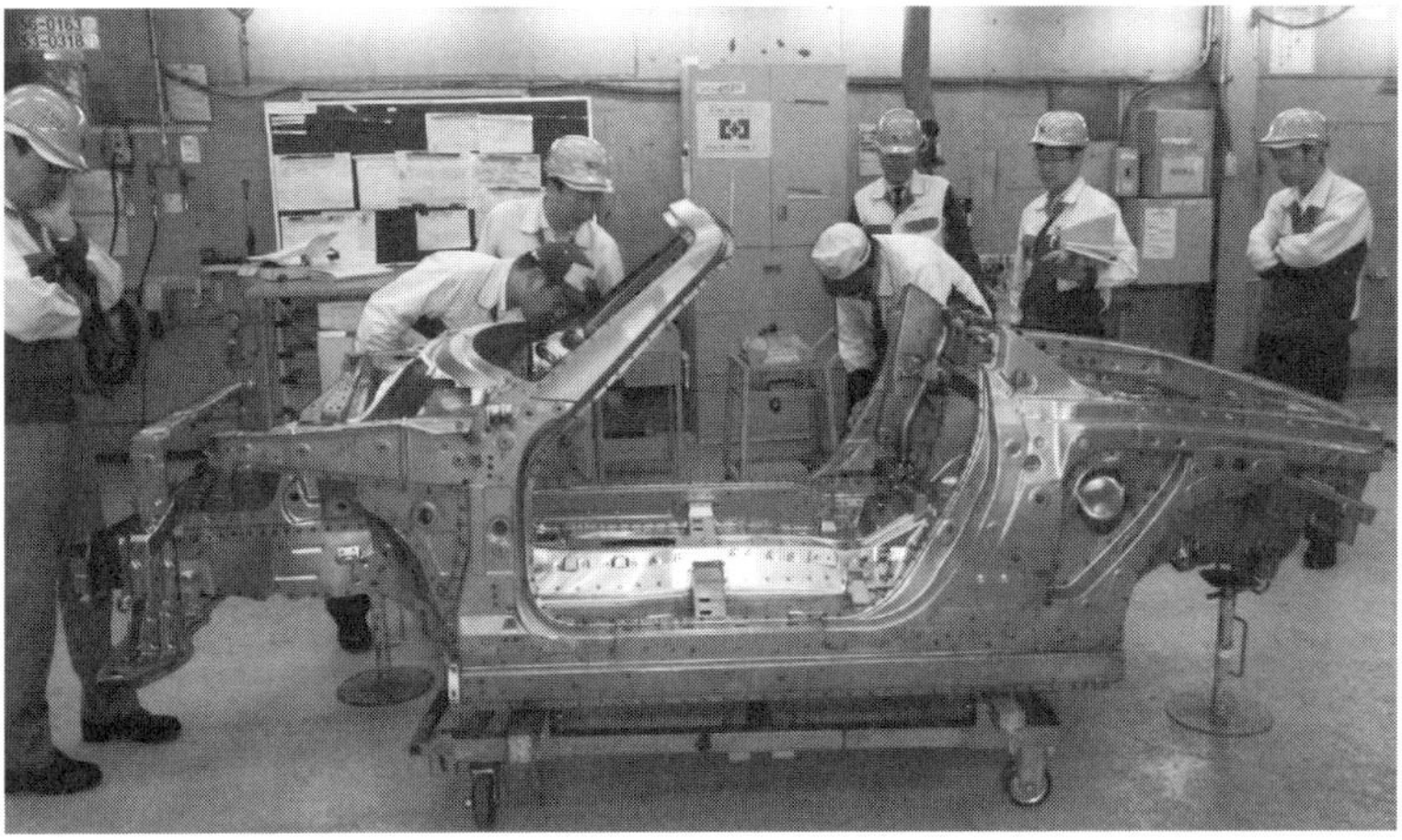

完成したAS1の試作Dフレーム。市販量産Dフレームとほぼ同じ形状である。177頁の〈繰安マスター車〉写真と見くらべるとDフレームの設計思想がよく理解できる

ー設計では、チーフエンジニアから、原価がどうだ、質量はこうだ、性能と機能はこっちを優先して、ああしろ、こうしろと細かい指示があるものです。しかし藤下さんは、そういう指示はしなかった。原価だとか質量だとか、そういうことはあまり考えなくていいから、とにかく最高性能のDフレームを設計してくれと言ってくれました。この指示にはたすけられました。私の思うとおりに完全にやりきることができた」

ＡＳ１のテスト走行と解析を終えると、いよいよ最終試作車のＡＳ２のDフレーム設計に着手した。性能面でいくつかの細かなリファインをすればよく、あとは工場で量産しやすい工夫をほどこし、商品としての見栄えをよくすることが必要だった。ユーザーが自分でドレスフォーメイションを楽しむとき、Dフレームはユーザーの目にふれるからである。

中村尚弘はいま、新型コペンのDフレーム設計について、こう総括している。

「やり残したことはない、と言いきれる仕事でした。実際に実験車や試験車をつくって、走らせて、改良して、それを自分の頭と身体を使って判断する設計開発でした。実際に走らせることができる実験車や試験車をさわって設計することは、コンピュータのなかで設計することにくらべると、雲泥の差があると思いました。設計者がコンピュータの前に座って仕事をするだけでは、よいものはできないということが、あらためて確認できた。もうひとつの大きな成果は、操縦安定性と乗り心地についてボディー設計者たちの意識が改革されたことです。操縦安定性と乗り心地をよくすれば、運転して楽しく安全なクルマになるということが、具体的に理解できました。そのことがわかったので、コンピュータによる解析やシミュレーションの手法も変わるはずです。だから、ダイハツのクルマは、ここから変わっていくと思います。ますます乗って楽しい安全なクルマになっていくと思います」

新型コペンのボディー設計チームは、ダイハツのクルマの操縦安定性と乗り心地をよりよくしていく意識改革の先頭に立つチームになった。中村はいまボディー設計の技術フィロソフィーとして〈現地・現物・現象・原理・原則〉をかかげている。若手技術者に指導するとき、このフィロソフィーを何度も言い聞かす。これはダイハツ技術開発部門が伝統とする技術フィロソフィーである現地・現物・現象の〈三現則〉に、さらに原理と原則をつけくわえたものだった。粘り強い玄人仕事をする中村ならではの入念なる技術フィロソフィーであった。

手づくりの開発と言っていい新型コペンの研究開発実験の現場を担ったのは西田駿《にしだじゅん》であった。開発部試験課のテスト・ドライバーである。

滋賀テクニカルセンターに勤務し、テスト・コースでクルマを走らせては、データを計測し、走行フィーリングをチェックし、改良点をさがし出して、解決方法を考える。ダイハツの開発部ではフィーリングのチェックを官能評価と呼ぶ。そのようなテスト走行が主務だが、ボディーやサスペンションなどの部品を評価するときは、部品組みかえの作業をするので車両整備の技能も身につけている。車体を開発するときは、金属部品をつくって溶接する技能も必要だった。西田のような新型車の開発を担当できる一人前のテスト・ドライバーになるためには、最低でも一〇年かかるという。

二〇一三年六月に、いつものようにテクニカルセンターへ出社し、朝礼を終えたあとに直属の上司から呼び出しをうけた。「新型コペンの開発が再開されるから、担当してくれ」と命じられた。そのとき西田はこう思ったと言っている。

「コペンはダイハツのなかでも別格のクルマですから、その担当を命じられたのは素直に嬉しかった。しかし僕がやっていいんかなと思いましたね。やりたいという強い意欲はありましたが、僕にできる仕事なのかなというプレッシャーを感じて、とても複雑な気持ちになったのを覚えています」

日をおかずして本社での会議に招集された。藤下修以下製品企画のメンバーと車体設計部の中村尚弘ら六人が集まっていた。顔あわせが終わると、いきなり机の上に図面が広げられて、Dフレームの剛性強化についての打ち合わせがはじまった。新型コペンの開発プロジェクトの一員になることしか知らされていなかった西田は、いったい何がはじまるのかと思った。そのときDフレームというネーミングはまだなかったので〈剛骨フレーム〉という言葉が使われていたと西田は記憶している。

会議に集まっているメンバーで、顔見知りなのは藤下ひとりだった。藤下が二〇〇三年に実験部第二車両実験室の室長になったとき、西田はその実験室の一員であった。

テスト走行するAS1。ボディーのシルエットはコペンらしく見えるが、いかにもプロトタイプらしい武骨さ

テスト走行中のAS1。リア・サスペンションのネガティブキャンバーが市販量産車よりやや大きく見えるので、リア・サスの試験中ではないか

「第二車両実験室は制動と操縦安定性の運動性能機能を担当する部署で、藤下さんは室長をされていた。顔をあわせれば話をしていましたが、一緒に仕事をしたと言えるほどの仕事はしていません。背が高い大きな人だし、声のトーンもひくいので、怖い人だと思っていました。ふだんは静かでやさしい人なのですが、火がつくと爆発するというか、この人の前ではヘンな失敗はできへんなと思っていました」

西田駿は一九七八年（昭和五三年）に中国遼寧省の大連市で生まれた。父親は中国人で母親が日本人だった。七歳になる年に大阪の豊中市へ引っ越して日本で育った。大連の風や風景、海の匂いをかすかに覚えているが、記憶の大半は日本での生活である。結婚するときに日本国籍を選んで母方の姓を名乗ることにしたが、それまでの李という中国名を誇りに思い大切にしている。工業高校へ進学して造船の現場で働きたいと思っていたが、学校の推薦でダイハツの就職試験をうけた。テレビコマーシャルでムーヴを見たことがあるだけで、ダイハツという会社については社名しか知らなかった。大型のSUV《エスユーブイ》（スポーツ・ユーティリティー・ビークル：多目的スポーツ車）に憧れることはあったが、クルマ好きではなかったという。

入社試験に合格して滋賀テクニカルセンターで研修をうけると、耐久走行グループへ配属された。一周四五〇〇メートルの悪路コースで、昼も夜もなく交代で試験車を走らせつづけ、耐久性を限界まで試験するグループの一員になった。走行中に突然クルマが故障したり、野生動物が飛び出してきたりすると聞いたが、西田にその経験はない。

このとき西田駿のテスト・ドライバー人生がはじまった。二年半、耐久走行試験の仕事をして、次は操縦安定性グループへの異動を希望した。その理由をこう言っている。

「耐久走行グループと操縦安定性グループが交流するために、合同の勉強会をやったのです。そのとき操縦安定性をやっている人が、テスト走行するときはハンドルをにぎる指の皮でクルマの動きを感じとっている、と発言するのを聞いて、カッコいいなあと思いました。そういう職人的な仕事をやってみたいと思いました」

異動の希望がかなって、操縦安定性グループの一員になった。そこは自動車商品の運動性能を開発するエキスパート・グループであった。操縦安定性や乗り心地をよくするためのテスト走行をするグループだが、データ計測や官能評価のために高度なドライビング・テクニックを身につけるだけではなく、クルマとクルマの運転について深く理解し、クルマのみならずユーザーの気持ちまで解析することが必要な仕事だった。ダイハツのクルマの運動性能という商品性を評価するグループなので、運転がうまいだけではできない仕事であった。ユーザーが楽しく安全に運転できるクルマに仕上げるのだから、クルマの構造や機構にも精通していなければならない。

一人前のテスト・ドライバーになるには一〇年かかるというのは、経験と知識が必要な複合的な仕事だからである。西田は見込まれて、そのようなエキスパート・グループの一員に選ばれた。同年代の同僚はひとりもいなかった。先輩といえば七、八歳年上の者ばかりであった。

自動車の専門書籍をむさぼり読むようになった西田は、操縦安定性グループでおよそ二年間修業すると、トヨタ自動車の操縦安定性グループに三年間の出向を命じられた。トヨタ自動車の操縦安定性グループは、設備も人員もダイハツの比ではなかったから、この三年間で経験し、修業したことは、西田の技術的視野を広げ、操縦安定性開発の知識と経験を深めた。出向から帰還しても、さらに二年間トヨタ自動車の同部署へ出張で通い、そのあと一年間はトヨタ自動車のテスト・ドライバー育成チームで研修をうけた。合計六年間もトヨタ自動車の操縦安定性グループで仕事をしたことになる。ダイハツに入社したときは、見ず知らずの人たちと仕事をすることが心細く、生まれて初めてのひとり暮らしをしてホームシックにかかっていた西田は、自分で自分を鍛えあげることを覚えた操縦安定性のエキスパートに成長していた。新型コペンの開発プロジェクトのテスト・ドライバーに抜擢されたのは、トヨタ自動車のテスト・ドライバー育成チームでの研修から帰還して、ひとしきりしたあとでだった。

チーフエンジニアの藤下は、新型コペンの操縦安定性と乗り心地の開発に勝負をかけていたので、新型コペン開発のための資源、つまり予算や人員を優先的に操縦安定性と乗り心地の開発に使っていくという開発戦略をもっていた。予算と人員は限られていたから、効率よく使っていかなければならない。そのためにも気ごころの知れた西田がテスト・ドライバーを担当することは好都合であった。

新型コペンがダイハツの旗印となるスポーツカーであることは事実だが、だからといって特別に膨大な開発予算をかけるわけにはいかないと経営陣は考える。初代コペンは一一年間で五万八〇〇〇台を売った。それは国内市場だけで販売されるふたり乗りスポーツカーとしては、すくなくない数字であったが、月間で二万台以上販売するダイハツの人気車にくらべれば、二パーセント程度の数字でしかない。そのようなモデルに膨大な開発予算をかける自動車メーカーはありえない。もし、それをしたならば、そのスポーツカーの販売価格は桁ちがいになる。新型コペンの予定販売価格は税込みで二〇〇万円以下とされていたが、その程度の価格では採算がとれないはずだ。したがって開発にかける予算と人員は、大量販売する人気車のそれよりも、はるかにちいさく絞り込まれるから、新型コペンのために専用の新型エンジンや新型サスペンションを開発することはできない。いまある手持ちのエンジンやサスペンションを改良して組み合わせていくしか方法がない。このことはダイハツのみならず、大量生産の自動車メーカーであれば、どこも同じである。いまある手持ちのものを集めて、新しい価値を創出するという、ブリコラージュ的な開発手法をとらざるをえない。

このような絶対的な条件をもった新型コペン開発を指揮するチーフエンジニアであれば、だれであっても予算と人員の効率的な使い方を考える。実験部の幹部技術者であった藤下は、ダイハツのすべての車種の開発にかかわってきたと言っていい存在であったから、現在の手持ちのエンジンや駆動系のパワートレイン、サスペンションなどの性能と本質を知りつくしていた。そのなかに新型コペンにふさわしいエンジンやサスペンションがあることを知っている。エンジンとサスペンションがあるのだから、予算と人員をかけるのは車体の開発であることはあきらかだった。

藤下が新型コペンのチーフエンジニアとして狙いを定めていたのは、いまのダイハツにはない素晴しい性能をもったボディー、すなわちDフレームを開発することであった。そのような高性能Dフレームがあれば、パワートレインもサスペンションも次元をこえたはたらきをすると藤下は考えていた。それはそのまま新型コペンの開発戦略になった。新型コペンの魅力とは、新型コペンでしか味わえない、新型コペンならではの安全で楽しい走りを、乗り手を選ばずだれにでも提供することである。そのような魅力のある走りをつくり出せば、新型コペンは自動車の世界のなかで唯一無二の存在となるであろう。

Dフレーム開発に勝負をかけた藤下が仕掛けた最初の開発戦術は、ベンチマークの設定であった。日本の自動車開発におけるベンチマークの手法とは、開発目標を達成するために、比較対象とするクルマをベンチマークとして設定するものだ。設定されるクルマは、たいていは開発中のクルマと同じカテゴリーに属し、人気のある性能のいいクルマである。開発陣はベンチマークとしたクルマ以上の性能や品質を開発目標として、比較検討しながら開発を推進していく。この手法のいいところは、開発プロジェクト全員のコンセンサスをとりやすいことだった。ベンチマークを見て乗って、これよりいいものを開発しようという具体的な意志一致がえやすく、開発プロセスにあってはベンチマークとの比較によって相対的検討が容易になる。

藤下はベンチマークの設定にあたって、その目的は、あくまでも操縦安定性と乗り心地のベンチマークであって、品質やデザインではないことを明言していた。なにしろ、この時点で販売されている軽自動車の2シーター・スポーツカーは初代コペンだけである。同じカテゴリーのクルマをベンチマークにしたくても、それは不可能であった。一九九〇年代に軽自動車スポーツカーのブームがあり、ホンダ・ビートとスズキ・カプチーノが一九九一年に発売され、マツダAZ-1は一九九二年発売だったが、それ以降は軽自動車のスポーツカーは一台も発売されていない。ホンダ・ビート、スズキ・カプチーノ、マツダAZ-1も、それぞれに個性的で高性能なスポーツカーであったが、これらはふた昔まえのクルマであったから、ベンチマークにできるはずがない。

ベンチマークとしたのは二〇〇八年発売の四代目フォード・フィエスタであった。直列三気筒一〇〇〇ccエンジンのフロント・ホイール・ドライブで、五人乗りのハッチバック・セダンである。ヨーロッパ・フォードが開発し生産している、きわめてヨーロッパ的なコンパクトカーだ。

このフィエスタをベンチマークとして開発スタッフに披露し試乗したとき、藤下はひと芝居うっている。二〇〇五年発売の三代目マツダ・ロードスターを同時に試乗させたのである。マツダ・ロードスターは日本が誇るライトウエイト・2シーター・オープンカーで、直列四気筒二〇〇〇ccエンジン(三代目NCEC型)をフロントに搭載するリア・ホイール・ドライブだ。

藤下が狙っている操縦安定性と乗り心地を、いちばん深く理解しなければならないのは走行実験の現場を仕切るテスト・ドライバーの西田であった。西田はそのときの試乗について、こう言っている。

「藤下さんは最初に、操《あやつ》って楽しいクルマをつくると宣言したのです。そして僕らにフィエスタとロードスターの二台を試乗してみなさいと言った。どちらの走りの方向が新型コペンにふさわしいのか、意見を聞かせてくれという目的です。僕らは高速周回路やハンドリング・コースなど、いくつかのテスト・コースを二台のクルマで走ってみました。僕の結論はロードスター方向でした。ハンドルをきると、ぴっと素早くクルマが曲がっていく気持ちよさがある。そのとき横G（左右にはたらく慣性力）を感じて、それがスポーツカーの快感だと思った。一般乗用車とくらべると、すこしばかり乗り心地がわるいと感じるところがあったのですが、これこそがスポーツカーの野性味という魅力だと思えた。ドライバーの運転操作に忠実に反応するから、腕に自信のあるドライバーなら峠道やサーキットで思う存分走りを楽しめる。そう考えて、ロードスター方向だと僕は思った。一方のフィエスタは、ふつうのクルマなのです。高速周回路やハンドリング・コースを走っても、すごく乗り心地はいいのですが、ふつうのクルマなのです。これのどこが、操って楽しいのだろうか。これのどこがスポーツカーなんだろう、と思いました」

ロードスターはマツダが一九八九年に発売した、世界でもっとも多く生産されている2シーター・オープンのライトウエイト・スポーツカーだ。世界中のクルマ好きが認める、文句のつけようがないライトウエイト・スポーツカーらしい軽快な走りが楽しめる。そのハンドリングの神髄はテールハッピーと呼ばれ、コーナーリングで駆動輪のリア・タイヤがスライドしてテールが流れても、これぞライトウエイト・スポーツカーの走りだとばかりに、ドライバーの運転操作に正確に反応して、安全に気持ちよく走る。「人馬一体」と表現される至福の走りの世界を、腕に覚えのあるドライバーにあたえる。

しかし藤下は「フィエスタの走りの方向だ」と言いきった。

「そのことが、まったくわからなかった」と西田は言っている。

フォード・フィエスタはヨーロッパ生まれのコンパクトカーである。自動車はドイツで発明され、大量生産の自動車メーカーはフランスで生まれたのだから、ヨーロッパは自動車発祥の地だ。日本のように長距離鉄道がくまなく整備されていないという理由があったらしいが、市民社会の成長とともに、個人が個人のクルマで自由に移動するというモータリゼーションの発達がいちじるしかった。速度無制限区間をいまも残すことで有名なドイツのアウトバーン、フランスのオートルート、イタリアのアウトストラーダなど高速道路網が整備され、隣の国へ行くのもクルマが便利で、夏にはバカンス旅行のクルマが列をなす。道路のつくりかたやレイアウトも秀逸で、カーブのつけかたやダウンヒルのありようなどクルマを操って走る楽しさを味わえる道が多い。その路面も、撥水性のよい高速道路路面から歴史のある石畳の道とバラエティーにとんでいる。ロング・アンド・ワインディング・ロードがどのような道なのか、ヨーロッパの道を走るまで知らなかったという日本人は多い。クルマ好きがヨーロッパで国から国へ、町から町へと自動車旅行をすれば、その楽しさの虜になることうけあいである。そのようなモータリゼーションの環境のなかで生まれてくるのがヨーロッパ車だ。バカンスへ行くために人がたくさん乗れて、多くの荷物が積めて、走りがよく、ついでにシックでなければいけない、というクルマである。とても実用的だが、それぞれに強い個性をもつので、どのようなクルマを選んで乗るかは、ユーザーの自己表現になりうる。フォード・フィエスタは、自動車を発明して発展させてきたヨーロッパのモータリゼーション環境から生まれたコンパクトカーであった。

西田はフォード・フィエスタの走りの真骨頂に気がついたときのことを、こう語っている。

「藤下さんがフィエスタ方向だと言いつづけることもあって、あるときフィエスタに長く乗ってみたのです。ハンドリング・コースを走っているときに、意図的にオーバースピードでコーナーへ進入して、ハンドルをきったら、リア・タイヤがぴたっと安定して接地しているというか、粘るようにじわーっと踏ん張って、ハンドルをきったままにスムーズにコーナーを走りぬけた。そのときすごく気持ちがよかった。わりとロールするのですが、リア・タイヤが素直に追従してきて、限界が高く、ハンドルの操作に自然にクルマがついてくる。そのことに気がついてからは、スピードをおとして走っても、高速周回路を一〇〇キロ以上で走ってみても、その気持ちよさがわかるようになった。こんなに気持ちよくクルマが走ることがあったのかと思いました。藤下さんが、フィエスタは町のなかでも気持ちよく走り、峠道や高速道路でも走るのが楽しくなる、ふところの深い走りがあると言っていたのは、こういうことかと認識できました。これならばだれもが、どこでも気持ちよく走れる。僕は固定概念でフィエスタを、ふつうのコンパクトカーだと思っていましたから、その走り味のよさが、わかっていなかった。その固定概念が崩れたのです」

チーフエンジニアとテスト・ドライバーの走りの開発方向が一致した。

1991年 ホンダ・ビート
駆動方式：MR
（ミッドシップ・リアドライブ）

1991年 スズキ・カプチーノ
駆動方式：FR
（フロントエンジン・リアドライブ）

1992年 マツダ・オートザムAZ-1
駆動方式：MR
（ミッドシップ・リアドライブ）

2代目コペンの走行性能のベンチマークとした4代目フォード・フィエスタ　写真協力：武田 隆

藤下がフォード・フィエスタの走り味を知っていたのは、実験部のマネジャーになった頃から、ダイハツのクルマのみならず、評判のいい小型車があれば内外問わず、何とかそれをテクニカルセンターにもってきて、乗ってテスト走行し、計測してきたからである。計測データという数値と官能評価で、評判のいいクルマを解析していたのだ。そうした調査活動をつづけているうちに、藤下のなかには理想的なクルマの走り味、つまり操縦安定性と乗り心地のいい、あるべきクルマの走りが、理論と感性によってやどるようになった。

新型コペンの開発では、その理想を実現してみたかった。それは免許取りたてのドライバーでもオープン2シーター・ライトウエイト・スポーツカーの走りを安全に楽しめ、練達のドライバーが乗っても奥深い走り味が楽しめるという理想であった。

実際問題、新型コペンは、ハンドリング・コースでレーシングドライバーのようなハイスピード運転をしても、リア・タイヤがテールスライドをほとんどおこさない。スピンしにくいのである。フロント・タイヤはハンドルをきった方向へしっかりと進行していく。アンダーステアと呼ばれる外側へふくらんでいく傾向もすくなく、オーバーステアという内側へきれ込んでいく傾向もすくない。フロント・ホイール・ドライブ独特の動きであるタックインという、コーナーリング中にスロットルを急激に閉めたときにおきる内側にきれ込む動きもかなりすくない。ようするに操縦安定性がよくて安全性が高い。それでいてライトウエイト・スポーツカーの軽快な走り味を失っていない。これが新型コペンの操縦安定性と乗り心地なのである。それは意図して開発されたものだ。

新型コペンのあるべき操縦安定性と乗り心地のエッセンスを理解した西田は、Ｄフレーム開発のテスト走行の現場を仕切って張りきった。

初代コペンのボディー外板を切り取った実験車からはじまり、ミライース改造の操安マスター車で終わった走行運動性能開発では、ボディー設計チームとともに朝から晩まで補強の方法を研究した。Ｄフレームの研究開発が、コンピュータの外へ持ち出され、実物の実験車や試験車でおこなわれているのだから、実際にやってみるしかないのである。

ひとつの補強をつけたら、走らせて計測し官能評価をする。それで終わりではなく、次はその補強の場所を変えてみる。そして、また走らせて計測し官能評価をする。さらに補強の取りつけ方法を検討する。スポット溶接してあるならば、その場所を変えたりスポットの数を増やしてみる。ネジ止めしたのなら、ネジ止めの場所を変えたりネジの数を増やしてみる。取りつけ方法をひとつ変えたらば、そのたびに走らせて計測し官能評価する。いつまでたっても終わりのないようなメイク・アンド・トライがつづいた。

西田は、このような研究開発を、若手の設計者、すぐれた板金技術をもつ同僚、ボディー剛性試験のスペシャリストたちと一緒に、あれこれと議論し、さまざまな試案をしながらやりぬいていった。新型コペンならではの走りが仕上がるまで、この現場の研究開発は終わらなかった。その現場を仕切ったのは、西田らしい持久力の発揮であった。

だが、最終的な試験車となった操安マスター車では、試乗した開発部の幹部から厳しい指摘をうけた。「サスペンションの設定が弱い」という指摘だった。

「僕らはDフレームの研究開発に集中していて、サスペンションはあまり手をつけていなかった。というのは、フレームを煮詰めているうちに、いままではサスペンションの調整で解決してきた、いくつかの問題が、実はフレームに原因があったということがわかってきたからです。だからフレームを煮詰めれば、サスペンションの取りつけ点の強度とかバネとかショックアブソーバーとかを大きく調整しなくてもいいのではないかという方向でやっていた。そういう研究開発をやっているときに、サスペンションの設定が弱いという指摘をいただいた。調べて考えてみると、それはフレームを改良することで解決できるかもしれないと思った。Dフレームの開発は最終段階になっていましたから、がちがちに固いフレームにすると、操縦安定性と乗り心地が、かえってよくなくなるとわかっていた。固めなければいけないところと、固めなくてもいいところがあるのです。サスペンションの設定が弱いという指摘は、そういうことと関係があるだろうと考えて、フレームの補強を再考した。それで再度の試乗をお願いしたら、このサスペンションの設定は世界トップレベルの操縦安定性だと言っていただけた。それはホメすぎだと思いましたけれど、心底嬉しかった」

新型コペンの走行実験開発は、梅雨の最中の七月にはじまり、真夏もつづいた。あっというまに秋がすぎて、防寒着を必要とする一二月でようやく終わった。日照りの夏は汗を流し、吹きすさぶ寒風にふるえる季節まで、西田たちはテスト・コースと整備工場を行ったりきたりしながら、新型コペンの操縦安定性と乗り心地を研究開発してきた。

その研究開発の成果をもって新型コペン開発プロジェクトは、プロトタイプ一号車ＡＳ１の段階へ進んだ。ＡＳ１の操縦安定性と乗り心地は良好だったので、西田たちは細かなところのセッティングを煮詰めることができた。そしてプロトタイプ二号車ＡＳ２をへて、新型コペンは生産開始へとこぎつけた。西田はこう総括している。

「すべて完璧にやりきったと言いたいところですが、セッティングとかチューニングは終わりがない作業です。とはいえ新型コペンの、走る、止まる、曲がるは、実に細かいところまでやりました。Ｄフレームの研究開発から細かいところの仕上げまで、ここまで精緻にやったことは、いままでになかった。だから勉強になりましたね。多くのことを深く学んで、技術の引き出しがずいぶん増えた。ですから、これからのダイハツのクルマの走りは、もっとよくできると思っています」

三七歳（当時）の西田駿は、新型コペン開発の主要メンバーになったことで、これからのダイハツのクルマの走りをさらに魅力的にする道しるべを手に入れた。

ひとりの若いエンジニアが、新型コペンのドアとアクティブトップの設計を担当し、艱難辛苦《かんなんしんく》のすえに、その設計をやりとげた。

D-Frame

フロント、サイド、リヤ、フロアを切れ目なくつなぐ構造としたことや各部の補強によりボディ上下曲げ剛性は初代コペンと比べて3倍、ボディねじれ剛性は1.5倍となった

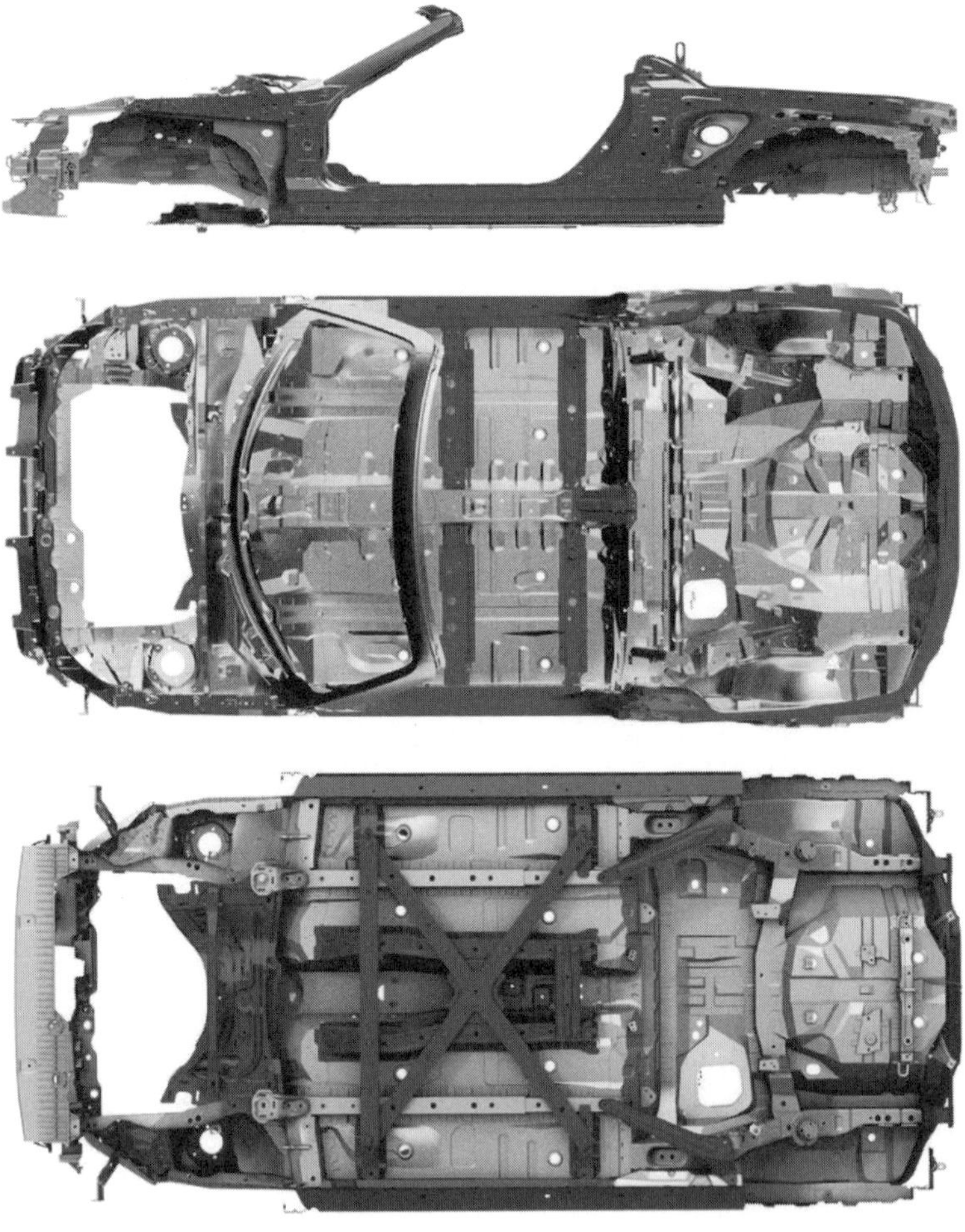

補強部位

前原翔太《まえはらしょうた》は一九八三年（昭和五八年）生まれのボディー設計者である。ダイハツに入社したのは二〇〇七年で、新入社員研修をうけてからの初仕事は、フェンダーを取りつけるブラケットの設計であった。新人技術者にあたえられる研究実習の課題だったが、このブラケットは量産車の部品になった。フェンダーをしっかりとモノコックフレームに取りつけるのがブラケットの機能だが、万が一の人身事故のときは歩行者保護のために、フェンダーのブラケットが変形して衝撃を吸収しなければならない。自動車のボディー設計者はそのような微妙な柔軟性をもった部品を設計することがある。

群馬県桐生市で生まれた。県内高崎市の工業高等専門学校で専攻科まで七年間学び、宮城県仙台市にある大学院へ進学した。生まれ育った地域ではなく、知らない地域で暮らしてみたいと思っていたから、高専時代は高崎市で寮生活をし、仙台にある大学院を選んだ。中学生の頃は鉄道ファンであったが、やがて自動車雑誌を読みあさるようになる。仙台へ引っ越したときに、狙いをつけていた中古の三代目ミラTR-XXアバンツァートを買った。ターボチャージャー装着エンジン搭載のスポーツモデルである。サスペンションのダンパーやスプリングなどを自分の手作業で交換して、走りを楽しむという自動車好きになった。ダイハツとの出会いはこのミラだったが、ダイハツへの就職をのぞんだのは、関西地方の歴史と文化に興味をそそられ、その地で暮らしてみたかったからだ。休日になると古都を散策するのが趣味になった。

「最初の頃は関西弁の激しく元気なところに驚き、いつも怒られているのかと思っていた。でも、すぐに馴染めました」と前原は言っている。

ダイハツのボディー設計者となって三年目に、トヨタ自動車へ一年間出向した。そこでドアの設計の実務を学んだ。このときアメリカ市場で販売する車種のドア設計グループに属した。新機種のドア設計ではなく、すでに販売されているモデルを、アメリカの法規制に合致させるための設計変更であった。

「アメリカはヨーロッパや日本より、安全性の法規がはるかに厳しい国で、側面衝突にたいするドアの安全法規も非常に厳しいのです。そうした法規の勉強から実際のドア設計の実務にいたるまで、実によい経験ができました」と前原は言う。ダイハツはアメリカ市場でクルマを販売していないので、このトヨタ自動車での経験は、まさに国内留学になった。

実際にドアの設計をゼロから手がけたのは、ダイハツに帰還してからである。インドネシアで現地生産される予定の小型車のドア設計だった。

その仕事が終わった二〇一二年八月に、新型コペンのドアとアクティブトップの設計担当を命じられた。二九歳の年であった。

この時期、ダイハツの車体設計部は、二〇一三年一〇月発売の三代目タントの車体設計仕上げに総力を投入していた。タントはダイハツの屋台骨である人気車種だ。そのために若い前原が新型コペンのドアとアクティブトップの設計担当に抜擢され、たったひとりで困難なドアとルーフの設計をすることになった。ドアの設計の基本について、前原はこう言っている。

「ドアの設計を学ぶまで、ドアは丈夫で衝撃を吸収すればいいのだろうと思っていたのです。ところが、そうではなかった。側面衝突をしたとき、おもに衝撃を吸収するのは車体であって、ドアの構造や内側のパッドは、ほんのすこし衝撃を吸収するだけです。側面衝突のさいに、ドアがうけもつ重要な機能は、乗員の身体をぽんと飛ばして、ドアから乗員を離すことです。そうして衝突の衝撃をもろに乗員がうけないようにする。そのためにドア内側のパッドはやわらかくしないで、固めにする。この基本的な考え方は、新型コペンのドアを設計するときに非常に役だちました」

ドアの設計は、デザイン部と相談するところからはじまる。これをダイハツの開発部門では〈意匠要望出し〉という。ドアの大雑把な構造をデザイン部へ伝え、たとえば安全性向上のための補強鉄パイプであるインパクトビームを入れる場所を知らせて、そこにはキャラクターラインと呼ばれる凹凸のあるラインを入れないでほしいという要望をする。さらに工場の生産技術者たちと相談して、ドア設計者が構想しているドアの構造や形状が製造可能であることや工場のラインで組み立て可能であることを確認する。

そしてドア設計に着手したが、最初から手探りの設計になった。

「新型コペンの場合、これはオープンカーですから、ふつうの箱形クルマではないので、ドアもふつうではないのです。だから、いままでのドア設計のノウハウが通用しない。ところがオープン2シーター用ドアの設計方法論が車体設計部にはなかった。こういうときは、こうするというノウハウがないのです。つまり、すべてのことを新型コペンにあわせて基本から考えていかないとドア設計が成立しないのです。これはやりがいのある設計でしたが、手探りの設計になって、解決策がないときは胃が痛くなるほど悩んだ」

それほどまでに悩んだ新型コペンのドア設計だが、実はそのドアは二種類あった。ローブとエクスプレイのドアは、サイズや基本構造はほぼ同じだが、ボディーサイドを飾るキャラクターラインの場所とデザインが異なるのである。キャラクターラインが異なるということは、ドアの形状が異なるということだ。形状が異なれば、必要とされる強度についても、それぞれ別の強度計算が必要で、さらには衝突実験も別々にやらなければならない。ようするに一台のクルマの二種類のドアを同時に設計したのである。

新型コペンのドア設計が、なぜ難題かといえば、セダンやワンボックスのドアより、さらに丈夫なドアとして設計しなければならないからである。セダンやワンボックスは側面衝突の衝撃を、ドア下の車体フレーム、ダイハツ用語で言うところのロッカーが、ほとんど吸収する。ところが新型コペンは、車高がひくいので、ロッカーの位置もひくくなるから、ロッカーだけで衝撃のほとんどを吸収することができない。そのためにドアでも衝撃を吸収しなくてはならなくなる。ところが前原の説明にあったように、本来ドアは側面衝突の衝撃を吸収する機能をほんのすこししかもっていない。したがって相当な工夫が必要だった。なにしろ側面衝突の衝撃を大幅に吸収するドアというのは、ダイハツでは製造していないし、どこにでもあるドアではないから、参考にするドアがないのである。

前原はドアの構造すべてを見直して細かい部品の強度を上げて、最終的にドアのなかに大きな鉄板の補強を入れた。

「ドアを分解しないと見られないのですが、ごっつい四角い鉄板が入っているのです。他の軽自動車のボディー設計者が見たら笑われそうな、すごい大きさの鉄板なのですが、これ以外の方法がなかった」と前原は言っている。

分解しなければ目につかないところの補強であれば、なりふりかまわず安全性向上をだいいちに考えて躊躇《ちゅうちょ》なく大きな鉄板の補強を入れるという姿勢は信頼できる。この補強により新型コペンのドアは丈夫な構造になったのは言うまでもない。

次はアクティブトップの設計であった。電動開閉式ハードトップである。スイッチひとつでトランクにおさまるコペンならではの便利で楽しい機構だが、この設計もまた一筋縄ではいかなかった。その困難さはドア設計の苦労をうわまわった。

アクティブトップを開けてオープンにするときは、トランクにきちんとおさまればいいのだが、閉めるときに、ぴたりと閉まらないと雨漏りの原因になる。

雨漏りがしないオープンカーはない、というクルマ好きの冗談があるが、これはあながち冗談だと言っていられない話だ。新車のときから雨漏りするオープンカーもなきにしもあらずで、たいていはルーフと窓ガラスの隙き間をうめるゴム部品のウェザーストリップが劣化してくると、

コペンのドア内部。素人写真なのでピンボケだが、頑丈な袋構造に設計されていることがわかる。ドア上部の色ちがいの四角形が設計者が悩んだすえに最終的に採用した補強部材

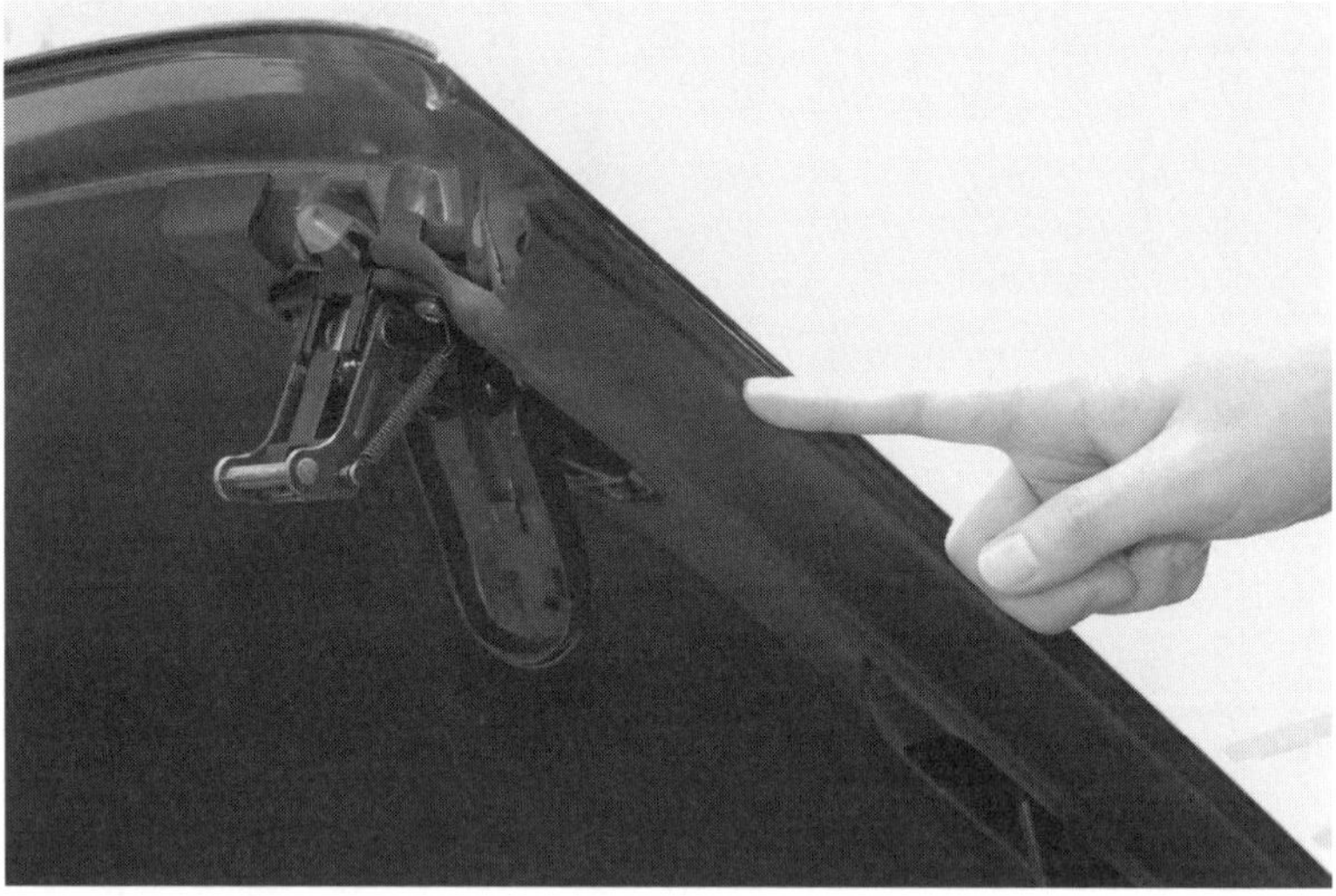

設計者が悩みに悩んだアクティブトップのウェザーストリップである。ローブ発売後も改良のための設計開発が続けられた高性能ウェザーストリップ

雨漏りする。それはオープンカーの宿命であって、どのようなオープンカーでも逃れられない。人間に七癖があって、それが人間性や個性のおもしろ味をゆたかにすることがあるように、少々の雨漏りはオープンカーの癖のようなものだ。しかし合理を旨とするエンジニアにとって、雨漏りは癖なのだという文学的な物言いはゆるされない。だいいちにお客様たるユーザーに迷惑をかける。なんとか努力して雨漏りがしないオープンカーを設計しなければならない。前原は決意を固めた。そのような決意はチーフエンジニアの藤下も同様に固めていた。前原はこう言っている。

「藤下さんは、雨漏り問題については、やさしく理解のあるチーフエンジニアでした。その対策がいかに大変かということをわかっていてくれたし、チーフエンジニアとしては他人事ですまされないことですから、自分のこととして考えてくれた。設計変更などで予算増額のお願いに行くと、他のことでは、設計変更の必要性やコストメリットを詳しく説明しなければ納得してくれなかったけれど、こと雨漏り対策となると、予算金額を質問されることもなく、すぐにやれと言ってくれました」

前原がかかげた設計目標は、こころざしが高かった。世界一雨漏りがしないオープンカーである。どのようなジャンルでも、世界一になろうとすれば、努力だけではなく資質も必要になる。やってできないことはないだろうと前原が考えたのは、持ち前の粘り強さとチャレンジ精神だけではなかった。新型コペンは世界一雨漏りのしないオープンカーになる資質をもっていた。

その資質とは、高いボディー剛性をもつDフレームの開発に成功していたことだ。

Dフレームの高いボディー剛性は、雨漏り防止に威力を発揮した。初代コペンは、段差がある場所に駐車するとボディーが自重でたわむことがあり、そのためにアクティブトップと窓ガラスに隙き間が発生して雨漏りすることがあった。新型コペンはボディー剛性が高いので、そういう心配がまったくない。高いボディー剛性が、雨漏り防止に寄与するのは、このことだけではない。

アクティブトップから水漏れさせないためには、次の四つの基本的な技術を固める必要がある。

ひとつはドアがしっかりとボディーに固定され、開け閉めするたびにズレたりブレたりしないことだ。ドアをしっかりと固定するためには、ドアをボディーに固定するふたつのヒンジとひとつのロックを、しっかりとした固定力をもつように設計することだが、そのヒンジやロックをうける側、すなわちボディーフレームが、しっかりした固定力を、きっちりとうけとめることが前提条件になる。その条件をボディー剛性が高いDフレームは十二分にみたしていた。

ふたつ目はアクティブトップの電動開閉機構を正確にはたらかせることだ。そのためにはまず電動開閉機構をがっちりとボディーフレームに固定することが必要で、これもまた剛性の高いDフレームならば可能である。

三つ目はドアの窓ガラスが正確に上下する機構になっていることだが、その前提としてドアがしっかりと固定されていなければならない。このことはDフレームの剛性の高さによって実現できたことはすでに書いた。窓ガラスが正確に上下する機構については、アクティブトップやウェザーストリップについての知識がないと理解しづらいので、最終的にまとめて説明したい。

そして四つ目が、耐久性のあるウェザーストリップを入念に設計して取りつけることだ。

新型コペンのアクティブトップの電動開閉機構の構造は、基本的に初代コペンと同じ複雑なものである。オープンにするときはハードトップを持ち上げて、後方へ誘導し、下降させてトランクルームにおさめる。屋根を閉めるときは、その逆の動きをして、きわめて正確な位置にハードトップを誘導しないと、ぴたりと屋根が閉まらない。

このような複雑で正確な動きをする電動のトップ開閉機構を製造する部品メーカーは世界に何社もなく、ましてや軽自動車オープンカーのための小型機構となれば、日本では初代コペンのアクティブトップをダイハツとともに開発し製造したベバストジャパン社しかない。そのベバストジャパン社にふたたび製造を依頼し、定評をえてきた信頼性のある電動開閉機構に、若干の改良をくわえて新型コペンにも採用することになった。ただし、機構を動かす油圧シリンダーやポンプ、それらをつなぐホースなどの動力部品は、すべて最新のものに変更している。そのために部品の精度が上がったので、油圧シリンダーのバルブにゴミが詰まって動かなくなるといった不作動トラブルは大幅に減らすことができた。

アクティブトップの電動開閉機構は、何気なく見ていると、とてもスムーズに動いているよう

アクティブトップ オープンの分解写真　①～⑳

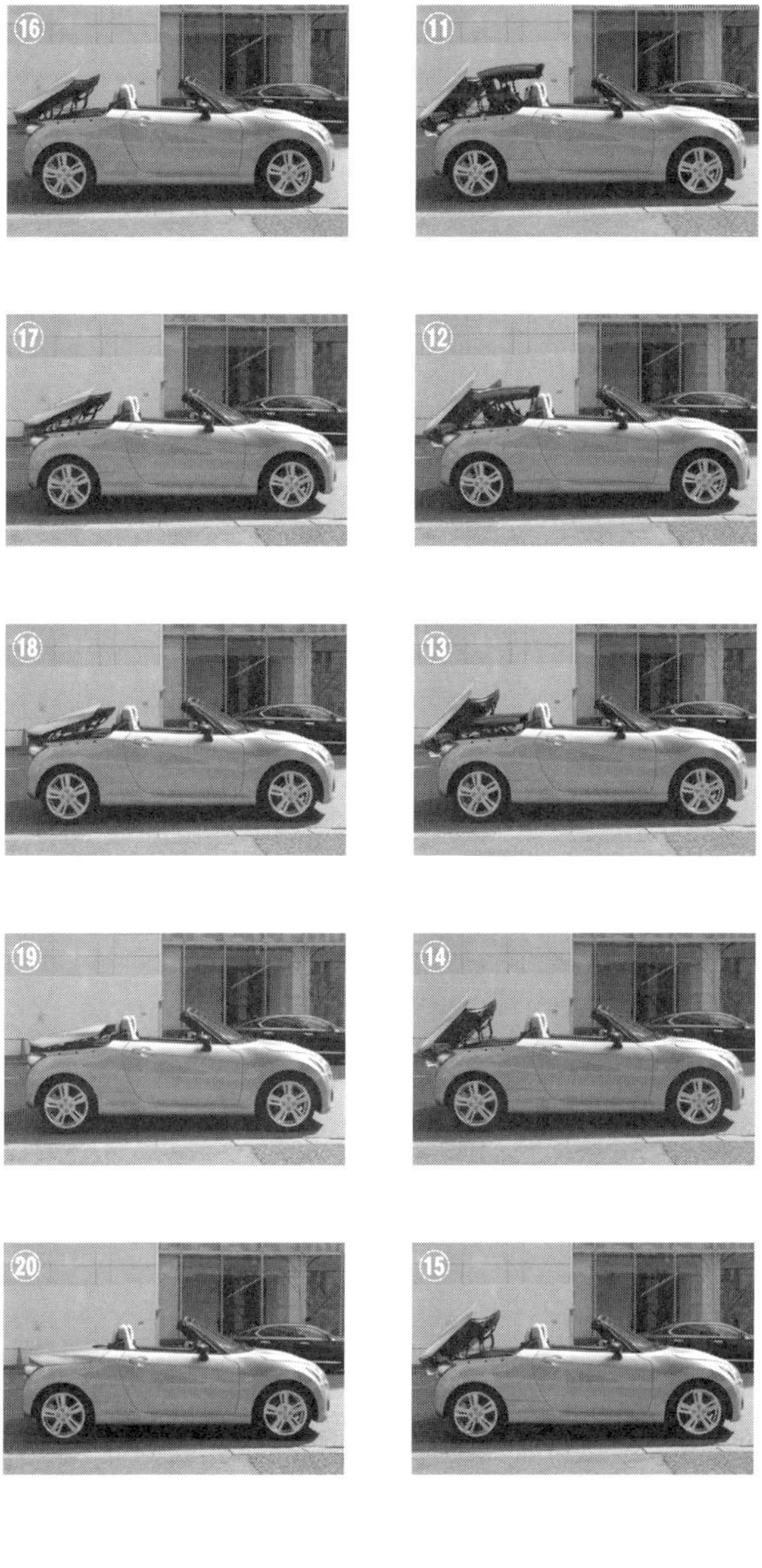
⑯
⑪
⑰
⑫
⑱
⑬
⑲
⑭
⑳
⑮

に目にうつる。しかし、よくよく機構を考えながら見てみると、とても複雑な動きをしていることがわかる。その複雑な動きは、設計担当者の前原でも頭のなかで立体的に描けなかったそうで、開閉機構の模型をつくって可視化し、設計開発を進めた。

新型コペンは、初代コペンより一インチ（二五・四ミリメートル）大径の一六インチ・サイズのタイヤを採用しているので、タイヤハウスが大きくなった。そのためにアクティブトップを収納するトランクスペースが初代コペンより狭くなったので、そのスペースをかせぐためには細かな工夫が必要だった。したがってアクティブトップの電動開閉機構は、初代コペンとまったく同じというわけにはいかず、細かな改良が必要であった。

雨漏りのしないオープンカー開発を目標とする前原を、最終的に苦しめたのは、やはりウェザーストリップの開発であった。ウェザーストリップは窓ガラスとアクティブトップおよびAピラーの間にあって、水の浸入をふせぐゴム部品である。

この部品の開発が困難だったのは、ひとつ大きな理由がある。新型コペンのドアは、ハードトップ・ドアだからだ。ハードトップ・ドアとは、窓枠がないドアのことである。

窓枠がないということは、ドアの窓ガラスが単独で存在するということだ。窓枠があれば、窓ガラスを閉めるときはガラスが窓枠にそって上がってきて、上がりきれば窓枠にぴたりとおさまる。窓枠があれば、ドアを閉めたときに、窓枠とアクティブルーフとAピラーが安定して接触する。窓枠はドア本体から延長している鉄板加工の部品だから、変形することが、ほとんどない。

しかし窓枠がなければ、ガラスを誘導する枠がなく、上がりきったときに、おさまるべき枠もない。しかもアクティブトップとAピラーの両方と接触するのはガラスそのものである。こういう構造のドア窓ガラスをハードトップ・ドア、あるいはサッシュレス・ドアと呼ぶ。サッシュとは窓枠のことで、それがないのでサッシュレスである。

このハードトップ・ドアを、いまダイハツは製造していないのである。またしても参考にする現物がないので、前原はハードトップ・ドアを設計したことがあるボディー設計の先輩をさがして基本的な考え方をおしえてもらった。かつてハードトップ・ドアが流行になった時代があり、そのときはダイハツもハードトップ・ドアを製造していたからである。しかし詳細な設計手法が残っていないかった。ここにきて前原は単独でハードトップ・ドアを、いちから設計することになった。

初代コペンはハードトップ・ドアだと思われがちだが、実は細いサッシュが一本ある。ドアの窓ガラス後方のクォーター・ウインド（三角窓）に、細いサッシュが一本付随している。新型コペンは、そのクォーター・ウインドがないので細いサッシュもなく、サッシュレスのハードトップ・ドアになった。クォーター・ウインドをなくしたのはボディー剛性を向上させるためで、クォーター・ウインドを収納していたスペースをDフレームのために使ったからだ。

ハードトップ・ドアを新設計することになった前原は、窓ガラスの出し入れをする電動のレギュレータを綿密に設計した。窓ガラスがいつも正確に上下しないと、Aピラーやアクティブトップときちんとすりあわなくなるからである。確実に作動する電動レギュレータの設計を終えると、いよいよ難関のウェザーストリップの開発に着手した。

ウェザーストリップの開発は、初代コペンのものをベースにしておこなった。初代コペンのウェザーストリップは年月をかけて改良された部品であったから、それをさらに改良すればいいと考えた。そこで前原は、ウェザーストリップのなかに詰め物をして反発力を上げることにした。反発力を上げれば窓ガラスに密着する力が大きくなると考えたからである。さらにガラスに当たる面のゴムを強化して、よりいっそう密着性を高めた。

この改良型のウェザーストリップは、二〇一四年六月発売の新型コペン・ローブに採用された。生産工場で最終的に雨漏りをチェックし、それがあれば手直しするという丁寧な完成車検査をおこない、新型コペン・ローブは発売された。だが、ウェザーストリップの反発力を上げたために、若干だがドアぜんたいの組みつけバランスがわるくなることに、前原は気がついた。工場での手直し件数が、いっこうに減らなかったからだ。そうなればただちに設計変更である。工業生産品に不具合が発生するのは、やむをえない現実だ。不具合が発生したら設計変更で対応して、工業生産品は着実に完成度を高めていくものである。

設計変更したウェザーストリップは、それが悩みに悩んだすえの設計変更であったから、理想的な形状となり、柔軟性のある反発力をもっていた。前原は、いまこう言っている。

「やりきったと思っています。同僚にも部品メーカーさんにもたすけてもらいましたが、もう水漏れはほぼおきないと思っています。胸を張って大声で言うようなことではありませんが、新型コペンは世界一水漏れがしないオープンカーになりました」

新型コペンのドアとアクティブトップの設計開発の話をしていた前原翔太が、初めて笑顔を見せた瞬間であった。

高剛性キャビンやクラッシャブル構造を採用し、衝突時の乗員への衝撃を効果的に吸収している。写真は64km/hオフセット衝突実験、デュアルSRSエアバッグ、55km/h前面・後面衝突実験、55km/h側面衝突実験

COPEN

第5章

デザインから、ファクトリーへ

考えてみれば新型コペンのデザインほど不思議なものはない。この場合の不思議とは、ふつうでは考えも想像もつかないという意味である。

なぜならば、ダイハツ・コペンという一車種に、三様のデザインがあらかじめ存在するからである。一車種のなかに4ドア・セダンと5ドア・ワゴンと2ドア・ハードトップ、あるいはオープンが、バリエーションとして存在するというのではない。異なるフォルムのデザインが三つあるのだ。

本来デザインとは、唯一無二の存在であるから価値があるはずだ。独創であることから、デザインは特許の対象である意匠になることが可能だ。ある自動車メーカーが、一台の新型車を発売するとき、これがこのクルマの最良のデザインですと、高らかに声に出して言うか言わないかは別として、その主張は当然する。主張がなければ、そのクルマの価値が妥当であるかないか、消費者は判断がつかなくなる。強烈な個性を買う消費者もあれば、風景に馴染んでしまう淡い個性を好む消費者もいる。あるいはそのような主体的選択の意志がなく、それが最新流行のクルマに見えた結果として購入するというのも、実は積極的な現代の消費行為だ。そのような消費社会にあって、工業製品のデザイン、すなわち自動車のデザインは、ひとつしかないという絶対的な価値であったはずだ。

だが、新型コペンは三つのデザインをもつスポーツカーとして生まれた。

「だから悩みました」と新型コペンのデザイン・チームのマネジメントを二〇一一年から担当した阪口庸介《さかぐちようすけ》は言っている。そのとき五〇歳のデザイン部主査であった。阪口は初代コペンのインテリア・デザインを担当している。コペンとは浅からぬ縁があるダイハツのデザイナーのひとりである。

一九六一年（昭和三六年）に兵庫県西宮市に生まれた。小学生の頃の宝物は二代目フォード・マスタングの赤いミニカーだった。物ごころついたときから絵を描くのが大好きで得意であった。カーデザイナーをめざして大学で工業デザインを学んだが、自動車部員としてラリー競技のコドライバー活動に熱中している。世界ラリー選手権で活躍していたダイハツ・シャレードに憧れ、ダイハツのカーデザイナーになることを希望した。ダイハツではインテリア・デザインのデザイナーとして育成され、ベルギーにあるトヨタ自動車のデザインスタジオに二年間出向している。デザイン部の仕事のみならず、ダイハツの企業博物館であるヒューモビリティワールドの改修計画や、商品企画とその先行開発などの仕事を担当しているうちに、マネジメントの手腕を身につけた。ペンと箸は右手だが、スケッチは左手で描くという左利きである。

「初代コペンのデザインは、軽自動車のスポーツカーとしてあるべき姿はこれです、というダイハツのメッセージでした。あらゆるメーカーが新型車を発表するときやフルモデルチェンジのときに、メッセージを発します。もちろん自動車メーカーだけではなく、すべての製品には固有のメッセージがある。そのメッセージは、鋭く力強いものであったり、ゆるやかに広がりがあるものであったりするのですが、初代コペンは軽自動車スポーツカーのデザインとして、あるべき姿はこれですと、ひとつのデザインを申したてた。しかし新型コペンは、ひとつのDフレームに、三つのデザインがあります。これには悩みました。ひらたい言葉で言えば、工業デザイナーというのは、本来こういうことは考えないわけですよ。大量生産商品のデザインをしてきた工業デザイナーとしては、未知の現実に直面したのです。これをどういうふうに解釈して、いかにデザイン開発をマネジメントしていくかは、チャレンジングとしか言い様がなかった」

デザイン・チームをマネジメントした阪口の悩みは、三つのデザインで一台の新型車をまとめあげるという新型コペンのデザイン開発の基本路線を考え出すことであった。いままでに考えてもみなかった基本路線である。しかしデザイン開発を推進していくためには、チームのデザイナーたちに、基本路線を説明する言葉をもたなければならない。悩み考えたあげくに阪口は、ひとつのキーワードにたどりついた。

「クルマのデザインというのは、そのクルマの個性をあらわすだけではなく、そのクルマを買ってくださったお客様の個性をあらわす、というふうに考えました。新型コペンは三つのデザインがあることで、お客様が自分自身をよりよく自己表現できるクルマなのだということです」

もうひとつ阪口が考えたことは「温故知新《おんこちしん》」である。この場合の温故知新は、古いものをたずねもとめ新しい事柄を知る、といった意味だ。

一三〇年ほど昔にヨーロッパで自動車が生まれた時代は、大量生産の自動車メーカーを生み出したのだが、一方で自動車メーカーからシャシーを買ってきてボディーだけをつくるメーカーもあった。あるいはカロッツエリアと呼ばれる自動車工房が店開きし、お客様の要望で一品物のボディーをつくる。クルマのカタチも色もお客様の思いどおりになるという、ファッションの世界におけるオートクチュールにもひとしい贅沢を提供していたのが古きよきカロッツエリアだ。その豪勢な楽しみを新型コペンは廉価で提供できることになった、と阪口は思った。スポーツカーがもっているクラシカルな貴族的な楽しみを、大量生産のメーカーであるダイハツが大衆化したのだという解釈であった。この解釈は、まさしく庶民の生活をゆたかにするクルマづくりに励む、ダイハツらしい考え方であろう。

阪口庸介が新型コペンのデザイン開発キーワードについて、思いをめぐらしていたのは、二〇一一年の二月であった。このとき、一年前の二〇一〇年年頭にスタートしていた初代コペンのフルモデルチェンジ計画が、大きく変化したからである。

当初のフルモデルチェンジ計画のデザイン開発は、初代コペンのユーザーを意識したキープコンセプト路線がとられ、初代コペンのいわゆる丸目デザインをベースにした進化デザインが企画されていた。実車サイズのクレイモデルを完成させるところまでデザイン企画が進行していたという。この丸目デザインの進化モデルは、のちに新型コペン・セロへと発展するものだが、しかしこの丸目進化モデルは、このときいったんお蔵入りされることになった。

初代コペンのフルモデルチェンジにおけるデザイン開発路線が刷新されたからである。Dフレームによるドレスフォーメイションの構想が発案され、新型コペンは複数のデザインをもつ新型車として開発することになった。初代コペンの丸目デザインをベースとした進化型の丸目デザインではなく、新型コペンのための斬新なデザイン開発が命じられたのである。このとき新型コペンのデザインは、ひとつではなく複数という前代未聞のデザイン開発になった。

そのデザイン開発のリーダーとなった阪口庸介は、デザイン開発推進のコンセプトをまとめ、ただちに開発に着手した。このとき新型コペンのデザイン開発は、通常のモデルチェンジのデザイン開発の方法が通用しない、前例のない未知の領域へと突進したのである。

短時間で大きな成果があがる大胆な方法が考え出された。そのプロジェクトは〈コペン・チャレンジ・プロジェクト〉と名づけられ、頭文字をとってＣＣＰのコードネームがつけられた。阪口はこう説明している。

「新型コペンのデザイン開発チームが再編成され、ＣＣＰがスタートした。通常のデザイン開発は、スケッチにはじまり、小型のスケールモデルをつくっての検討をへて、ざっくりとした実車サイズのフルモデルをつくるまでに四か月かかります。それを一か月でやらなければならなかった。

その年の暮れには東京モーターショーが開催されますので、そこへ新型コペンをイメージするショーモデルを参考展示して、お客様のご意見をお聞きするという計画がありましたから、その計画でいけば春には最初の実車サイズのモデルができていなければなりません。東京モーターショーに参考展示するのはひとつのモデルですが、そのモデルを決めるには複数のデザイン・アイデアが必要です。そのアイデアを三種類とし、三種類とも初代コペンの進化方向にあるデザインではなく、発想の次元がちがう飛びぬけた大胆なデザインにすることになった。時間がないなかで、そのようなチャレンジをするとなると、若いデザイナーたちの力を爆発的に発揮させる方法をとらざるをえません。いままでのような時間をかけて練りあげるデザイン開発は、熟考してデザインを検討していきますから、若いデザイナーたちの斬新なデザイン・アイデアが発揮されていなかったかもしれないという気持ちもありました。そのために、短時間で成果が出て、いままでの殻をやぶる爆発的なデザイン開発の方法を取り入れた。それがCCPでした」

このときの阪口が考えたマネジメント手法が、新型コペンの斬新なデザインを生んだのは事実である。そのマネジメント手法は、精密に組み立てられた物語性と深く意味づけされたテーマをもつ三つの段階によって構成されていた。

三人ひと組みのデザイン・チームを、A、B、Cと三チーム組織した。Aチームはリーダーをふくむ三人とも日本人男性デザイナーだった。Bチームは日本人男性デザイナーがリーダーになり、イタリア人男性デザイナーと日本人女性デザイナーが組んだ。Cチームは日本人男性デザイナーがリーダーで、アメリカ人男性デザイナー、フランス人男性デザイナーとなった。自動車デザインの世界は、世界各国の若いデザイナーが国境をこえてさまざまな自動車メーカーで働きながら成長していくことが慣習となっているグローバルな世界である。ダイハツにも常時、数名の外国人デザイナーが在籍している。

これらの三チームが、スケッチを描く第一段階に、まず着手する。この第一段階は、たんなる区切りでもなく、時間的順序であってもならなかった。第一段階はアイソレートとネーミングされ、それをテーマとする段階なのである。アイソレートとは隔離とか孤立を意味する英語で、各チームはだれの意見も聞かず他のチームとの協調もなく、単独でスケッチを三人でまとめる。この段階ではデザインの方向性は、まったく自由だ。どのようなスケッチを描いてもいい。自由に発想させなければアイソレートの意味がなかった。

第二段階はコンセントレート、集中あるいは濃縮とネーミングされた段階で、各チームが仕上げた一枚のスケッチをもとに、ふたりのモデラーがそれぞれ粘土モデルを製作する。実物大ではなくミニチュアの粘土モデルである。この立体モデルにする段階で、ふたりのモデラーを投入するのは、一枚のスケッチからイメージされる造形が、モデラーの個性によって異なることを期待するからである。こうしてできあがった合計六種類の粘土モデルを、三チーム九人全員のデザイナーが議論のための材料にする。九人が六種類の粘土モデルを目にして議論することで、比較検討の幅が広がり、多角的な意見による効率のいい議論が可能になる。

2011年春のCCPコンペティションで「Aチーム」が描いたデザイン・スケッチ。すでにボンネットとドアにキャラクター・ラインがある

上のデザイン・スケッチをもとに実物大の発泡スチロールモデルが製作された。「α」のコードネームがつけられ、ローブへと成長していく

さらなる第三段階は超密度を意味するハイデンシティという段階で、三チームはふたたびスケッチを描きなおして、コンセントレートと同じようにして二種類の粘土モデルをつくる。そしてまた六種類の粘土モデルを材料にして、九人のデザイナーが議論を繰り返す。こうしてスケッチから粘土モデルを製作して比較検討議論するサイクルをふたまわりさせた。

そこで阪口のマネジメント手腕が発揮される。各チームの主体性を疎外しない方法で、スケッチに対する評価と意見を表明し、各チームにそれぞれの方向を定めていくのである。「この方向づけはコントロールではなくマネジメントだ」と阪口は強調している。

Aチームは初代コペンからの大幅な進化をめざし、Bチームはスポーツカーのデザインのセオリーにとらわれず新鮮さをもとめ、Cチームはスポーツカーのデザインを大きく変化させる方向と、それぞれ方向づけをほどこした。ここまでで一か月である。

方向を定められた各チームは、スケッチのレベルアップをして、今度は一気に実物大の発泡スチロールモデルを製作する。粘土ではなく発泡スチロールを材料とするのは、もっとも短時間で実物大モデルがつくれるからである。

Aチームの実物大モデルはα（アルファ）というコードネームがつけられ、Bチームはβ（ベータ）、Cチームはγ（ガンマ）になった。α、β、γは、会長や社長をふくむ上層部役員たちに披露され、最終的な検討議論がおこなわれた。その結果を阪口はこう言っている。

「その年の年末の東京モーターショーに、γをベースにしたショーモデルを参考展示することに

2011年春のCCPコンペティションで「Bチーム」が描いたデザイン・スケッチ。テーマはスポーツカー・デザインのセオリーにとらわれず新鮮さをもとめる

デザイン・スケッチをもとに実物大の発泡スチロールモデルが製作され「β」のコードネームがつけられた。たしかに大胆なデザインのフロントマスクだ

なりました。その理由は、γが初代コペンのデザインから、いちばん遠いところにあるので、テストマーケティングをするには、好き嫌いをふくめて、お客様が意見しやすいだろうという狙いでした。それでγをショーカーとして仕上げていくことになりました。その一方で、αをサーベイモデル（要件確認用モデル）として仕上げていく。量産市販するためには、工場で量産できる要件を、実にいろいろ多く開発しなければなりませんから、その仕事をαを核として進めていくことになりました」

このときからαは新型コペン・ローブへと成長していく。γはショーモデルのD-X（ディー・クロス）をへてエクスプレイへと育った。

阪口庸介は何もかも新しいトライであった新型コペン開発のなかで、社内留学の成果がひとつ出たと言っている。

「デザイナーが自分で設計できるようになると、開発期間が短縮され、コストも安くなり、デザインの実現性がよくなる、という発想から、二〇代の若いデザイナーを設計部に二年間の社内留学に出しました。その彼がひとりで、新型コペンのヘッドランプをデザインして、原価をはじいて、設計したのです。必死になって設計を学び、特長的なヘッドランプのデザインをやりとげてくれた」

もうひとつ二〇一四年になって阪口のこころをなごませたことがある。新型コペンがグッドデザイン賞のとくにすぐれたデザインに贈られる金賞を受賞したことだ。

2011年春のCCPコンペティションで「Cチーム」が描いたデザイン・スケッチ。発想の原点になったイメージのキーワードは「バイク以上クルマ未満」である

実物大の発泡スチロールモデルが製作され「γ」と呼ばれる。2011年東京モーターショー・モデルのD-Xをへてエクスプレイへと成長するデザインだった

新型コペン・エクスプレイへと成長していった初期モデルγのデザイン・チームのリーダーは芝垣登志男《しばがきとしお》であった。新型コペンの全モデルのインテリア・デザインも芝垣の仕事である。

もしかすると察しのいいエクスプレイのオーナーは気がついているかもしれないが、芝垣はオートバイとその旅を愛する男であった。

「CCPの一員に選ばれ、Cチームのリーダーとしてγをデザインするにあたって、いかようにも自由に考えていいと言われていました。そのときに、バイク以上クルマ未満という言葉をふと思いついたのです。これはイメージを言葉にしただけなので言語的な意味はなく、発想の原点みたいなキーワードにしました。その発想の原点から、エクスプレイの前後フェンダーの両側に黒いデザインキューブ（立方体的デザイン）みたいな意匠を入れた。Dフレームの存在を知らせるような、あるいはサスペンションのストラットタワーのヘッドを連想させるような、そういうイメージです。僕は初代コペンが好きで好きでしょうがないところがあるのですが、だからこそ初代コペンのティアドロップ（泪のしずく型）的なデザインから、思いきり遠くへ行ってみたかった。初代コペンが大好きなデザイナーとして、コペンという名がつくかどうかわからないけれど、コペン乗りが気に入ってくれるようなスポーツカーのデザインをしたかった」

芝垣登志男は一九七一年（昭和四六年）に石川県七尾市で生まれた。子供の頃から絵を描くこと と、電車やクルマが大好きだった。父親が運転するクルマの助手席がお気に入りで、一日一度は電車を見に行かないと寝つかない子供だった。小学生時代はスーパーカー・ブームにはまった。

スーパーカーショーで見たフェラーリ３６５ＧＴＢ《ジーティービー》やランボルギーニ・ミウラの躍動的なデザインに衝撃をうけている。学生時代からオートバイに乗った。カワサキの直線的なデザインの直列四気筒大型バイクとホンダのスーパーカブを愛車とするようなバイク乗りであった。金沢市の大学に進学して工業デザインを学んだ。

カーデザイナーになりたいという意志が固まった頃から、ちいさなクルマが日本の風景には似合っていると思うようになった。「七尾市で生まれ育って、金沢の大学ですから、ちいさな町しか知らなかったからかもしれません」と芝垣は言う。

ちいさなクルマをデザインしたいという思いは、就職を考えるときにダイハツのデザイナーになりたいという意志に昇華していた。スモールカーのデザインをするならばダイハツだった。

念願かなってダイハツに入社をゆるされ、デザイン部に配属された。新人時代に感じたダイハツのデザイン部の印象をこう言っている。

「ダイハツのデザイン部はとても家族的な雰囲気のある職場だなと思いました。企業につとめる工業デザイナーは、社内の激しいコンペティションにさらされるので、人間関係がぎすぎすしているという噂を耳にしていたのです。仕事ですからダイハツでも厳しい競争はあるのですが、ダイハツのデザイン部はぎすぎすしていなかった。昭和的な雰囲気なのかもしれないけれど、そこがいいところだと思いました」

インテリア・デザインを担当することが多く、さまざまな車種を手がけた。トヨタ自動車のアメリカのデザインスタジオに二年間出向し、ダイハツのヨーロッパ・スタジオに三年間駐在している。二〇一〇年にヨーロッパから帰還し、新型コペンのデザイン開発プロジェクトに入った。そこでは初代コペンの丸目デザインを進化させたデザインが検討されていた。

しかし初代コペンのキープコンセプト路線は中止され、CCPが突如はじまり、デザイン開発はゼロスタートに仕切り直された。そのとき芝垣はCチームのリーダーになってγのデザインを仕上げている。新型コペンのデザイン開発では、ローブ、エクスプレイ、セロのインテリア・デザインを担当した。

芝垣登志男が新型コペンのインテリア・デザインで徹底してこだわったのは、センターコンソールから直線的にインパネにむかってたちあがっているセンタークラスターだった。この特徴的なインテリア・デザインは、二〇一一年の東京モーターショーに参考展示されたD-Xで一般公開され、そのデザインのエッセンスはそのまま新型コペンに採用された。

たしかにこのセンタークラスターが、新型コペンのインテリア・デザインのメインテーマになっていることは、ひと目でわかる。都会にそびえて、その町のランドマークになっているような高層ビルのイメージを、新型コペンのインテリアにもたらしている。

しかし興味深いのは、それほどまでに存在感のあるセンタークラスターが、運転していて目ざわりではないことだ。左右に広がるインパネとセンタークラスターがクロスして、それがインパネのデザインをひきしめて調和をもたらしているのだが、そのことも運転中のドライバーに強い印象をあたえない。気がつけば、そこにインパネとセンタークラスターのすっきりとした造形があり、シックでモダンなインテリア・デザインに囲まれていると感心する。つまり運転しているドライバーとパッセンジャーシートの乗員の視界と感覚のなかに出しゃばらないのである。

新型コペンのメーター・ユニットはオーソドックスなスポーツカーらしい丸みのあるデザインにまとめられているが、それは計算づくのオーソドックスさであって、古典的スポーツカーのインテリア・デザインの伝統の無条件な踏襲ではない。そのオーソドックスな丸みをもつメーター・ユニットと長い直線デザインをもつセンタークラスターが調和している。これが新型コペンのインテリア・デザインの天衣無縫《てんいむほう》さであって、エアバッグ内蔵のステアリング・ホイールすら、その調和のなかにおさまっている。

新型コペンのインテリア・デザイン、とりわけインパネとセンターコンソール、そしてセンタークラスターのベストなハーモニーは、当然のことながらインテリアぜんたいを俯瞰したところから成立したものだが、いくつかの挑戦的なアイデアによってささえられていると芝垣は説明している。

「たとえば、思いきってナビをオプションにしたことです。いままでのインテリア・デザインのセオリーからすれば、ナビはセンタークラスターに配置されるべきものです。しかし藤下さんと相談のうえ、デザイナーの意志として、ナビをオプションにしてもらい、取りつけるならばインパネのセンターということにした。そうすることによってデザインの自由度が圧倒的に拡大し、センタークラスターのデザインが成立した。ナビをオプションにしたいという意志が通ったのは、ナビのかわりにスマートフォンを使う人たちが増えてきているという現実があるからです。時代の変化を先取りすることで、新時代のインテリア・デザインを実現することができたと思っています」

もうひとつ、デザイナーが設計者を巻き込むかたちでトライしたインテリア・デザインがある。芝垣はこう言っている。

「センタークラスターの形状を見ていただくとわかると思うのですが、これはシフトレバーがあるセンターコンソールと一体でつながっているのです。それなくしてセンタークラスターのデザインは成立しなかった。登録車の高級車などでは、スペースに余裕があり、製造コストの上昇をさほど気にしなくてすむので、このような一体のデザインをやっているクルマがあります。しかし、軽自動車ではスペースがなくコストが上がることもあって、いままでダイハツではトライしていなかった。なぜスペースとコストが必要かといえば、センタークラスターとセンターコンソールを一体にするには、振動の問題を解決しなければならないからです。センターコンソールにはシフトレバーがあり、それは駆動系につながっているから、センターコンソールは駆動系の振動がしている。ところがインパネとつながっているセンタークラスターの振動は、駆動系の振動とはちがうボディー系の振動なのです。つまりセンターコンソールとセンタークラスターの振動が異なる。だから、どちらかの振動を逃がしてやる機構をつけないと、つなげることができないのです。

2012年インドネシア・モーターショーに展示されたD-Rのインテリア。インパネ中央が絞り込まれてセンタークラスターと繋がる。デザイン進化の過程がわかる

同じくインドネシアで展示されたD-Xのインテリア。2011年のD-Xより大人びた雰囲気になった。センタークラスターのトップを強調している進化中のデザイン

その機構のためのスペースが必要であり、機構を設計してつけるからコストがかかる。しかしそれをやってもらわないと、センタークラスターのデザインが成立しない。このところを設計者に何とかしてくれというお願いをして、どうにか解決してもらったのです。藤下さんは僕の意見を全面的に認めてくれ、設計部へ交渉に行くときも同行して、一緒に提案してくれました」

走る機械としてのクルマのデザインは、デザイン単独では存在できない。デザインを成立させるためには設計技術が必要だ。そのためにデザイナーは各部門を納得させていかなければならない。納得させていくためには、デザインを説明する言葉が必要だ。その言葉はデザイナーの純粋な情熱からしか生まれてこない。

芝垣はオートバイの風の世界の住人であるから、どこかに爽やかな風が吹いているような人柄であった。デザイン室の課長となっている芝垣登志男は、今後のダイハツ・デザイン部をリードしていくデザイナーになるはずだ。

新型コペンのデザイン・スタディーが終わり、いよいよ市販量産へむけて、藤下たちの製品企画プロジェクトが動きだしたとき、ひとりのデザイナーが製品企画のメンバーにくわわった。二〇一二年の春であった。デザイン部の主査である和田広文《わだひろふみ》である。

新型コペンが二〇一四年六月にローブから発売されると、和田はデザイン部の名刺だけではなく、もう一枚別の名刺を持った。そこには〈コペンスタイリスト・チーフデザイナー〉の肩書きがついている。

和田は製品企画プロジェクトの一員になったときに、もうれつに意欲がわいたと言っている。

「スポーツカーをデザインするのはカーデザイナーの夢ですからね。自動車メーカーのデザイナーであれば、一生をかけた夢かもしれない。自動車メーカーとはいえ、スポーツカーを手がけるチャンスは一〇年に一度もないでしょう。二〇一二年春に、担当していたムーヴのマイナーチェンジが終わって、そのタイミングで新型コペンをやるかという話をもらった。断るはずがないです」

そのとき和田は五〇歳になっていた。初代コペン開発は和田が三〇代後半のときであるが、声がかからなかった。ミラのストライプのデザインを担当をしながら横目で初代コペンのデザイン開発を見ては「こんな素晴しい仕事をしてみたいけれど、そのチャンスがあるかな」と思っていた。

小学校二年生のときに、はやくも将来はカーデザイナーになりたいと思ったという和田にとって、新型コペンを量産市販まで仕上げていくデザイナーに抜擢されたことは、まさに千載一遇のチャンスであった。和田のなかに蓄積されていたスポーツカーをデザインする夢は一気に花を咲かせることになる。

一九六一年（昭和三六年）生まれの和田は、チーフエンジニアの藤下と同い年である。しかも生まれ育った町は神戸市のど真ん中で、藤下は隣町の出身であった。「もしかすると藤下さんとは中学時代にどこかですれちがっているかもしれない」と和田は言う。

父親が水彩の洋画家で、和田も子供の頃から絵を描くのが大好きだった。それも自動車の絵ばかりを描いていた。自動車デザイナーになる目的をもって大学で工業デザインを学んだ。しかしその大学は自動車メーカーに多くのデザイナーをおくり込んでおらず、和田の就職活動は順調にいかなかった。サングラスのメーカーに内定をもらったが、自動車デザイナーになる夢がどうしても忘れられず、内定を蹴って退路を断ち、ダイハツへの就職希望を大学をつうじて伝えた。すでに就職活動の時期は終わっていたが、ダイハツからは面接をするとの色よい返事がきた。描きためていた自動車デザインの絵を持って、面接にのぞんだ。

「自動車の絵しか描いていないスケッチブックを何冊も持参して、この絵を見せて採用せえへん会社やったら、こっちからいらんわいう気持ちがありました」という和田の情熱は認められた。

和田広文は職人気質にひとしい意志の太さを感じさせる人物であった。

二〇一二年春に新型コペンの担当デザイナーに抜擢された和田は、全精力をかけて市販モデルのデザイン開発を開始した。すでに書いたが芝垣登志男ともうひとりの三人で、新型コペンのデザインを仕上げていく仕事だ。

「その仕事は、ほぼゼロスタートだった」と和田は言っている。

「ローブの原型であるα、エクスプレイの原型となったγ、セロの原点としての初代コペンの丸目デザイン進化型という、三つのデザインがすでに存在していた。γは東京モーターショーで

D‐Xと名づけて参考展示したところまで、デザイン開発が進んでいた。これらのデザインは、新型コペンのデザインの芽なのです。この芽のなかでもD‐Xは、世の中に提案して、評価をうけ、知られているわけですね。だから、これらの芽を摘んでしまって、まったくゼロからデザインをしなおすということは考えられない。しかし芽はイメージですから、そのまま市販モデルのデザインにはならないわけです。とりわけゼロの原点イメージとなった丸目デザイン進化型は、Dフレーム構想がないときにデザインされていますから、芽というか種ですね。それらの芽や種を大事に育てて、花を咲かせて市販車にするというのが僕の仕事でした。だからゼロスタートとは言えませんが、ゼロ・プラス・コンマ一ぐらいのスタートでした」

たしかにエクスプレイとD‐Xを現在の目でながめてくらべてみると、イメージは共通しているが、デザインはまったくちがっていることに気がつく。エクスプレイは市販車なので部品の共通化や工場での生産性が配慮されたデザインになっていて、D‐Xは一品物のショーモデルとしての輝きが演出されているという大きなちがいがあるが、それだけではない。フォルムそのものがちがう。

新型コペンのデザインは、二〇一三年のインドネシア国際モーターショーと東京モーターショーでお披露目されたが、それは和田たちがデザイン開発に着手してから一年半後であった。その長い時間のデザイン開発によって、原点となるイメージを変えることなく、新しいフォルムにまとめ、なおかつ市販車の要件をうけいれたデザインに仕立てるという大仕事がおこなわれた。

その大仕事をしているときに和田が気をもんだのは、新型コペンの市販を断念させられるような事態がおこらないかということであった。大量生産の自動車メーカーにあって、スポーツカーは大きな利益を生まない少量生産車種という宿命をもっている。したがって二〇〇八年のリーマンショックのような世界規模の経済動乱が勃発し景気が大きく後退したときは、真っ先に開発が中止になっても仕方がない車種である。そのような事態がおこらないことを祈りつづけ、担当デザイナーとしては、少々の景気後退があっても開発が中止にならないような、素晴しい商品魅力をもったデザイン開発を貫徹しようとこころに決めていた。和田のこの心配は、新型コペンが実際に販売されるまで解消されなかったそうだ。

デザイン開発に着手すると、ボディー外板が樹脂であることは、圧倒的に有利だとすぐに気がついた。

「樹脂のボディー外板はデザインの自由度が高いのです。もちろんダイハツの生産技術の実力でいけば、樹脂のボディー外板にできる造形は、プレス板金でもほぼできると思いますが、プレスでやるときの手間やコストを考えると二の足を踏まざるをえない。樹脂のほうが、あきらかに安くできると思った」

ローブのデザインは、ボディーの面の美しさを実現できたことが大きな魅力になったと総括している。

「ローブのボディー面は、たとえば光にあたったとき、その光がボディーの面を途切れなく、折

2013年東京モーターショーで大々的に発表されたKOPEN future included Rmz。「KOPEN」はCOPENのプロトタイプに冠されるコードネームである

「Rmz」と同時に発表されたKOPEN future included Xmz。「Xmz」の「X」がエクスプレイを意味するのだとしたら「Rmz」はローブということになる

れたり曲がったりしないで、きれいに流れていくのです。朝には朝の、昼には昼の、夜には夜の、それぞれの光がありますが、その光がきれいにボディーに流れていくことを楽しんでいただける。あるいは風景がうつり込んだときは、とてもきれいにうつり込む。そのうつり込みをながめて楽しんでもらえるほどだと思います。このようなボディー面は、高級車では当たり前のことでしょうが、軽自動車のサイズのなかで実現しようとすると、いままではかなりむずかしいことだった。設計部門の努力の結晶ですね。僕もまた光のうつり込みをきれいに流すために、何度も何度もデザイン修正をした」

新型コペン・ローブにおける光の演出は、ボディー面のみならず、まるで別の惑星から飛んできた乗り物のような輝きをみせるヘッドランプやテールランプにいたるまで実に凝っている。

では、エクスプレイは、どうなのか。和田はこう言っている。

「ほんの一例ですが、エクスプレイのエンジンフードのブロックとブロックが重なったような凹凸は、樹脂ボディー外板だからこそ実現できたデザインです。少量生産でありながら、たいしてコストを気にせず、エンジンフードをローブとまったく別のデザインにできたのは、樹脂ボディー外板のメリットそのものです」

しかしながら新型コペンのローブとエクスプレイのデザインの個性が、見事にすみわけているところは、樹脂ボディー外板のメリットだけで成立しているわけではない。ボディー両サイドのキャラクターラインがまったくちがう。これはそれぞれが専用のドアをもっているということだ。ドアはプレス板金部品だから、プレス金型がふたつあるわけで、これは相当に贅沢なつくりわけである。

ロープとエクスプレイのデザインは、それぞれが個別のデザインとして存在する。これは新型コペンのデザインの冒険性の発揮というものだろう。デザインが似てしまったら価値がないという守りの姿勢ではなく、次元がちがうデザインをしたというデザイナーの意志を感じる。冒険をすると決めて未知のデザイン世界へ踏み込んだデザイナーたちの心意気が鮮明なメッセージになっている。

和田がもっとも苦労したのはセロのデザインであった。ロープはコペンのフルモデルチェンジのデザインとして存在し、エクスプレイはスポーツカーのデザインを大きく変えることがテーマであるという明解な主張がある。ところが丸いヘッドランプのセロは、丸いヘッドランプというだけで、どうしても初代コペンのエボリューションモデルだと思われてしまうところがあった。和田はそのことを、こう語っている。

「初代コペンのデザインは、完全にデザインをやりきって完成している。ようするにデザインが完結している。そのために初代コペンのデザインを原点として、セロのデザインを開発していくことはできないのです。完結しているデザインは絶対的な存在だから、成長も発展もしない。つまりエボリューションさせられない。したがってセロは、丸いヘッドランプという初代コペンの記号をいただき、フレンドリーな存在感はうけ継ぎましたが、デザインそのものはオリジナルです。まったく別の発想でデザイン開発し、実際にシルエットも何もかも初代コペンとは大きく異なる」

　セロのデザインは、Dフレームによるすぐれた操縦安定性という、新型コペンの性能に依拠しているのだと、和田は言いきる。

「初代コペンのデザインを愛してくださるお客様は、お椀をふせたようなカタチという粋な表現をなさいますが、新型コペンはテールを丸くすとんとおとせない。Dフレームがテールをぐるりとめぐってボディー剛性を格段に高めているからです。そのDフレームによって新型コペンは、初代コペンを数段うわまわる操縦安定性と乗り心地をもっています。それらがセロのデザインの出発点ですから、したがって新型コペンの機能や性能を表現するデザインにしました。たとえば、走りの性能が格段に向上したことを表現したかったので、空気抵抗をすくなくするスタイリングにした。Cd《シーディー》値（コンスタント・ドラッグ：空気抵抗係数）を低減して、リアのリフト（揚力）を大幅に減らした。そのうえに流麗なデザイン、きれいなボディー面のデザインを積み重ねた。新型コペン・セロのデザインは、初代コペンの完結したデザインのあとを継ぐものではなく、新型コペンの性能を表現することで、ドレスフォーメイションのひとつとして存在するものと僕は考えました」

　デザインは最終的に好きか嫌いかという感情的な評価がなされるものだ。そのような運命をもったデザインを、言葉で語ることは、とてもむずかしい。デザインの批評家の専門性の高い仕事でようやく可能になることだ。だからデザインの実行者である和田広文は、デザインを語るので

2015年の東京オートサロンで発表展示されたコペン・セロのモックアップ・モデル。さりげなく展示していたが、ついに登場した丸目デザインに注目が集まる

丸目デザインは2010年にデザイン開発が始まり一時中断の後、2012年に再開された。初代コペンを彷彿させるデザインだが、発想の原点はDフレームにある

はなく、デザインするこころを語りつづける。そのこころの言葉が響いたところに、新型コペンのデザインがくっきりと見えてくる。

新型コペンのデザインは、ローブ、エクスプレイ、セロと、文字どおり三者三様のオリジナリティーが同時に存在する。ようするに、あらかじめ変化している。その流動性は無限の可能性を秘める。なぜならば、ドレスフォーメイションがいきつくところは、ひとりひとりのユーザーが、それぞれ個別のカーライフをもつという無限性である。つまり、ひとりのユーザーにつき、世界にたった一台の新型コペンが存在する。

現段階において新型コペンのデザインは終了しているのか、という質問に和田広文はほほえみながら、こう答えている。

「未知のデザインワークであるドレスフォーメイションですから、予想でしかないのですが、終わりはないと思います。ただしダイハツのデザイナーとしては、コペンのフルモデルチェンジをやりきったと思っています。やれるところまで、やりつくした」

新型コペンの開発は迅速に進行していた。本格的な開発作業に突入するまでに、長い助走期間があったので、それが準備期間となって、素早い開発作業が可能であった。

車体開発とデザイン開発が終盤をむかえると、いよいよダイハツの本体が動き出す。本体とは製造技術と工場、すなわち製造部門のことである。

自動車メーカーにかぎらず製造業の本体は製造部門だ。自動車メーカーの製造部門はぜんたいの八割をしめると言われ、あとの二割が開発部門や営業部門である。人員も八割ならば、設備の規模も八割で、製造部門はまさに本体だ。

しかも製造部門は、ユーザーに直結している部門である。自動車生産工場から出荷された自動車商品は、そのまま販売店をへてユーザーに渡るからだ。自動車商品を大量生産し、その品質を保証しているのも製造部門である。したがって製造部門は、現場と呼ばれてうやまわれる自動車メーカーの本丸であり、製造業の生命線である最重要部門だ。製造部門は企業の存続を決定する。

新型コペン開発を追いつづけて、ようやく製造部門にたどりついた。製造部門について語らなければ、それは画竜点睛《がりょうてんせい》を欠くというものだ。

とりわけ新型コペンの製造工場については、社長(当時)の三井正則《みついまさのり》の、ダイハツを変革していく思いが込められている。

三井正則は一九五〇年(昭和二五年)に大阪で生まれ、大阪で育った。進学した大学理工学部は東京であったが、卒業すると大阪へもどりダイハツへ入社を希望した。入社をゆるされたダイハツでは、生産技術部門一筋に働く技術者となった。背が高く威風堂々とした物静かな人物だ。

二〇一三年に社長に就任したとき「お客様から選ばれる時代がきたいまこそ、お客様の嗜好に素早く応えるビジネスモデルをつくりたい」と時代状況を分析し、「お客様にいちばん近い会社をめざす」と語り、「お客様の生活をよりゆたかにできるクルマづくりに情熱をそそぐ」と発言している。

その三井が新型コペンの製造工場について、自分の思いを口にした。各部門の現場の主体性を重んじる三井にしては希有なことであった。

三井正則はこう言った。

「ダイハツはさらに成長するために自己変革していかなければならない。そのためにはさまざまなトライやチャレンジ、また刺激が必要だと思う。新型コペンの工場となるコペン・ファクトリーを、お客様が見学できるようにしたい。工場というのはできあがった製品をお客様に見てもらうところだが、外からは見えないということで変化をうけいれない現状維持の意識が強くなっているのではないかと思う。お客様にお見せできるような工場を建設して、お客様に喜んで見学していただくことが第一義だが、同時にお客様に見られながら作業をするのは、いい刺激になるはずだ。そのような工場を建設して運営する経験をすることで工場の意識改革が促進されると思う」

さらに生産部門で働く部下たちへは、直接こう言ってコペン・ファクトリーの意義を説いた。

「コペン・ファクトリーという工場は、そこで働く作業者ひとりひとりが、コペンというブランドを構成している要素なんだ。だからボルト一本締める作業も、確実にボルトを締めて良い品質にするだけの作業ではなく、ブランドを構築するという仕事のひとつになる。お客様へ良い品質の商品をお届けしたいと、心を込めて作業する姿を見ていただくことが、コペンというブランドを成り立たせる底力になる。お客様へ良い商品をお届けしたいというダイハツ全員の願いが、コペン・ファクトリーを見ればお客様にご理解いただけるような、そういう工場であるべきだ」

新型コペンが発表発売されたとき、その発表会場で挨拶に立った三井正則は、力強くこう発言している。

「私は社長就任時に、お客様から選ばれる時代がきたいまこそ、お客様の嗜好に素早く応えるビジネスモデルをつくりたい、と申し上げました。新型コペンはまさにそれを具現化した第一弾でございます。この新型コペンをつうじて、お客様にいちばん近い会社への変革をスタートします」

ダイハツの経営トップが新型コペンに込めた思いは、ことほどさように強く大きかった。

天上和則《てんじょうかずのり》は生産支援部のベテラン技術者である。生産支援部とは、いわゆる生産技術部のことだ。生産支援部という名称について天上はこう言っている。

「もともとダイハツも生産技術部という部署名だったのですが、名前を一新して生産支援部になりました。生産のための技術を担当し、なおかつ生産部門のあちこちをたすけてまわるぞという意味を込めて生産支援部になった」

天上は生産支援部の第二プロジェクト室の課長であった。生産技術の仕事をこう説明する。

「僕は大学の工学部を卒業してダイハツに入ったのですが、そのとき生産技術という仕事があることを知らなかったぐらいですから、お客様も一般の方々も生産技術という仕事を知らないのはむりもない。クルマの設計図ができあがると、その設計図どおりに工場でクルマを生産するわけですが、その間をとりもつのが僕ら生産技術の仕事です。設計図をもとにクルマをつくるための設備をつくる。クルマの発売一年ぐらい前から生産準備がはじまります。そのときは設計部が設計図を描いている段階ですから、設計部に入り込んで設計図のよしあしを吟味する。ようするに工場でつくれる設計図にする。若い設計者だと生産技術の知見がないので、工場でつくれないような設計図を描いてしまいますからね。そして生産に必要な生産技術と生産機械を考えていく。たとえばスポット溶接の何百万円もする工作ロボットが必要であれば、仕様を決めて図面を描き、設備メーカーさんにオーダーして購入し、工場に設置して稼働させる。それが高価な工作ロボットではなく、一〇万円でできる小さな治具の場合もあります。生産機械を設置したら、作業者に操作教育をして、安全な作業環境をつくり、なおかつ品質を確保する。生産上のトラブルをシューティングして解決し、生産機械のメンテナンスをする。そうやってクルマを製造する設備をつくっていく仕事です。設計と工場の両方を理解していないとできない仕事なのですが、設計なのか工場なのか、コウモリみたいな存在でもありますね。工場の設備は、工場が休みのときにメンテナンスしたり設備を入れかえたりするので、盆や正月、五月の連休は長い休みがとれないこともありました。しかし、生産技術のエンジニアは、設計して図面も描けば、工場で製造機械をさわり、クルマができあがるまで面倒をみていく。ようするにエンジニアがする仕事のすべてをやるし、一台のクルマを自分ひとりでつくっているような醍醐味がある仕事です」

一九六七年（昭和四二年）に大阪府泉佐野市で生まれた。泉佐野はちいさな海辺の町であったと

1996年に発売されたミゼットII。コペンと同様に少量生産の車種だった

高技能者集団による高品質なクルマづくりを目指す、匠の工房「エキスパートセンター」

アクティブトップとの微妙な接点調整が求められる、ウインドゥガラスの高精度な建て付け

作業に必要な専門スキルを取得した者のみが、自己完結工程により品質を保証

シートをはじめ、さまざまな部品が手作業によって設置される組み付け工程

いうが、目の前の海に関西国際空港が建設されて風景が変わった。

子供の頃から絵を描くことや工作が好きだった。その延長線上で大学の繊維学部機械学科へ進学してしまうのだが「本当は文系の頭なんですよ。だから物理が嫌い。生物化学は好きなので大学では人工血管の伸び縮みを測定する研究をしていた」と天上は言う。

人間味あふれるユーモアを感じさせる人柄で「ダイハツに入ったのは、クルマは外を走っているから、あのクルマは僕がつくったんだと自慢のひとつも言えるでしょう。冷蔵庫ではそうはいかない」といった語り口が、何ともいえない素朴だけれど個性的という人の味をかもしだす。

生産技術一筋で働いてきた。最初にかかわった車種は滋賀（竜王）工場での初代オプティ、次は京都工場で三代目シャレード、それからは本社（池田）工場で四代目ミラターボ、京都工場でパイザー、滋賀工場で初代ムーヴである。その後はトヨタ自動車へ一年半の業務応援に出て、ダイハツへ帰還すると二〇〇二年発売の初代コペンの組み立てラインの構築を、三四歳で担当した。本社工場にコペン専用の小量生産工場が設置されるからである。そのときの経験を天上はこう言っている。

「初代コペンは少量生産で軽自動車のオープン・スポーツカーをつくるという、新型コペンと同じコンセプトでした。僕に言わせれば、初代コペンは世間をあっと驚かせたスポーツカーですから、そういうクルマを担当してみたかったので、これは千載一遇でした。なにしろ、いままでにない少量生産の生産技術が経験ができる。しかし僕は、少量生産の現場を知らなかったので、ちょうどそのときミゼットⅡで少量生産をやっていたから、その現場を見に行ったのです。ミゼットⅡは、ひとり乗りの軽貨物自動車でした。その現場は、ベテランのふたりの人が働いていて、ひとりが一日に一台、手作業で組み立てていた。ミラやタントとくらべると部品点数がずっとすくないから、人間の力ではできないような作業は機械でやっているのですが、あとはインパクトドライバー（電動ドライバー）ひとつで人間が組み立てていた。モデル末期だということもあって、ふたりで一日に二台つくればよかったのでしょう。僕はその組み立て現場を見て感動しましたね。大きな工場では五〇秒に一台生産するのに、そこでは一日ひとりで一台生産です。その人に話しかけて、いろいろとおしえてもらい、仲よくなれたので、ぜひコペンの少量生産プロジェクトに参加してくださいとお願いして、実現しました」

現場のベテラン技能者を仲間にした天上は、ただちに初代コペンの組み立てラインの構想に着手した。

参考資料をあさると、スウェーデンのボルボが、ひとりの作業者が一台のクルマを組み立てる工場を運営していた。これはモデル末期のミゼットⅡと同じ運営だが、初代コペンには向かないと思った。初代コペンは発売時に月一〇〇〇台の販売が見込めていたが、やがて月二〇〇〇台から三〇〇台に減ると予想されていた。これほどの生産台数変化があると、ひとりで一台をつくる製造をやるわけにはいかない。生産台数が多いときは作業者を多く必要とすることになり、ひとりで一台をつくり込める技能が高い作業者はそんなに多くいないからだ。しかし人間の手作業で、品質をつくり込んでいくことは、やるべきだと考えた。初代コペンは当初の計画では、五年間で二万台を生産したら生産終了する予定だったので、生産工場の予算が絞られていた。

そのような条件をのみ込んで思考をめぐらしたすえに、三工程で一台のクルマをつくりあげる組み立てラインを三本しくことにした。生産台数が減ったら、三工程を二工程にしたり、三本のラインを二本にしたりすればいい。そのラインはベルトコンベアで動くものではなく、手押しで工程から工程へと移動していくものであった。初代コペンでは、ユーザーに工場を見学する楽しみをあたえようというアイデアがあったので、工場の床や壁はきれいに塗りなおされた。このアイデアは新型コペンへとうけ継がれた。

初代コペンの工場を、天上はこう言ってふりかえる。

「作業する人が二〇人とか三〇人のちいさな工場でした。ですから生産準備の段階から、稼働してからも、全員と話せるし、名前も覚えられる。工場を見渡せば、みんなの顔が見える。そういう環境で初代コペンを、人間の力でつくり込むという、少量生産ならではの雰囲気があった。僕が担当して解決したわけではありませんが、初代コペン生産の初期は、ボディー剛性の弱さに起因する雨漏れが発生したり、ドアなどのたてつけがわるいところがありました。そういうところの手直しも、ちいさな工場だから丁寧にできたということがあったのではないかと思います」

天上は初代コペンを買おうと思った。しかし実際に手に入れたのは四年後になったという。

「四人家族ですから、好きで乗っていたセダンを売ってミニバンを買い、僕のクルマとしてふたり乗りの初代コペンを買うことを、家族をひとりずつ納得させるまでに四年かかったのです。それで初代コペンを所有したら、ゴルフへ行くときも、ゴルフバッグを助手席に載せて、ひとりで行かなくてはならないクルマでして、それもこれも好きで乗っているのですから、なんちゅうクルマやと、楽しい時間をすごしました」

新型コペンの生産技術担当となったのは二〇一三年の四月一日であった。インドネシアで現地生産するダイハツ車の生産技術応援のために長期出張していて、帰国した直後のことだったので、口づけまで記憶していた。四六歳になる年であった。

「新型コペンのプロジェクトが進行していることは知っていましたが、細かいことまで把握していなかった。初代コペンは組み立てラインだけをやりましたが、新型コペンでは生産技術のプロジェクトをまとめるリーダーをやれと、プレスも板金も塗装も組み立てもすべてやりなさいと言われた。しかもダイハツの新しいイメージを発信する工場をつくれという業務で、こんなチャレンジングな仕事はめったにできない。これは嬉しいなと、こころのなかでニヤリと笑いました」

と天上は言っている。

ダイハツは、全社的なBR業務プロセス改革の真っ最中であった。改革は創造だが、創造のためには破壊も混乱も避けて通れない。新型コペン開発は、その大改革のひとつの柱である新型車開発プロジェクトだったから、創造のひとつであるが、破壊と混乱もまた不可避であった。

予定された新型コペンの発売が日々せまってくる時期になっても、その商品企画提案が承認されていない。その承認を待っていては時間がなくなるばかりだから、開発の各部門は水面下で開発作業を始動させているような状態であった。

混乱していたのは開発部門だけではない。天上たちの製造部門も大混乱していた。なにしろ、どこの工場で新型コペンを生産するのかが決まっていない。滋賀工場か京都工場か、池田本社工場なのか、議論の真っ最中であったが、やがて池田本社工場と決まる。初代コペンのときは、それはダイハツの旗印となるスポーツカーなのだから池田本社工場で生産すると議論もなくすんなりと決まったが、いまはそうはいかない。さまざまな可能性が検討されて、そこに議論が発生する。

そうした大改革の大波があちこちでたつ状況のなかで、天上たち生産技術にあたえられた課題も、新しい大波をおこすことであった。

天上たちは生産技術を構築することについては当然のことながら自信がある。技術的な難問があっても必ず解決してしまうプロフェッショナル集団であった。しかし、いままでに考えたこともなければ、やったこともない課題があたえられた。

天上はこう説明している。

「これこそ僕らの大きな挑戦課題でした。新型コペンの工場は、お客様にお見せする工場だという。それは初代コペンで経験していることですが、しかし新型コペンでは、工場見学をしてもらうというレベルではなくて、コペンを買ってよかったと喜んでもらえるような工場をつくれという。あるいは工場を見たお客様がコペンを買いたくなるような工場であるべきだという。そういう工場がダイハツにあるよと話題になる工場でなければならない。ようするに販売支援になる工場というか、コペンをつくるところを見せてコペンを売る工場だという。ショールームのような工場というか、劇場型工場というか、そういう工場をつくれという業務命令です。しかし工場というところは、基本的に安全な場所ではないです。十二分な安全確保をして安全がたもたれているところです。しかも発売前の新型車をつくっていたり、特許の機械があったりして、その機密を守らなければならないところでもある。つまりそもそもお客様をお連れしてお見せするようにできていない。さらに僕らの気持ちを正直に言えば、できれば見られたくない。これは家庭の主婦の冷蔵庫のなかを見られたくないという気持ちと一緒ですね」

しかし、やったことがないことをやるのが改革というものだ。まずは、どのような工場にすべきかの企画コンセプトをまとめようと活動を開始した。藤下と相談することはもちろん、社外のプロダクトデザイナーにも意見を聞いた。さらに製品企画、営業、人事、広報などが集まる週に一度の定期連絡会を招集する。お客様の気持ちを理解するためにアンケート活動もやった。ふだんは工場に入ることがない女性従業員を集めて工場見学を実施し、さまざまな製造工程ひとつひとつの感想や意見を聞く。生産技術部の同僚たちにアンケート用紙を配り、家族や友だちから、工場見学についてのアンケートをとってくれと依頼した。天上たちにとって工場は職場だから、すべてが当たり前のものでしかない。だから見学者の気持ちがわからない。どのようなおもてなしをすればいいのか見当がつかなかった。天上は慎重に企画コンセプトを練った。

大改革を推進している役員たちの指示は理想が高かった。予算をかけると言ってくれたことは嬉しかったが、役員たちの指導をうけるたびに計画が大きくなった。当初は、既存の工場を改造して組み立て工程を見せるという計画であったが、板金プレスも塗装工程もすべての工程を見せる新工場建設計画というところまでエスカレートした。天上が概算してみると予算規模は一〇〇億円ちかくにたっしてしまう。それは生存と成長をかけた大改革をするダイハツがみた夢になった。

現実の第一計画案は、組み立て工程を見せる新工場建設になった。通常は一本の直線的なラインになる組み立て工程を、立体的にひと目で間近に見せるという目的で、円形ラインとした。円形ラインを新型コペンが一周すると組み立て完了になる。見学者はその円形ラインの内側で見学する。そのために円形ラインの外側から、エレベーターつきの空中廻廊で内側へ誘導されるというものであった。この第一計画案は、ジオラマが製作された。そのジオラマは3Dプリンターを駆使したもので、機密を守るために社内で製作した。生産技術はそれほどまでに機密性の高いものなのである。しかし、この第一計画案はご破算となる。ジオラマを見た役員たちの意見が一挙に現実的になったからである。これはテーマパークのアトラクションであって、ダイハツの工場を見せることにならないという意見が大勢をしめた。

第二計画案が立案されて、それが現在のコペン・ファクトリーである。池田工場で使われていなかった塗装工場を大幅に改造して、組み立て工程の最終工程と検査工程の全工程が見学できるショールームのような工場の企画コンセプトが固まった。

天上たち生産技術の技術者は、新型コペンの工場設計に着手した。コペン・ファクトリーをふくむ、すべての生産設備の設計である。専任の技術者は約三〇名で、佳境に入って仕事量が多くなると二〇名程度の応援がくわわる。プレス板金、塗装、組み立てにいたるまで、すべての製造ラインが新設計であった。

新型コペンの製造ラインの設計が終わり、実際に工作機械が導入されると、テスト段階に入る。ここまでは大きな問題はひとつもなかった。天上たちの手の内にある生産技術がいかんなく発揮されて、新型コペンの製造ラインがしかれた。しかし、テスト製造してみると、やはり問題はプレス板金ボディー外板と樹脂ボディー外板を組み合わせて組み立てることであった。うまく組み合わないのである。これでは商品にならない。

この問題は、天上たち生産技術の技術者だけで解決できることではなかった。工場の技術者たちと協力しなければ解決できない問題であった。

荒山寛充《あらやまひろみち》は本社（池田）工場の第一製造部付の主担当員であった。工場を運営していく技術者で、特命チームのリーダーだった。本社工場のプレス、ボディー、塗装、組み立て、保全の各課が問題やトラブルをかかえたとき、その課の現場へ駆けつけて解決にあたる。新車種のたちあげも任務のひとつだ。荒山は「遊撃隊的なチーム」と言っていた。

宴席でつけられた肩書きは「コペン・ファクトリー長」だという。荒山が責任者になって本社工場にコペン・ファクトリーをたちあげたからである。

二〇一二年の秋に、新型コペンを滋賀(竜王)工場で生産するという話を、荒山は耳にした。

「コペン誕生の地である池田工場としては耐えがたい話だった」と荒山は言っている。

本社(池田)工場は、そのとき操業七四年を誇るダイハツでいちばん歴史のある工場だった。通称は池田工場である。

「滋賀でやるという話が出て、二〇一二年一二月に先行開発提案が承認されたあたりで、生産技術から、池田工場は初代コペン生産の経験があるから、新型コペンをやる滋賀を支援してくれと相談があった。滋賀の手伝いだけしたれと。そのとき、そもそも会社は滋賀だと言っているけれど、それで池田がしゅんと諦めるのはおかしいと思いました。コペンはダイハツのイメージリーダーで、初代コペンが発売されたあたりからダイハツがやっと上昇気流にのったと認識している歴史的なクルマですし、我われとしては池田工場・イコール・コペンという思い入れが非常に深いのです。そのコペンを何で滋賀でやるのか。しかも滋賀は、月に一万台とか二万台といった大量生産の車種ばかりやってきて、新型コペンの月七〇〇台計画という少量生産の経験がないし、ファクトリーを見学させる企画など考えたこともないと、腰が引けているのを知っていました。そんなこともあって池田にやらせてくださいと会社に言いに行きました。池田がやれば、投資がすくなく、滋賀より安くつくれるというメリットも説明しました。池田は古い歴史のある工場なので最新設備の導入が遅れているところがありますが、工場スタッフの力はダイハツ随一だと思っています。それで七月だったかな、池田でやることが決まりました」

荒山の言動には淡白な男気が感じられる。小中学生のときは剣道、高校からは少林寺拳法をやり、大学では少林寺拳法部の主将で、三段の腕前だ。気が向けばいまもオートバイでツーリングに出る。ダイハツの入社面談の担当課長が、三井正則で、そのときに見込まれて三井たちの製造部門に引っ張られたのは、むべなるかなというものだ。その時代の製造部門は完璧な男の世界そのものであった。

一九六九年（昭和四四年）に京都で生まれ育った。オートバイとクルマが好きだったので工業大学機械科へ進学し、大学の推薦でダイハツに就職した。「学校の先生が、ダイハツはこじんまりとした規模の会社で、大きな会社で歯車になるよりは、ダイハツでのびのびとやったほうがいいとアドバイスしてくれた」と荒山は言っていた。

生産技術部に配属された。最初の仕事は一九九三年発売の四代目シャレードの生産たちあげチームだった。トヨタ自動車の工場へ業務委託で出向していたときに、全世界展開可能な新しいグローバル・ボディー・ラインへの転換がおこなわれ、そのライン構築と考え方を実地で身につけた。二〇〇一年発売のマックスのときは一人前の生産技術者に成長していて、ボディー製造ライン設計の担当になった。滋賀工場のマックスのボディー製造ラインに、さっそくグローバル・ボディー・ラインの考え方を導入して設備計画をした。

グローバル・ボディー・ラインは、自動車メーカーが世界規模で成長発展していくために必要なものである。工場というのは現場の工夫で改善されるが、その独自の工夫がいきすぎると、各工場間での共通性が失われ、ひとつひとつの工場が孤立した存在になってしまうことがある。そうなってしまうと全社的にみると工場の生産効率がそこなわれる可能性が生じる。たとえばある機種を、池田工場から滋賀工場へ生産移管するとなると、移管がスムーズにいかないばかりか、生産方法を変更することになりかねない。そうならないようにするためには基本的な工場ラインの規格を統一する必要がある。それがグローバル・ボディー・ラインであった。その名のとおり世界中どの工場でも共通したラインになれば、全社的な生産効率が向上する。

そのようなグローバル・ボディー・ラインを荒山はダイハツで初めて滋賀工場に設備した。その経験をもってダイハツ九州やインドネシア工場へグローバル・ボディー・ラインを導入してまわる。生産現場の体質改革に率先して取り組んだ。

二〇一〇年には念願の工場勤務となり、池田工場製造部へ異動した。四一歳になっていた。工場の現場で働く意味を、荒山はこう言っている。

「いつかは工場へ行きたいと思っていました。生産技術をやっていたときは、生産準備のときに工場と一緒になって一生懸命に働いていても、工場の現場からありがとうと言われたことがなかった。生産技術が製造ラインを設計して設備しても、そのラインの面倒をみてクルマをつくりつづけるのは工場なのです。工場からみれば、生産技術は、生産を開始したとたんに逃げていくように思えるわけです。設備したばかりのラインは、よく稼働しますが、何年かするうちに不具合が出たり改善しなければならなくなるわけで、それを工場が面倒をみて改善してやっている。生産技術は、長い間つくりつづけたときでも、ラインがよく稼働するということを考えてはいるのですが、その考えがぜんぜん足りていないのではないかと思うこともあった。生産技術とか工場現場という立場的なことではなく、製造部門ぜんたいの一員として、生産技術や工場ラインを考えるためには、工場の現場で働いて学ぶことが必要だと思っていた」

そのような製造部の技術者である荒山寛充が、新型コペンの工場担当になった。

新型コペンはダイハツのイメージリーダーであるから、それは大改革のシンボルでもある。したがって新型コペンの工場は、いままでのような工場であってはならなかった。荒山たちには、次々と新しい製造方法のトライが要求された。

プレス板金部品を溶接やネジ止めしてつくるDフレームの、プレス板金部品をすべて内製するという方針が出された。自動車の部品は、自動車メーカーがすべて内製するものではないことはよく知られている。自動車メーカーが内製する部品は、部品ぜんたいの二割と言われる。八割方は部品メーカーへ発注し、納品をうけて、自動車メーカーで組み立てる。そのため経済産業用語では、自動車メーカーのことを組み立てメーカー、あるいは完成車メーカーと呼ぶことがある。部品を、内製するか、部品メーカーに依頼して外製するかは、コストや専門性で判断する。自動車は大衆商品のなかでもっとも部品点数が多く、そのために部品メーカーの裾野が広がっていて、それらの部品メーカーで部品を外製することはコストの低減になるケースが多い。Dフレームのプレス板金部品のいくつかを外製する方針で荒山は生産の準備を進めていたが、すべて中止されることになった。プレス板金部品を内製にして、その製造技術をダイハツに蓄積するという目的であった。

荒山たち池田工場のスタッフたちは、新しい製造方法のいくつものトライと、たび重なる方針変更の嵐のなかにいた。コペン・ファクトリー計画によって、新工場建設が構想されたが、それもまた何度も大幅に構想変更された。結局、使用されていない工場を改造してコペン・ファクトリーをたちあげる計画になったことも、荒山たちを忙しくさせた。それもこれもダイハツの大改革によって発生する大波であるから、改革したいのならば新しいトライや大幅変更はやりきっていかなければならない。

「腹をくくってやるしかないのです」と荒山は言った。新型車を企画し、開発して、製造する流れのなかで、製造部門は下流に位置するから、上流にあたる開発部門の仕事の遅れや大幅な方針変更による時間的矛盾を、すべてひきうけざるをえない宿命にある。製造部門の技術者の耐えてやりきる実行力は並大抵のものではない。そのことは工場の荒山寛充と生産技術の天上和則のふたりの製造部門の技術者の発言からはっきりと感じとれるものであった。

さまざまな困難を克服して新型コペンの工場試作がはじまると「これこそが新型コペン製造で最大の難題になった」と荒山が言う大問題が発生した。

新型コペンのボディー外板は、金属外板と樹脂外板が組み合わされている。このたてつけの相性が、まずよくなかった。ぴたりとボディー面が一致しないのである。そればかりか樹脂外板部品どうしも、きっちりとボディー面が一致しない。

いままでのように金属外板だけでボディーが構成されていれば、蓄積された技術力で、ぴたりと面を一致させることができる。あるいは一部だけが樹脂外板であれば、面を一致させることは、それほどむずかしい作業ではない。ところが新型コペンの樹脂外板は大きな部品であって、フェンダーやエンジンフードなど見栄えの決め手となる部品が多い。それらの樹脂外板と金属外板の面がぴたりと一致しないと、ボディーがデコボコに見えてしまう。同様に樹脂外板部品どうしについても、それが初めてやる製造方法だということもあって、たてつけがうまくいかなかった。

このたてつけ困難は、樹脂外板の製造精度を見直して向上させ、丹念な手作業で面を一致させることにした。そのうえ樹脂外板のフェンダーやバンパー、金属外板のドアなどを、同時に塗装して色艶をあわせるという塗装工程をつくって、解決した。

そして最大の難題が発生する。荒山はこう言っている。

「樹脂外板の部品をDフレームにネジでしっかりと固定するために、樹脂外板部品の内側に仮止め用のクリップをつけるのですが、そのクリップをつける座のところを、やぐら構造にするという方法を設計部が考え出して、試作部品ができてきました。ところが、一体成形でやぐら構造がついた樹脂外板部品をつくると、やぐら構造がボディー外側に影響をあたえて、ボディーの面にひずみが出てしまう。これでは売り物にならへんという状態になった」

やぐら構造は、外板樹脂部品を、Dフレームにしっかりと取りつけるために必要な構造なのだが、もうひとつ重要な機能があった。新型コペンの前後フェンダーは、もちろん樹脂外板部品だが、それは熱をおびると、わずかだが膨張する性質をもっている。たとえば真夏の太陽の直射日光を長時間あびた場合、少々の膨張が発生する可能性がある。軽自動車は法律で車幅サイズを決められているから、フェンダーが膨張すれば、車幅規格をこえてしまうおそれがあった。その膨張を阻止するのが、やぐら構造のもうひとつの機能であった。

そのような重要な機能をもつやぐら構造なのだが、それを一体成形で製造すると、ボディーの面にひずみが出てしまう。ボディーにひずみのあるクルマを買う消費者はいない。

通常、このような場合は、やぐら構造の設計を変更をして、樹脂外板を製造する部品メーカーに製造変更を依頼して解決するのだが、それをしている時間がなかった。時間的余裕のないタイトなスケジュールで工場試作段階まできているのだ。荒山たち製造部は設計部とタッグを組んで、やぐら構造の設計変更ができないかと考えたが、なにしろこのような大型の樹脂外板部品を採用するのは初めてだし、やぐら構造も初めて設計した構造だから、蓄積された設計手法のなかから代案をさがして、大急ぎで設計を変更することができない。あらたな構造を考え出して設計変更するには、それ相当の時間が必要で、試作品をつくって確認するにも時間がかかる。そのような時間はまったくなかった。

結局のところ荒山たち製造部は、一体成形で樹脂外板部品の内側にやぐら構造をつくるのではなく、やぐら構造を別部品にして、樹脂外板部品の内側に接着するという解決方法をとることにした。その別部品となったやぐら構造部品を製造する部品メーカーはすぐにみつかったが、では、だれが、どのタイミングで、接着作業をするのかといえば、もはやダイハツで内製するしか方法がない。しかし、接着作業をする工程は、予定しているはずもなかった。

ましてや荒山たちは、樹脂部品の接着作業をした経験がなかった。それは存外、手がかかる作業であった。接着する部分に、ますプライマーという下地をととのえる下塗り剤を塗る。そして乾かす。プライマーを塗ることによって接着強度が増すから手抜きできない工程だ。プライマーが乾いたら、接着剤を塗って部品と接着する。そしてまた乾かす。これらすべてが手作業となった。この手作業は予定外だから、とりあえず塗装工程でやることにしたが、もちろん塗装工程では初めてする作業だった。

このときの新型コペンの生産計画は、一日に約三五台である。少量生産だからひとまず解決できた工場試作段階での大問題であった。

こうして新型コペンの生産が開始された。しかし荒山は「生産が開始されたからといって、すべての問題が解決したわけではなかった」と言っている。

「初めてやることだらけですから、いままでのようにはいきません。たとえばボディー外板のたてつけを丁寧にあわせて調整している組み立て工程の現場からは、いつになったら設計変更で、たてつけしやすい部品になるのか、と言われるわけです。しかし樹脂と鉄の外板を組み合わせているわけだから、無調整になることは、いまのところ考えられない。お客様が満足する新型コペンをお届けするためには、丁寧に調整して、たてつけしていくことを継続するしか方法がない。新型コペンとは、そういう商品なのだと現場に理解してもらうしかない。きれいごとを言って楽になるような商品ではないのです。手作業で組み立てていることが新型コペンの価値であれば、その価値を保証するのが現場なのです。だから逆に言えば、このような初めてだらけの生産を短時間でやってのけた現場は自信をつけていると思います。今後に予想されるさまざまな改革に対応するスタンスができつつあると思います。僕は新型コペンをたちあげてみせた池田工場は、その存在感をちょっとはしめせたかなと思っています」

生産支援部の天上和則と本社（池田）工場製造部の荒山寛充は、コペン・ファクトリーの維持と改善にその後も取り組んでいる。

コペン・ファクトリーは、日本の自動車メーカーでは前例のない、公開を前提としたショールームのような劇場型の工場である。製造部門のベテラン技術者である天上も荒山も、このような工場の建設と運営は初めてだ。このふたりの技術者のチャレンジとしてコペン・ファクトリーは存在していると言っていい。

コペン・ファクトリーの見学は、開設当初は新型コペンのユーザーもしくは購入予約をしたお

コペン・ファクトリーの玄関。ダイハツのカラーである赤と工場らしい濃いグレーのシックなカラーリングだ。「劇場型工場」ならではのフレンドリーな玄関である

ショールームはフルオープンになる。オープンカーの工場だということを示唆する意図が洒脱だ。ディテールをおろそかにしていない日本初の「劇場型工場」である

客様と、その同伴者の見学だけをうけいれていたが、後に広く一般の人たちも見学できるようになった。また、新型コペンの購入予約をしたお客様には、購入する新型コペンそのものが製造される工程を見られるようにしたいという夢のような企画も検討された。

コペン・ファクトリーを見学する人たちは、ダイハツ本社前の駐車場に集合する。見学は申し込み制で、コペンのユーザーの場合はひとりでも複数でも、ひと組として申し込める。有料であるが、嬉しいお土産つきだ。

本社前の駐車場に集合した見学者は、そこでバスに乗りかえる。バスは本社工場へ入場していく。このバスの経路は、いくつかの工場建屋の前を通りすぎるのだが、それらの工場建屋や道路、ガードレールなどは、きれいに化粧なおしされた。汚れた工場を見たお客様が幻滅することがないように配慮したのだ。

やがてモダンなデザインのコペン・ファクトリーの入り口が見えてくる。その入り口には、赤字に白抜き文字でCOPEN FACTORYとある大きな看板があざやかにかかげられている。工場らしい躍動感がある入り口だが、テーマパークのアトラクションに似た雰囲気がある。

見学者はその入り口でバスを降り、コペン・ファクトリーへと招き入れられる。新型コペンのミニカーを並べて飾られた受付デスクがあって、ユーザーならばそれを目にするだけでこころがはずむ。その右側にはショールームがある。新型コペンが置いてあり、Dスポーツ・ブランドのスポーツパーツが展示されていて、シフトノブやミラーといったアクセサリーパーツの他に、強

コペン·ファクトリーの受付。清潔な工場であることをアピールする白一色だが、コペンのキュートな魅力を表現する心憎い演出がほどこされているグッドセンス

受付横には映像を見せるスペースがある。まるで美術館や博物館のようだ

人気のあるお土産コーナー。思わずほしくなるコペングッズが並んでいる

化ダンパーとコイルスプリング、強化クラッチ、軽量フライホイール、ブレーキホースなどの本格的なチューニング・パーツが豊富に用意されていることを知る。その気になれば、もうれつにスパルタンなチューニングをほどこすことができるのだ。新型コペンを改造して楽しむ奥深さはドレスフォーメイションだけではない。

ショールームにはお土産品のコーナーがあり、新型コペンのロゴマークが入ったコーヒーマグ、ドライビング・グローブ、キャップなどの人気が高いようだが、何といってもいちばん人気はコペン瓦せんべいだという。

そのようなショールームを楽しんだあとは、いよいよ工場見学だ。工場の玄関は銀色の大きな扉で、ＳＦ映画で描かれるような未来感を感じさせるデザインである。病院の手術室の入り口のような清潔感を感じさせる扉で、この扉のなかに組み立て工場があるとは思えない。

その前に立つと、大型の液晶ディスプレイに映像が流れる。それはコペン・ファクトリーの映像ではなく、滋賀工場における通常の生産ラインについての説明映像なのである。その映像で、通常の生産ラインでは五〇秒間に一台が製造されるということがわかる。これから見学するコペン・ファクトリーでは、一日に二五台が製造されるので、それがいかに特別な手作業の製造であるかを理解してもらう目的が、その映像にはある。

映像が終わると、目の前の銀色の扉が音もなくオートマチックで左右に開く。コペン・ファクトリーに一歩足を踏み入れると、まず驚くのは静かなことだ。予想していた工場の喧噪というも

コペンのロゴをあしらった上品な黒い
メッシュ地のコペン・キャップ

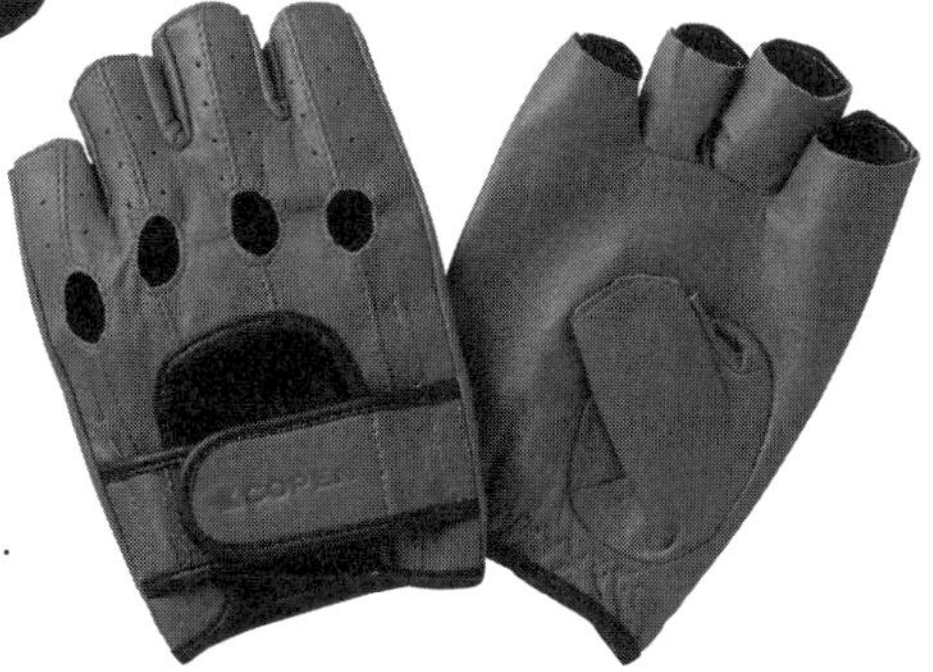

ブラウン系ツートーンカラーのコペン・
ドライビング・グローブ

白地に黒文字のコペン・ファクト
リー・マグカップ

他では手に入らない一番人気土産
のコペン瓦せんべい

のがいっさいない。インパクトドライバーなど電動ツールの音とコネクターを結合している音が、かすかに聞こえてくるだけだ。工場の照明はすべてダウンライトの直接照明で、作業者も新型コペンもくっきりと見える。この照明方式は、ボデイー面のあわせの確認や細かい傷の発見などもしやすいという。

コペン・ファクトリー専用の作業服に身をつつんだ作業者たちは、男性ばかりではなく女性もいて、作業に集中しているが、見学者と目があうと笑顔で挨拶する。そのようなカスタマーサービスにもぬかりがない。初代コペンのファクトリーはベテラン作業者が働いていて安定感があったが、新型コペンのファクトリーは各職場から選ばれた若い人たちがきびきびと働いている。

作業場の右手奥に大型シャッターがあり、その扉が開くとパワートレインなどを搭載し完成したDフレームが、台車に載ってコペン・ファクトリーに到着する。すると第一工程が開始される。みるみるうちにアクティブトップ、ロールオーバーバー、シートが取りつけられる。

第二工程はボディー外板の取りつけだ。ボンネット、フロント・フェンダー、リア・フェンダー、前後のランプ類、フロント・バンパー、リア・バンパーがてきぱきと装着される。第三工程は左右のドア、ドア下のロッカーパネル、タイヤの装着だ。たちまちのうちに新型コペンが一台そこに姿をあらわす。第四工程はクオリティゲートで、第一から第三の工程でおこなわれた作業の点検と確認である。作業者がコンピュータ・タブレットを使ってチェック作業しているのが目新しい。

コペンファクトリーに入場すると右側にボディー外板組み立て工程が展開する。若い作業者を集めているが、その素早く確かな手作業を見ていると時間を忘れる

左側は完成車の検査工程である。入念な検査が実施されているが、なかでも水漏れ検査は慎重かつ念入りだ。「世界一水漏れしないオープンカー」の面目躍如

クオリティゲートを通過した新型コペンは、いったん小部屋に入る。検査工程へ進むためにガソリンを入れ、エンジンオイルを確認し、調整作業をする。ガソリンをあつかうので小部屋内の作業となる。

検査工程は、外観、室内、エンジンルームの傷や汚れの検査からはじまる。ハンドライトを駆使した入念な検査だ。次はエンジンを始動させてシミュレーションマシンに載せ、各種のラフロード走行状態を再現する検査、前輪タイヤ角度検査、ヘッドランプ検査、横滑り検査、走行検査、ブレーキ検査とつづく。それからハンマーで異音をさがしたりする下まわり検査があって、いよいよシャワーテスターである。室内水漏れ検査だ。ダイハツでは通常四五〇リットルの水を豪雨想定で一分間かけるが、アクティブトップのオープンカーである新型コペンの場合は二倍の二分間である。水をあびた新型コペンは室内を入念に検査されたあと、ボディーを拭きあげる。ここでコペン・ファクトリーでの検査が終了する。このあとの検査は見学できないのだが、ファクトリーを出て完成検査用テスト・コースを走り、塗装およびDフレーム骨格の最終検査をして完成である。

静かなコペン・ファクトリーのなかで組み立ての最終工程と検査工程の一部を見学することができるが、まったく飽きない。感動するからである。あれこれと何度も見たくなり、一時間ほど見学している人はざらにいるそうだ。コペン・ファクトリーのテーマは〈期待・感動・満足〉だというが、それは見事に表現されていた。

コペン・ファクトリーを構想し建設した天上も荒山も製造部門一筋の技術者であって、表現の技術については素人である。その素人が工場の一部を見学させることで、ここまでの感動をもたらすことに成功しているのは、彼らが工場を愛しているからだと思えた。それは自分たちが常日頃働く工場のいいところを知っていて、それを見せることで、生産という創造の楽しさを、お客様とわかちあおうとした結果だった。

新型コペンを買ったユーザーは、ダイハツがこころを込めてつくりあげたライトウエイト・オープン2シーターを所有し走らせる楽しさだけではなく、それを製造する現場を見て楽しめる。このようなクルマは、いまの日本で生産されている幾多のクルマのなかで、ダイハツ・コペンだけである。かくして新型コペンの生産がはじまった。

COPEN

COPEN

第6章

ドレスフォーメイションは終わらない

二〇一三年から二〇一四年にかけての冬の季節に、藤下修は滋賀テクニカルセンターのハンドリング路を、新型コペンのプロトタイプで何度も走った。

新型コペンの命であるコペンならではの操縦安定性と乗り心地の最終確認をするためであった。

プロトタイプとは試作車のことで、それは二台あった。二〇一四年初春にできあがった試作型DフレームのAS1、そしてAS1をベースにして改良した最終型プロトタイプのAS2である。AS2のフレームは現在市販されているDフレームとほぼ同じ形状で、走行性能もほとんど同等だ。すでに書いたがASとはアドバンスト・ステージ（先行段階）のことで、ダイハツでは試作車にASのコードネームをつける慣習がある。

テクニカルセンターのハンドリング路は、文字どおり操縦性能をテストするコースで、全長一五五〇メートルあり、コース幅は狭いところで四メートル、広いところでは七メートルある。高低差はなく、きわめてフラットなコースだ。路面はアスファルト舗装で、一般道と同じ路面である。もともとは泥と砂利のダートコースだった。ダイハツのワークスチームが世界ラリー選手権などで華々しくモータースポーツ活動を展開していたときのテスト・コースだったからだ。

小さなコーナーが連続する曲がりくねった反時計まわりのコースだが、ひとつだけ高速コーナーと呼べる左の長いカーブがある。複合コーナーなので、コーナーの入り口がややきついカーブで、出口にむかってのびやかなカーブになっている。新型コペンのマニュアル・トランスミッション仕様で走ると、コーナーの出口では四速全開になる。車速にすれば時速一〇〇キロメートルちかくに達することが可能である。

この高速コーナーを、腕に覚えのあるドライバーが走るとき、リア・タイヤがコーナーの外側方向へ滑りだすと予測するはずだ。スピンするかもしれないと身がまえて、ハンドルとアクセルの操作に神経を集中させる。テスト・コースの高速コーナーだから、そこを走るクルマの動きを、わざと不安定方向へともっていくようなコーナーなのである。ハイスピード・コーナーリングを堪能できるコーナーではなく、スピンしそうで怖いコーナーだ。いわゆる癖のある高速コーナーである。

だが、新型コペンで、この高速コーナーを走ってみると、ドライバーの胸をしめつけるような不安定な動きをまったくしないことがわかる。

いかに癖のある高速コーナーであっても、新型コペンは滑らかに走りぬける。ドライバーがハンドルをきっている方向にむかって、落ち着いたハイスピード・コーナーリングをする。四つのタイヤがしなやかに路面に接地して走る。爽快感にあふれるスポーツ・ドライビング感覚を、安心して楽しめる。クルマを運転する楽しさとは、こういうことだったのかと新型コペンがおしえてくれたような気持ちになるはずだ。

藤下はそのことを、簡潔にこう説明している。

「新型コペンがダイハツのスポーツカーだからです。ダイハツのクルマはドライバーを選びません。免許を取得したばかりの人でも、新型コペンならば安心してコペンと対話しながらスポーツカーで走る楽しさが味わえる」

それは藤下が、新型コペン開発のチーフエンジニアに抜擢されたとき、こころに決めたことであった。

スポーツカーといえば高性能で高価で、素晴しくカッコいい憧れの対象だから、所有する喜びがあり、自慢のネタにもできる。スポーツカーを運転していれば、高度なドライビング・テクニックを身につけていると思われるだろうし、実際に運転がうまくなければ高性能の神髄を味わえない。スポーツカーで走ることでえられる感覚や見られる風景は、音楽や映画のように人間を感動させるものだ。

以上がスポーツカーの魅力のすべてだとすれば、藤下が狙って選んだものは、高性能であり、カッコよさであり、所有する喜びであり、感動であった。しかし高価であってはならず、またドライバーに特別の運転スキルを要求することがあってはならなかった。

そのようなだれもが運転を楽しめるスポーツカーをつくる技術を、ダイハツは身につけていると藤下は考えていた。ダイハツが消費者に提供するクルマ商品は、運転しやすく、よく工夫されて使い勝手がよく、購入するにも維持するにも経済的であることをめざして開発されるからである。運転しやすいのも、使い勝手がいいのも、経済的であることも、すべてはダイハツの技術があってこそ実現するものであった。だとすれば、それらの技術を、スポーツカーの方向へとむければいいと藤下は考えた。

ただしスポーツカーであるから、格別な乗り味がなければならない。新型コペンはひとくちに一八〇万円から二〇〇万円の価格帯にあるクルマである。ふたり乗りでその値段だから、ひとり分は九〇万円ということにしよう。するとこういう計算がなりたつ。ミラやタントやムーヴのように四人乗りであれば、単純計算で九〇万円×四人はイコール三六〇万円だ。人気車種タントのいちばん高いグレードでも一六〇万円しないのだから、新型コペンはダイハツの軽自動車の最高級車である。したがって、デザインも何もかもすべてが特別でなければ最高級の価値がない。スイッチひとつでフルオープンになるアクティブトップなど、その最たる機能である。そのような機能をもつ軽自動車は、この世にコペンだけなのだ。

クルマであるかぎり、走って楽しく、それが独特の素晴らしい味でなければ本物ではない。格別な乗り味を楽しめなければ、最高級の意味がない。格別の乗り味とは走行性能がいいというだけではなく、新型コペンでしか味わえない特別な全運転体験が格段によくなくてはならない。

藤下が最初に考えたのは〈コクのある走り味〉という言葉である。「僕は料理でも、音楽でも、映画でも、コクのあるものが好きなのです」と藤下は言っている。

しかし、コクという言葉はわかったようでわからないところがあるから、それは〈ふところの深い走り味〉や〈新型コペンを運転したあとは、みんなにこにこしている〉という言葉に置きかえていった。

その走り味を実現する最大の素材がDフレームであった。ダイハツが初めて開発するスポーツカー専用の高性能フレームである。高性能のフレームがなければ、格別な乗り味はつくり出せないものだ。その高性能フレームを開発することが、藤下の最大のチャレンジであった。ダイハツでは未経験の技術開発だったからだ。しかし未経験だからといって、心配の必要はなかった。藤下はこう言っている。

「最初の試作Dフレームで、試作車AS1をつくってテスト走行したときに、僕は驚きました。予想以上の高性能フレームだったのです。手前味噌になるので、いままで発言をひかえていましたが、本当に驚いたのです。未経験のスポーツカー専用フレーム開発でしたが、ダイハツの設計と実験が本気になってやれば、できるのだと思いましたね。一心不乱でやれば、できるのです。ありったけの力でやれば、できるのだと思いました。」

AS1をつくってテスト走行してみると、すこぶるバランスのいい走りをした。しっかりとした直進安定性があり、旋回性能も高かった。とりわけリアのサスペンションがよくはたらいた。新型コペンはフロント・エンジンのフロント・ホイール・ドライブだから、フロント・タイヤは操舵輪と駆動輪をかねる。そのためにフロント・サスペンションの性能が注目されがちだが、実は抜群の直進安定性や高い旋回性能を担保するのはリア・サスペンションの性能なのである。そのリア・サスペンションのはたらきがよかった。ぜんたいのバランスも抜群によく、それを狙って開発を推進してきた藤下が、自分自身で驚いた。

こうなれば藤下がめざす新型コペンの格別な走り味が実現する。それは高い操縦安定性とよい乗り心地のことである。

テクニカルセンターのハンドリング路でテスト走行を繰り返したのは、操縦安定性と乗り心地を確認し、最終的な味つけをするためであった。

クルマでコーナーリングをするとき、リア・タイヤをテールスライドさせて、素早くクルマの向きをかえたほうが速く走れて楽しいと考える人たちがいる。テールスライドしても、ハンドリングが素直な、バランスのいいクルマであれば、正確な運転操作にしたがって走るからスピンはしない。スポーツカーの走りの楽しさを表現するテールハッピーという言葉があるが、これはテールスライドさせながらクルマをあやつって走る楽しさを表現したものだ。ただし、テールスライドしたほうが速く走れるというのは、スポーツ・ドライビングの古典的な考え方で、タイヤの性能がいちじるしく向上している現代では、テールスライドはタイムロスにつながることが多い。そのコーナーの形状や状態にもよるが、タイヤを接地させて、タイヤの性能をあますところなく引き出して走ったほうが速い。

新型コペンの最終的な走りの味つけにトライしていた藤下は、Dフレームによるバランスのいい新型コペンをテールハッピーに味つけできることを知っていた。やろうと思えば、テールハッピーにできる。

しかし、その味つけをする必要はないと判断した。テールスライドしなくても新型コペンは、十二分にスポーティーな走り味を楽しめるからだ。また、テールスライドするとスピンの予感をドライバーにあたえるから、それを恐怖と感じるドライバーはすくなくない。新型コペンはだれが運転しても、安心してオープン・スポーツカーの走りを楽しめなければならないから、テールスライドの味つけはしなかった。むろんコーナーリングで、外側にふくらんでしまうアンダーステアや内側に巻き込んでいくオーバーステアの癖もきわめてすくない。ドライバーの運転に素直にしたがってくる。

だから新型コペンは、テクニカルセンターのハンドリング路で思いきりスポーティーに走らせてもテールスライドしない。新型コペンをサーキットでテスト走行した自動車メディアのライターや編集記者たちが、まったくテールスライドをしないので、やっきになってスピンさせようとしてもスピンしなかったという逸話がある。軽自動車のスピードリミッターは時速一四〇キロメートルで作動するが、そのスピードで高速コーナーリングのテスト走行をしても、新型コペンはテールスライドをしない。どうしてもテールハッピーをのぞむユーザーは、自分でスポーツ・サスペンション・キットを組み込んで、そのような味つけをすればいい。テールハッピーの走りをしたいという気持ちを新型コペンが裏切ることはない。素晴しいドリフト走行の世界がまっているはずだ。Ｄフレームの性能はそこまで、ふところが深い。ただし誤解してはならないことは、どのような高性能のクルマであっても、オーバースピードでコーナーへ進入した場合は、コーナーを曲がりきることはできない。

もうひとつ新型コペンの走り味に藤下がほどこした味つけは、急激なタックインをさせないということであった。タックインとは、フロント・ホイール・ドライブのクルマが高速コーナーリングをしているときに、アクセルペダルを一瞬もどして、フロント・タイヤにかかる駆動を瞬間的に大きく減らすと、クルマがイン側にまわり込む挙動のことである。タックインはフロント・ホイール・ドライブのクルマの宿命なので、この挙動を絶対におこさないようにすることは不可能だが、新型コペンの場合は急激なタックインをしないようにセッティングされている。急激な挙動変化は多くのドライバーに不安をあたえるからだ。

つまり新型コペンの走り味は、軽快でスポーティーだが、テールスライドやタックインの急激な挙動変化がないという、やさしさがある。そのことを藤下はこう言っている。

「こういう話を聞いたことがありませんか。旦那さんがスポーツカー好きで、それを乗りまわしていても、奥さんはそのスポーツカーに見向きもしない。スポーツカーを運転するのは楽しいぞと旦那さんが誘っても、私が乗るようなクルマではありませんと奥さんは答える。新型コペンは、そういうスポーツカーではないのです。急な動きをしないからです。旦那さんが新型コペンに乗っていると、あまり運転に自信がない奥さんまでもが運転したくなるような走り味にしてあるのです。急な動きをしないから、安心して新型コペンと対話しながら、スポーツカーの走りを楽しめる。このたとえ話は、女性は運転が苦手で、男性は運転が得意と言っているのではありませんから、誤解しないでくださいね。こういうたとえ話のほうがいいかもしれない。スポーツカーに関心がなかったお友だちを新型コペンに乗せたら、スポーツカーというのは、こんなにやさしくて軽快に走るものなのだと、お友だちに気がついていただけた。新型コペンはそういう走り味のスポーツカーなのです」

その走り味は、藤下修が三〇年間の自動車エンジニア生活でみつけた最良の走り味であった。もっともおいしいと思う走り味を新型コペンに味つけしたのである。

二〇一四年六月一九日に、新型コペン・ローブが発表発売された。

ローブとはフランス語でドレスのことである。ドレスフォーメイションのドレスだが、藤下は開発期間中の一時期、ローブにコペン・ドレスというニックネームをつけていたことがある。

新型コペン・ローブの発表会では〈「クルマって楽しい」を届けたい。〉とタイトルされた藤下のアピールが発信された。

〈軽自動車が、どこまで人をわくわくさせられるか。「クルマって楽しい」。あらゆる人がそう思える感動を、自らの手でつくりたい。強い想いが、このクルマを生みました。／限られた人や

2014年6月19日、東京の恵比寿ガーデンプレイスで開催されたコペン・ローブ発表会。ダイハツ社長の三井正則は「お客様の嗜好に素早く応える」と熱く語った

コペン・ローブ発表会では「LOVE LOCAL by COPEN」路線がアピールされ、チーフエンジニアの藤下修は「クルマって楽しい、を届けたい」と宣言した

限られた場所でしか性能を使い切れないクルマではなく。暮らしのそばにあって、誰もがその性能を存分に使って、いつまでも走っていたいと思えるクルマを。それだけではなく、みんなに楽しさを広げていく「開かれた」クルマを。何が必要か。どう形にするか。既存のものや常識にとらわれず、知恵と技術を一つ一つ積み上げ、つくり上げていきました。／つねに傍らに置いておける、スポーツカーの新しい形。「ともに暮らすことが、生きる悦びのひとつに」。あなたの日常をそう変えたいという願いとともに。新型ＣＯＰＥＮ誕生。〉

新型コペンの話題は盛り沢山だった。

ダイハツ広報室がメディアの記者たちに配布した報道資料『プレス・インフォメーション』では、次のような技術と営業施策がアピールされていた。

〈スポーツカーとして求められるボディ剛性を骨格のみで確保し、外板の素材やデザインの自由度を飛躍的に向上〉させたＤフレームは〈フレーム構造、モノコック構造をベースにした新しい概念の骨格構造〉である。〈車両の外板部分をパーツと捉え、樹脂外板を採用。お客様の嗜好に合わせたデザイン選択を可能に〉したドレスフォーメイションは〈内装も選べる、かえられる構造〉だ。サスペンションは〈各部に新型コペン専用チューニングを施し、ライトウエイトスポーツカーとしてのポテンシャルを追求〉したとして〈一対一の対話ができ、笑顔のドライブとなる、感動の操縦安定性と乗り心地〉を実現した。

そのほかにも〈空力性能は前後揚力の最適バランスを追求。高速直進安定性を大幅に向上〉〈軽やかで扱いやすいパワートレーンユニットを搭載し、走る楽しさを向上〉〈エキゾーストサウンドの演出にこだわり、オープンカーらしいスポーツ走行サウンドを実現〉〈樹脂外板の採用や、ダイハツ初の樹脂燃料タンクで軽量化を実現〉〈商品力を大幅に向上しながら、ライトウエイトスポーツカーにふさわしい車重８５０kgを実現〉〈衝突安全ボディＴＡＦの採用、歩行者保護にも対応〉〈ＣＶＴ車は25・２㎞／ℓでエコカー減税「免税」対象に適合〉〈コペンの象徴である電動開閉式ルーフは継承〉となる。

デザインは〈スポーツカーとしての躍動感や流麗さを表現した「コペンローブ」〉と謳い〈内装はシングルフレームをテーマとし、スポーティーさと上質感を表現〉〈軽スポーツカーとしての機能・デザインを追求したヘッドランプ&リアコンビ〉〈ローブ専用16インチ切削アルミホイール〉とアピールする。

製造部門についてのアピールもぬかりない。〈見学可能な「コペンファクトリー」で、お客様に身近で親しみある開かれた工場を目指す〉〈クルマ造りを変える新しい塗装ラインを構築。最新技術により「D-Frame」の品質を守る〉。

〈自分らしさを表現するための充実したサポート体制。キーワードは「LOVE LOCAL by COPEN〉と営業活動にも言及している。〈コペンオーナーのみならず、コペンファンが集えるドライバーズサロンとして、全国に約72店設置〉される〈新型コペン認定ショップ「コペンサイト」〉があり、そこには〈コペンならではのオープンカーライフをご提案する「コペンスタイリスト」

が常駐し、お客様のご要望、ご相談に応える〉。さらに〈ダイハツ初のメーカー直営拠点で、お客様とのコミュニケーションを活性化〉する〈コペンローカルベース鎌倉〉が出店される。

声高にアピールされなかったが、テレビコマーシャルをやらないという思いきりのいい宣伝広告路線はメディアの気をひいた。これは〈LOVE LOCAL by COPEN〉路線によるフェイス・ツー・フェイスのマーケティングを展開したいという、強い意志のあらわれだった。最近流行のワン・ツー・ワン・マーケティング、すなわちだれかひとりのユーザーに特別な体験をあたえて、あたかも全ユーザーがそのような体験を共有したと思わせるマーケティング手法をこえるきめの細かさである。従来ならばテレビコマーシャルに使われる宣伝広告予算は、イベントやコペンサイトなどコペン・ユーザーが集い、ダイハツの技術者や営業マンと顔をつきあわせて語り合う宣伝広告活動に使われる。まさにコペン・ユーザーの気持ちを理解している宣伝広告活動だ。しかもこれらのイベントなどは初代コペンのユーザーも歓迎される。月間の計画販売台数が七〇〇台の新型コペンだからできる、人と人がふれあう宣伝広告活動という大胆なこころみになった。

新型コペン・ローブ発表と同時に、第二意匠、第三意匠のコペンが登場すると発表された。しかしこの時点では、第二意匠のエクスプレイと第三意匠のセロのネーミングもスタイリングもあきらかにされていない。エクスプレイのみコペンXモデルとして公表され、セロがいわゆる丸目デザインであることは否定されなかった。ローブはコペンのフルモデルチェンジを象徴し、エクスプレイはデザインの自由度をいかんなく発揮して強い個性を好むユーザーを発掘し、セロは初代コペンの丸目イメージを継承するという、新型コペンのビジネスモデルがしめされたわけだが、そのビジネスモデルがドレスフォーメイションの展開そのものになっている。

だが、ドレスフォーメイションの具体的な展開が、新型コペンに注目する人たちの目に見えていない。それがどのように新しいコペンの楽しみなのかは、ぴんとこない。

見せなければわからないドレスフォーメイションの、強力なプロモーションが用意されていた。

二〇一四年は東京モーターショーの開催年ではなかったので、二〇一五年一月の東京オートサロンがターゲットのイベントになった。東京オートサロンは三〇万人もの若い自動車好きが集まる元気な自動車ショーである。東京モーターショーが洗練された国際的な老舗イベントだとしたら、東京オートサロンは野生味のある開放的な自動車ショーだ。

新型コペン・ローブは発売から四二日後の七月末の集計で、一三二八台がユーザーの手に渡った。八月は九八九台、九月は一三四九台と計画販売台数を大幅にこえて売れた。その年の一一月には第二弾コペン・エクスプレイが発表発売になった。

そして二〇一五年の年明け早々に東京オートサロンが開催された。

東京オートサロンでは、ドレスフォーメイションの実践として、サードパーティーによる新型コペンのボディー・デザインが大々的に披露された。

サードパーティーとは何か。そのことは根津孝太という人物を紹介しないと説明できない。

根津孝太《ねづこうた》は一九六九年（昭和四四年）東京生まれのクリエイティブ・コミュニケーターである。クリエイティブ・コミュニケーターとは、おそらく根津による造語だろうが「会議を楽しくする仕事です」と根津は説明している。一般にはファシリテーターと呼ばれる仕事だ。これもまた耳慣れない言葉だが、ファシリテーターは、シンポジウムやプロジェクトなどに同伴し、その集団や会議を観察し、進行支援の役割をする人である。ひらたい言葉で説明するならば、あるプロジェクトの会議に出席して、込みいった議論やいきづまった議論を解きほぐして、相互理解を促進し、会議を活性化させることによって議論を前進させ、創造的な結論を導いていく仕事をする。根津は藤下たち新型コペン製品企画プロジェクトのファシリテーターをつとめていた。

多才な根津孝太には、もうひとつプロダクトデザイナーという顔がある。二〇一五年三月に、電気モーターを原動機とするオートバイzecOO（ゼクウ）を、町のモータースの職人技術者と組んで製造し、発表したことで話題になった。大友克洋の漫画『ＡＫＩＲＡ』から飛び出してきたような未来的デザインの斬新なオートバイだった。

ランボルギーニ・イオタが大好きであったスーパーカー少年が、自動車デザイナーをめざして工業デザインを大学で学び、トヨタ自動車のデザイン部に就職したというのが、根津の多才な仕事のはじまりであった。トヨタ自動車で一三年間働き、その間には南カリフォルニア大学に社費留学して、工業デザイナーにしては珍しくコンピュータ・グラフィック・アニメーションの制作技術を学んでいる。帰国後、デザイン部から企画部へ異動して、ひとりで自動車商品の企画を練りあげるコンセプト・プランナーの仕事をやってから、トヨタ自動車を辞して独立した。三五歳のときである。「もっといろいろな人と出会って、さまざまなものをつくって世に出したい」という思いがあった。

ダイハツとの縁は深く、トヨタ自動車時代にダイハツと共同開発の仕事をしている。根津はダイハツという自動車メーカーについて、こう言っている。

「ダイハツはホットな人が多い、いい会社だなという印象があった。独立したあともミラココアとかムーヴコンテの仕事をお手伝いしている。僕のような者を積極的に使う、現代的でひらけた自動車メーカーです。藤下さんからお声がけいただいたのは、トヨタ自動車と一緒にCamatte（カマッテ）というちいさな電気自動車の共同開発をやっていまして、それを東京おもちゃショーに出展したのがきっかけです。おそらく電気自動車の時代を生きることになるはずの子供たちに見せたかったので、いまも毎年出展しています。この電気自動車はボディーを着せかえできるというもので、そこに藤下さんが反応して、新型コペンの企画を手伝ってほしいと連絡があった」

二〇一二年一〇月から二〇一四年一二月まで新型コペン製品企画のファシリテーターをつとめた。二〇一二年一〇月といえば、藤下たちが、一年間の停滞をのりこえて車両構想提案と車両先行開発提案の承認にこぎつけようとしている時期であった。

藤下は根津孝太をファシリテーターに起用した理由を、こう言っている。

「僕らは停滞時期があったから相当に煮詰まっていました。内向きになりすぎていた。そのために実際の開発業務からビジネスモデルを構築するまでのもっとも重要な段階では、開発プロジェクトに新鮮な風を吹かせて業務を効率的に推進支援してくれる第三者的な人材、すなわちファシリテーターを必要としていた」

根津孝太のファシリテーター技術は、その場でイラストを描くということが独特であった。言葉だけで会議を活性化させるのではなく、イラストを描いて議論に刺激をあたえていく。そのとき描かれるイラストは、現物の商品やイベント風景であることが多かったが、イメージを議論するときはイメージをイラストにする。手練の工業デザイナーなのだからイラストを描くのは朝飯前だが、イラストがあればイメージの議論という抽象的なものが、目で見て考えられるので幾分か具体的になる。そのことによって議論が活性化する可能性は大きい。場合によっては、そのイラストそのものがコンセプトのイメージになったりする。また、根津が制作する企画書は、図案が豊富に使用されていてわかりやすく、キャッチフレーズが秀逸で、その段階でイメージできる商品イラストや宣伝ポスターまで描いてあるので想像力が喚起されやすい。

有能なファシリテーターをえた藤下たちは、新型コペン開発を加速させていった。〈買って終わりじゃなくて、そこからカンケイをはじめる：フューチャー・インクルーデッド〉〈着せ替えではなく：ボディー・プラス・ケース〉〈LOCAL＝人のダイナミズム〉〈あなたのデザインお待ちしています：デザイン・ユアーズ〉〈あなたの走り：ドライブ・ユアーズ〉など、根津が新型コペン開発プロジェクトに持ち込んだキーワードは多彩であった。

そのなかに〈サードパーティー〉があった。ドレスフォーメイションの実践展開の企画を、サードパーティーとネーミングしていたのである。

ドレスフォーメイションは自動車メーカーとしては初のこころみであったから、それがどのような新しいクルマの楽しみなのかは、やって見せる必要があった。その実践企画を根津が立案したのである。

在野のデザイナーたちに、新型コペンのドレスフォーメイションをしてもらう企画だった。ようするにデザイナーたちへ新型コペンをベースにしたオリジナル・デザインを依頼し、そのデザインで実車をつくって見せる。新型コペンのローブとエクスプレイとセロのボディー・パーツを相互に交換するドレスフォーメイションだけではなく、もっと多彩なドレスフォーメイションができるのだという大きな可能性を実際に見せる企画である。

根津は、その在野のデザイナーとデザインを、サードパーティーと名づけた。サードパーティーとは、コンピュータの世界でよく使われる言葉だが、むりやり日本語にすれば第三者集団ということである。

ひとりのデザイナー、ひとつの自動車工房、ひとつのチューニング・ブランド、ひとつの地域と、四者のサードパーティーが選ばれた。この四者が新型コペンをベースにして、自分のコペンをつくって見せる。それらのドレスフォーメイションを、二〇一五年一月の東京オートサロンで一斉に展示発表しようというのであった。

ひとりのデザイナーとは、TAMONデザインを主宰する庄司多門《しょうじたもん》である。知る人ぞ知る孤高のカーデザイナーだ。根津孝太のネットワークに、その名があった。

三重県松坂市に近い多気郡多気町郊外の雑木林のなかに自動車工房をかまえ、たったひとりでカーデザインにうちこむ男である。その工房でデザイン画を描き、クレイモデルを削り、グラスファイバーもしくはカーボンファイバーのボディーやボディー・パーツを創出する。ときにレーシングカーのボディー・パーツも手がける。

庄司多門は、根津との出会いをこう言っている。

「二〇一一年の東日本大震災の直後に、根津さんが〈カーデザイナーにできること〉という呼びかけをしたのです。被災地でミニ四駆工作教室をやって〈ワクワクするものをつくって、ものづくりの力で子供たちを元気にしよう〉というアピールでした。僕はその呼びかけに応じて、〈光と影〉というコンセプトでミニ四駆を一台つくって根津さんへ届け、アピールに応えました。光と影を表現したグラデーションのミニ四駆ボディーです。被災地の子供たちは、いまは真っ暗闇のなかで生きているのだろうが、光は必ず闇のなかから生まれてくるのだという、僕のメッセージを込めた。それが根津さんとの出会いでした」

二〇一三年の春に根津から「ダイハツの人たちが会いたいと言っている」と連絡があった。そして根津に連れられてダイハツの藤下修と殿村裕一と芝垣登志男がやってきた。多門は自分のキャリアを話し、多くの作品を見せ、カーデザインへのあくなき情熱を語った。するとダイハツの三人組は、その場で新型コペンのサードパーティーに参加してほしいと依頼するのであった。多門は即答で承諾した。

「やろうと思いました。軽自動車はやったことがないからチャレンジになる。いままでの僕のデザインは、ワイド化でふくらませる方向ばかりだった。しかし軽自動車はサイズ規格があるから、ワイド化はできない。サイズ規格のなかで意匠変更するデザインをやったことがないのです。これは画期的な仕事になると思いました。こうして藤下さんたちとのおつきあいがはじまり、デザインのスケッチを描いたり、コペンのイベントに呼んでもらって話をしたりして、コペンとダイハツを学びながら一年をすごしました。二〇一四年の六月にローブが僕のスタジオに届けられ、それから年末にかけて、一気にデザインをやった。自分の波動を崩したくなかったので、およそ半年間、新型コペンの多門デザインを集中してやりましたね」

庄司多門のデザイナー人生は青春ドラマのようだ。三重県の太平洋側、熊野灘にめんした紀伊長島という漁師町で一九七四年（昭和四九年）に生まれた。父親は漁師ではなく水道土木工事のちいさな会社を経営していた。多門は七人兄妹の五番目である。音楽とクルマが大好きな少年に育った。暇があれば日本のロックミュージックを聴きながら海をながめていた。テレビ・アニメの『よろしくメカドック』をテレビにかじりついて見て、クルマのプラモデルをつくるのが好きだった。学校の勉強は大嫌いだったが、図工の成績だけは飛びぬけてよかった。高校生になる頃にはカーデザイナーになりたいという夢をもった。多門はこう言っている。

「カーデザイナーになりたいと言っても、家族も友だちもだれひとりとして賛成してくれませんでした。田舎の漁師町ですから、カタカナ的な職業というのがないので、カーデザイナーと言っても、みんな何だかわからない。わからないからよけいに反対する。町に本屋はあったけれど、カーデザインの本なんて売ってませんでした。だから僕もカーデザイナーがどういう仕事か、よくわかっていないから説明することもできない。本屋で売っている自動車雑誌を買っては、それを見て絵を描いていました」

地元の高校を卒業するとき、両親を説得して、東京のデザイン専門学校へ進学し、カーデザインの基礎を学んだ。専門学校の卒業をひかえて就職活動をしたが、バブル経済がはじけたあとの就職氷河期で就職先がない。拾ってくれたのはRE《アールイー》雨宮というロータリーエンジンのチューナーとして有名な、ロータリー好きならだれもが知っているカーショップだった。エンジンのチューニングやクルマの改造のほかにボディー・パーツを製造販売していた。

RE雨宮に雇われると、最初は商品発送の梱包作業を担当させられたが、三年で頭角をあらわす。ひとりでデザインスケッチを描いて、ウレタンモデルを削り、グラスファイバーのボディーをこしらえる手腕が認められたからだ。やがてチーフデザイナー兼チーフモデラーになった。RE雨宮が東京オートサロンに出展するショーカーをひとりでつくり、全日本GT選手権レースに出場してチャンピオンを獲得したレーシングカーのボディーも手がけた。RE雨宮に七年間つとめ、二〇〇一年に三重県へ帰ってTAMONデザインを設立し独立起業した。自分の手でデザインした、さまざまなクルマのボディー・パーツを製造販売する多門デザインである。自分ひとりで運営する会社だったが、起業当時は自分がつくりたいデザインとクルマ好きがもとめるデザインを融合して商品にするマーケティング感覚がなかったので経営の苦労が絶えなかったという。

そういう庄司多門が、新型コペンのオリジナル・デザインを生み出そうというとき、「丸みのある塊感がほしい」と思った。これが多門のデザイン・テーマなのである。「あとはディテールがどうしたこうしたということは考えずに、雰囲気でデザインしていく感じですね」と多門は言う。

ダイハツからの要望は、ローブをベースにして樹脂ボディーをデザインするということだけだった。それ以外の条件はつけられなかった。

最初に考えたデザイン・アイテムは、リア・タイヤにスパッツをつけられないかということだった。スパッツはタイヤを覆って空気抵抗を減らすエアロパーツである。多門としては空気抵抗軽減というより「未来感があって、ネオクラシック的な雰囲気がほしかった」のである。だが、スパッツをつけるとボディー幅がふえて軽自動車のサイズ規格をオーバーすることがわかり、このアイデアは断念した。しかし、こだわりは失わなかったようで、スパッツがついた新型コペンの二四分の一モデルを多門はつくっている。

多門がデザインした新型コペンは、フロントまわりはラジエターグリルを台型イメージに変えて、ヘッドランプの形状をシャープにし、面を強調する流れでブリスターフェンダーへとつなげている。エンジンフードは二本のふくらみをうめるように真ん中を盛りあげた。サイドマーカーを廃止して、ドアミラーにウィンカーを仕込んだ。サイドガーニッシュには微妙なアールをつけて、形状変更できないドアに変化をつけるという技をみせている。ドアは板金部品であるという理由だけではなく、側面衝突に対する重要な安全確保の部品なので変更がゆるされない。ひくくしたテールにあわせて、リアのフェンダーは小ぶりにまとめた。

多門がデザインした新型コペンを見ていると、最初にまるごと一台のフォルムを削り出すと、ディテールをつくり込み、そのディテールから、ふたたびフォルムぜんたいを検討し、さらにまたディテールに手をつけていくという、フォルムとディテールが融解し納得するカタチになるまでやめない、はてしないデザインの循環作業によって生まれたことがよくわかる。その作業を藤下はときおり見学にきては、楽しそうにながめていたという。

多門は藤下について、こう言っている。

「藤下さんの新型コペンにかける情熱は、最初に会ったときから、はっきりと感じましたね。その情熱はとても熱いけれど、どこかで冷静に考えている。その冷静さがあるから、熱い情熱が、ますます熱く感じられた。僕の仕事場へ顔を出してくれるときは、クレイモデルをじっとながめているだけで、デザインを検討をするような話はしませんでした。デザインについては何も言わないで、世間話をするだけです。一度だけ、僕が迷ってしまったときに、ひとことアドバイスをしてくれたことがあった。それでふっと迷いがふっきれた。藤下さんは、ものをつくる人間の気持ちがわかっているんだなと思いました」

2015年に発表された庄司多門TAMON DESIGNによるコペン・ローブのドレスフォーメイション。気鋭のカーデザイナーが持てる技のすべてをつぎ込んで手作りした逸品だ。魂を感じさせるフォルムは圧倒的な存在感がある

こうして仕上がった庄司多門がデザインした新型コペンは、東京オートサロンで発表された。そのときに配布されたダイハツのオフィシャル・パンフレットに、多門のデザインが写真で紹介されていて、〈カスタムの匠が生みだす、魂のデザイン〉とタイトルがつけられ、説明文には〈熱い魂から生まれた拘りの技が光る一台だ〉と書かれていた。

そのダイハツのオフィシャル・パンフレットには、ひとつの自動車工房が手がけた新型コペンも紹介されていた。株式会社セイコーという名の自動車工房である。〈SEICOは神戸が本拠地で、世界有数のショーカーの製作メーカーである〉とパンフレットに書かれていた。セイコーは、自動車メーカーのショーカー製作のみならず、オートバイ・メーカーのデザイン開発までも業務とする、従業員一〇〇名をこえる日本屈指のカロッツエリアである。

藤下たちがセイコーに依頼した仕事は、ドレスフォーメイションをするためのボディー・パーツ商品のデザイン開発であった。それはリップスポイラー、フロントグリルのアクセサリー、エンジンフード、前後のフェンダー、サイドガーニッシュ、トランクトップ、前後のバンパーなどで、自動車メーカーのデザイン開発仕事を多くこなすセイコーには、ドレスフォーメイションの商品を開発する能力があるからだ。

セイコーでそのデザイン開発を担当したのは、デザイナーの桧和田清澄《ひわだきよと》と設計技術者の二村孝《ふたむらたかし》だった。設計技術者がデザイン開発に担当としてかかわるのは、自動車メーカーの技術的な要求を理解して対応するためである。また、そのボディー・パーツやブラケットの強度計算などをして、市販可能なレベルに仕上げるためだ。

デザイナーの桧和田清澄は、カーデザインの専門学校を卒業したあと、フォードの日本支社デザインスタジオに九年間勤務した。フォードのアジアカー、デトロイト・ショーに展示するコンセプトカー、マツダからOEMされる機種のリファインなどを担当している。そのあとは三菱自動車工業へ転職し、パジェロのデザイン開発を二年間やったベテランのデザイナーである。

桧和田は一九七三年（昭和四八年）の広島生まれだ。スーパーカー世代の次のジェネレーションだからかもしれないが、一九五〇年代から六〇年代のイタリアのカーデザインに興味をもっている。フェラーリ250GTO《ジーティーオー》が好みだ。

自動車メーカーのデザイナーを辞めて、一〇年前にセイコーに入社した。その動機をこう言っている。

「まるごと一台のクルマのデザインができることと、デザイン開発をする会社ですから、一歩先のデザインを考えたりできるのが魅力でした」

設計技術者の二村孝は、一九七〇年（昭和四五年）の福岡生まれで、一風変わった経歴がある。機械設計者をめざして大学工学部を卒業し、理美容機器と医療機器を製造するメーカーに就職して、美容院や理髪店で使われる椅子などの器機、病院や歯医者の設備機器の設計を担当していた。七年前にその会社が解散したので、取引先のひとつであったセイコーで働くようになった。造形の会社であるセイコーが成長をめざして、技術部門と製造部門を強化するために設計技術者を必要としていたからだ。

ダイハツからセイコーへ仕事が依頼されたのは二〇一四年の三月であった。桧和田がデザインのスケッチを開始したのは六月で、それは一か月ほどの作業だった。それから実物大のクレイモデルを二週間でつくりあげ、デザイン検討に時間をかけて、一一月にはセイコー・バージョンの新型コペンが完成していた。「実際の製作日数は三か月ぐらい」と二村は言っている。デザイナー、モデラー、技術者が組織的に分業するので、短期間で仕上がる。

デザインのコンセプトについて桧和田はこう説明している。

「大人が趣味で乗る玩具《おもちゃ》のようなクルマで、レトロにはしたくないけれど、カフェレーサー的な楽しさがある」

カフェレーサーとは、レーシングカー風に改造した町乗りのオートバイやクルマのことで、どちらかといえば性能向上よりは、レーシングカーの雰囲気を楽しむ趣味的なものという意味合いが強い。六〇年代のイギリスで、溜まり場のカフェに集まるオートバイライダーたちが自慢の改造愛車を、そう呼んだのが語源である。

セイコーがデザインした新型コペンは、フロントのオーバーフェンダーからサイドシル、リア・フェンダー、そしてテールにかけてフラットブラックに塗ってあるが、基本的にはスカイブルーとホワイトの粋なツートーンカラーだ。このカラーリングからしてカフェレーサー風味そのもの

2015年に発表された神戸のカロッツエリアであるセイコーが手がけたコペン・ローブのドレスフォーメイション。ニックネームは「ラッキージャケット」

同時に参考展示された遊び心のあるエアロバルジ仕立て。1950年代のスポーツカー風なフォルムをもったエアロバルジは、ポストモダン・デザインのローブによく似合う

だが、その決定打として両側のドアにゼッケンサークルがある。このゼッケンサークルは古典的なレーシングカーのそれを模したものだが、カーナンバーはなく、そのかわりにLとJをモチーフにしたような模様が描かれていて、それがレトロではなくモダンの方向をしめしている。

そのほかの造形においても、リップスポイラーやサイドガーニッシュにさりげなく最新流行のラインや形状を取り入れていて、レトロな雰囲気と親しみのあるモダンを融合することに成功している。

フォルムとディテールの両方が飽きのこないデザインでまとめられていて、いつでも市販可能なボディー・パーツだと思わせるが、特徴的なのは二種類のトランクトップである。ひとつはダックテール風のテールスポイラー仕立て、もうひとつは五〇年代のレーシング・スポーツカーによくつけられていた二本のエアロバルジ仕立てである。エアロバルジ仕立ては、このセイコー・バージョンにとてもよく似合っている。ただし、このエアロバルジ仕立ては、アクティブトップをトランクに収納したままの状態でなければ装着できないので、遊びごころでつくってみた大胆なデザイン提案にとどまっている。

桧和田と二村は、自分たちが開発した新型コペンのボディー・パーツに〈ラッキー・ジャケット〉という男の子風のニックネームをつけて、それをゼッケンサークルの下部にさりげなく書き入れている。ドレスフォーメイションはジェンダーレスを意識してつけられた言葉だろうが、ラッキー・ジャケットはカフェに自慢の愛車に乗って集まる走り好きの男の雰囲気を伝えてくるネーミングだ。

実は桧和田と二村には、もうひとつ秘めたプランがあって、それはこのドレスフォーメイションを終えたセイコー・バージョンの新型コペンを、セイコーの営業車に使うという計画である。「だから、このまま公道を走れる機能部品としてボディー・パーツを仕上げた」と開発者ふたりは口をそろえている。ようするに、いますぐにでも市販可能な商品だった。

新型コペンのセイコー・バージョンは、セイコーという会社名を名乗って自動車ショーに展示する初めてのクルマになった。


東京オートサロンで展示された新型コペンのドレスフォーメイションのなかで、ひときわ新型コペンの玩具性をまきちらかしていたのは、ダイハツのトータル・チューニング・ブランドであるDスポーツが展示した、三台のエクスプレイをベースにしたスポーツ仕様であった。

流行のフラットグレーにペイントされピンク色のホイールをはいたストリート仕様、あざやかなグリーン色で大型リア・ウイングを装着しロールケージを装備したサーキット仕様、これも流行のデザートブラウンのボディー色に黒いリア・ウイングと白いロールケージを装備し、ラグタイヤをはいたオフロード仕様の三台である。

Dスポーツのストリート仕様とサーキット仕様のデザインを担当したのは、プロダクトデザイナーのやまざきたかゆきだった。根津孝太の友人なのだが、それはデザイナー友だちではなく、インラインスケートの仲間なのである。

やまざきたかゆきは、二〇一二年までホンダに勤務するデザイナーであった。おもにオートバイのデザイン開発をしてきた。やまざきがデザインを担当したオートバイは製品として販売されている。

一九七二年（昭和四七年）に長野県で生まれたやまざきは、野山をオートバイで走りまわり、ハードロックバンドでギターを弾く高校時代をすごした。いまも渋い紫色のギブソン・レスポール・エレキギターを事務所に置いている。東京のデザイン専門学校で工業デザインを学んで、大好きだったオートバイをつくっていたホンダに就職した。そのホンダを辞めた理由を、こう言っている。

「僕は自分の人生と仕事を、こう考えていた。自分でデザインした商品が市販され、自分でデザインしたコンセプトモデルがモーターショーのメインステージに展示されたら、デザイナー人生の一周目が終わる。それが実現して、一周目が終わったとき、他のデザインがもうれつにやりたくて仕方がなくなった。ヘッドホンとかギターとか、家電や楽器のデザインがやりたいと思った。その気持ちが大きく強くなったから、まずホンダを辞めようと考えた。フリーランスのデザイナーになるとき、何かアテがあったわけでもないのです。でも、辞めないかぎり、新しいことはできないと気がついたからです」

四〇歳になる年だった。ホンダを辞めたと友だちや知り合いに報告をしていたら、根津から連絡があって「僕と組んで仕事をしませんか」と誘われた。根津はやまざきがデザイナー仕事だけではなく、コンセプターであり、プロデュースまでやってのけることを知っていた。

二〇一四年の一月に東京オートサロンの会場で、やまざきは根津から藤下を紹介された。新型コペンの話はひとつも出なかった。藤下との出会いを、やまざきはこう語っている。

「藤下さんぐらいの年代の人は、まず自分のことを延々としゃべる。それをベースにしてから相手の言うことを聞く、と僕は思っていました。ところが藤下さんは、ちがいました。僕の仕事や生活のことを最初から知ろうとする。そもそもあなたは何者ですか、どういうことを考えていますかという、サーベイ(調査)から話をはじめる。その話のなかで、自分がわからないことがあると、掘り下げて質問してくる。藤下さんは、人の話を聞く耳をもっている。僕を理解しようとしていると思いました」

やがて藤下と仕事をしたとき「僕が五〇歳すぎまでホンダにいたら、藤下さんのような人になっていたかもしれない」と、やまざきは思った。大組織のプロジェクト・マネジャーでありながら官僚的でなく慇懃《いんぎん》無礼さもない、バックビートのリズムを感じさせる藤下の人柄が、やまざきのパーソナリティーと重なるところがあった。

藤下と二度目に会ったのは新型コペン・ローブのメディア試乗会であった。サードパーティーの話を聞かされた。「ぜひ、やってみたい仕事です」と答えた。ほどなくして藤下からDスポーツのデザインをやらないかという電子メールがきた。

「フリーランスとしては実績がない僕を抜擢してくれたのが嬉しかった」とやまざきは言っている。

「藤下さんは、エクスプレイをベースにして、やまざきワールドで自由にやってくれ、と言ってくれた。しかし工業デザイナーとしては、これがいちばん困ることなのです。工業デザイナーは、商品コンセプトやターゲット、あるいはコストまで条件提示されたなかで仕事をするものだから、自由にやっていいと言われると面食らってしまうところがある。二〇一五年の東京オートサロンで一斉に展示するというから、コンセプトモデルをデザインすればいいのかなと思った。それでいくつか、ちゃらいデザインのコンセプトをつくったのです。ところがDスポーツの人たちと話すと、販売する前提でデザインしてくれと言う。だったら僕は、サーキット仕様をデザインしたいと思った。サーキット仕様なら公道を走らないから、軽自動車の規格サイズをオーバーしても問題ない。これでデザインの自由度が格段に広がると考えた」

やまざきは学生の頃にオートバイのアマチュア・レースに出場していたので、サーキットはクルマ好きがのびのびと走って遊べる場所だということを知っていた。ドレスフォーメイションのサーキット仕様だから、日常は町乗りに使っている新型コペンのパッセンジャーシートにオーバーフェンダーやウイングなどサーキット仕様のパーツを載せてサーキットまで行き、それらのパーツをサーキットで取りつけて、好きなスタイルでコースを走り、帰るときはもとにもどせばいい。

具体的なコンセプトが決まった。一台はサーキット仕様、もう一台はサーキット仕様をベースにしたストリート仕様になった。サーキット仕様のコンセプトは〈ドレスフォーメイションによ

2015年に発表されたダイハツのトータル・チューニング・ブランドであるDスポーツのドレスフォーメイション三態。やまざきたかゆきがデザインした公道走行可能スポーツ・ストリート仕様だ

スポーツ・サーキット仕様。太いタイヤ、オーバーフェンダー、リップスポイラー、ハイマウント・リアウイングがレーシングな雰囲気を大いに盛り上げている。やまざきたかゆきのデザインである

スポーツ・オフロード仕様。これはDスポーツがデザインしたモデル

って生まれるサーキットの新しい楽しみ〉で、ストリート仕様は〈軽自動車に見えないようなたずまいと、見る目のある人が見れば可愛くてファッショナブル〉とした。

モデル製作をDスポーツが担当し、やまざきはデザイン開発に集中した。デザインの方向性には迷いがなかった。最初に描いたスケッチを少々手直ししたぐらいで、それをクレイモデルにおとしこめばよかった。やまざきはこう言っている。

「ふつうのデザイン開発だと、デザイナーは御用聞きみたいになってしまうんですよ。フロントはどうしましょうか、リアはどんなものでしょう。それで何枚もスケッチを描いて、どれがいいか意見をください、ということになる。しかし今回は、藤下さんの指示が自由にやってくださいだから、そういうことをしなくてよかった。最初から自分がいいと思ったデザインを、そのままブレずにカタチにできた」

しかし大問題が発生した。サーキット仕様を自由にデザインして、ノーズを伸ばして大型のリップスポイラーをつけたまではよかった。そのイメージをストリート仕様におとしこんでいくと、どうしても全長が軽自動車規格サイズにおさまらない。ノーズがやや長いのだ。軽自動車規格サイズを一五ミリメートルはみ出していた。デザインとは微妙なものである。全長三三九五ミリメートルの新型コペンだが、その〇・四四パーセントにすぎない、この一五ミリメートルがあるなどれない。ノーズを短くして、規格サイズにおさめようとすると、デザインが崩れてしまった。解決方法は案外、簡単だった。ノーズの長さをそのままにして、リアを一五ミリメートル削って短くした。

やまざきたかゆきがカッコいいと思うフロント・ロングのセットバック・スタイルのストリート仕様で実現できた。

二〇一五年一月の東京オートサロンは幕張メッセで開催された。この自動車ショーが東京モーターショーとちがうところは、自動車メーカーやインポーター、部品メーカーの出展のほかに、在野のカーショップやモータースが出展できるところだ。東京オートサロンの前身が東京レーシングカーショーであったから、モータースポーツにつきものの自由な雰囲気が残っている。モータースポーツの用語で言えば、東京モーターショーがマニュファクチャラーズのショーだとしたら、東京オートサロンはコンストラクターズのショーだ。各ブースでおこなわれるアトラクションにしても、東京モーターショーでは見られない派手な演出がほどこされる。そのためにクルマ好きの若者たちに人気がある熱気をはらんだモーターショーである。

ダイハツのブースは、新型コペン一色であった。そこにはミラもタントもムーヴもなく、色とりどりのコペンがずらりと並べられていた。新型コペンのローブとエクスプレイが発売されたばかりなので今年のショーではぜひ新型コペンを心ゆくまでご覧いただきたいという企画意図がはっきりと感じられる。東京オートサロンという若者が集まる元気なモーターショーにふさわしい、思いきり絞り込んだブース展開だった。ダイハツという自動車メーカーは、このようにターゲットに狙いを定めたらブレたりしない明瞭な合理的行動を好むところがある。

だからダイハツのブースには、ローブとエクスプレイはもちろん、半年先の二〇一五年六月に発売を予定していた第三意匠であるセロのモックアップモデル（試作モデル）まで展示されていた。デザインを見せるだけの走らないモックアップモデルであったが、セロが初めて公開されたのである。サードパーティーをふくめて新型コペンの全貌をプレゼンテーションするショーになった。

フロアにはところせましと、ローブやエクスプレイが置かれ、さらにサードパーティーのモデルがすべて披露されていた。まるで新型コペン・マニアの玩具箱のようなブースだった。自動車メーカーが新型モデルに、三種類のデザインを展開して販売することは、自動車の歴史のなかで初めてのことであったが、さらにはサードパーティーといった社外のデザイナーたちに自由にデザインさせた新型コペンまで並べている。これは現代における自動車商品の前提をくつがえす大仕掛けであった。ブルースとヒルビリーがまじわってロックンロールが生まれたときのような新しい自動車スタイルの提案だった。しかしダイハツはそのことを声高に言わず、新型コペンのすべてを大盤振る舞いしているだけだ。ちまちまと理屈を並べたり、もっともらしい主張をするのではなく、見ていただければわかるでしょうという都会のモダニズムである。

そのようなダイハツのブースに、黄色いコペン・ローブと同色のキュートなカーゴトレーラーをつけた物珍しいモデルが展示されていた。もう一方のコーナーには、クルマ好きならだれもが夢みるようなガレージライフをイメージした個人ガレージのモデリングがあった。

DRESS
FORMATION

ローブと「第3のデザイン」とのドレスフォーメイションのイメージ

これはサードパーティーのひとつであるLOVE SANJOプロジェクトが展示したものなのである。SANJOとは、ものづくりの町として知られる新潟県三条市のことであった。

ダイハツの公式パンフレットには、こう説明されている。

〈ものづくりのまち三条市とCOPENが共創する自分らしいローカルライフ。〉というヘッドコピーに、次のようなボディーコピーが書かれている。〈ものづくりのまち、新潟県三条市。金属、木工、樹脂など様々な分野の優れた技術を持ち、多くの職人が腕を振るう地域です。／ものづくりの現場が人々の暮らしの、すぐ傍らにあり、山河など豊かな自然環境に囲まれています。／「LOVE SANJO」は、この地域の個性に誇りを持ち、次世代に伝え、世界に発信していくプロジェクトです。「LOVE LOCAL by COPEN」に共鳴し、新型COPENでローカルライフを自分らしく楽しむためのアイテムを開発しました。〉

LOVE SANJOプロジェクトは、LOVE LOCAL by COPEN路線の実践であった。では、LOVE LOCAL by COPENとは、どのような気持ちを込めたキーワードなのか。〈ダイハツがつくっていくのは、これからのローカルライフです。〉というステートメントでは、こう宣言している。

〈ダイハツは、このクルマが、日本各地のローカルライフ、人が「自分の地元で生きていくこと」の意味を転換する起爆剤、そして「ローカル」と「未来」をつなげる〝フューチャーオープン・カー〟になると考えています。／まずは、その地域ならではの風土・個性・持ち味を最大限に楽しめる独自仕様のオープンカーが、しかも軽ならではのローコストで手に入る時代になるということ。／そして、このクルマをきっかけとして、地元に根差しながら充実した暮らしを送りたいと思う人たちの「コミュニティ・仲間性」を、いろいろなアクションを通して、より素晴らしいものにしていけると思うからです。／「都市の規模としての大小」で判断される、古い意味でのローカルではなく、「地元を誇り、愛し、仲間たちと〝普段〟を楽しみあう」。そういう人たちのローカルへ。／「ローカルだから、このクルマでいいや」ではなく、「ローカルだから、このクルマじゃなきゃもったいない」。そう思われるようなクルマへ。／上質なクルマをつくる、を超えて、上質なローカルライフをつくっていく。／ダイハツの、これからの役割の先駆けとなるクルマの誕生です。〉

新型コペンは〈ダイハツがつくっていくのは、これからのローカルライフです。〉というダイハツが提案するカーライフ総路線の先駆であった。

そのチーフエンジニアの藤下は、ローカルから新型コペンのモードを発信しようと考えた。つまりローカルならではのカーライフこそ生活に密着したスタイリッシュな自動車生活だというムーブメントの提案であった。そのカーライフのスタイルは、落ち着いた日常生活があるからこそ、非日常が存在し、そのどちらもが人が生きる喜びを感じられる、かけがえのない人生の時間だという、まっとうな認識から再発見された。日常生活にはワンボックスの軽自動車に乗り、休日には新型コペンを走らせる生活と言えばわかりやすい。あるいは毎日の通勤のために新型コペンに乗るというなら、日常の時間のなかを非日常の時間が移動していることになる。このようなカーライフは、大都会ではよほどの富裕層しか実現しえない。しかしローカルならば、それは日常である。ローカルにこそ多彩なカーライフが存在し、それこそがモータリゼーションをありていに享受する現代人の生活ではないか。それがLOVE LOCAL by COPEN路線である。

これはいままでにない斬新な発想によるカーライフの提案だった。いままでにないのだから、目に見えて存在しない。だからこれこそが斬新なローカルのカーライフだという典型的なモデルがあれば、とてもわかりやすい。ドレスフォーメイションという未知の自動車デザインを世に問うとき、サードパーティーという最初のドレスフォーメイションの実行者を必要としたように、日本のどこかに新型コペンのモードを発信するローカルが必要であった。

そのLOVE LOCAL by COPEN路線の心髄を理解して、新潟県三条市ならば新型コペンのモードを発信するローカルになりうると考えたのは根津孝太である。根津はプロダクトデザインのコーディネーターとして三条市の産業人たちと密接な関係にあった。三条市は人口約一〇万人の町である。根津は藤下修と三条市の長谷川直哉《はせがわなおや》をつないだ。

長谷川直哉は一九七〇年（昭和四五年）三条市生まれで、株式会社マルト長谷川工作所の四代目社長だ。マルト長谷川工作所は創業九〇年を誇る日本有数のペンチ・メーカーであり、欧米を中心に二〇か国へ製品を輸出する企業である。製造販売するのはＫＥＩＢＡブランドのペンチばかりではなく、ハサミ型の刃物であれば理容用ハサミなど種類を問わず手がけている。その長谷川は五二〇社が加盟する協同組合三条工業会の中堅メンバーとして地域活動に熱心であった。三条工業会では〈一社一品一押委員会〉の委員長だ。

「三条の町でつくれないものはないと私は思っています。自動車メーカーに納品している工場もいっぱいありますから、知恵と知識と技術を集めればクルマ一台をつくることだって可能だと思う。クルマをつくったことがないから、それがいいクルマかどうかはわかりませんが、つくれと言われたら、つくれると思う。それが三条人なのです」と長谷川直哉は言った。

二〇一四年七月に、藤下の提案を聞いた長谷川が同意して奔走すると、たちまちのうちにLOVE SANJOプロジェクトがたちあがった。このプロジェクトには、三条市、三条商工会議所、三条工業会、三条市CFRP（カーボンファイバー・リーインフォースド・プラスチック：炭素繊維強化プラスチック）研究会、燕三条地場産業振興センターが参加している。

その年の九月一日には、ダイハツ工業とLOVE SANJOプロジェクトの共同記者会見が三条市でおこなわれ、三条市長、商工会議所会頭、工業会理事長、藤下、根津がテレビや新聞の記者と会見した。その記者会見でLOVE SANJOプロジェクトが、二〇一五年一月の東京オートサロンに、新型コペン専用のカーゴトレーラーとCFRPボンネット、ガレージライフ用ウォールユニットとLOVE SANJOツール・シリーズを展示すると発表した。LOVE SANJOプロジェクトはサードパーティーのひとつになり、LOVE LOCAL by COPEN路線のモデルタウンになるという発表であった。

九月の記者会見のあとLOVE SANJOプロジェクトはさっそく一〇月の三条市と燕市の産業人たちが合同でおこなう市民参加の工場見学イベント〈燕三条 工場の祭典〉で、新型コペンとガレージライフ提案の展示をおこない、ミニ四駆教室を開催した。一一月には近隣の日本海間瀬サーキットで三条市民が参加する新型コペンの走行会をおこなった。

カーゴトレーラーの開発製作は、三条工業会に加盟する自動車部品メーカーやＣＦＲＰ部品メーカーなど三社が手がけた。六〇〇リットルの容量があるアルミ製で、トノカバーはカーボンファイバー製だ。カーゴトレーラーを置く場所があれば、新型コペンの使い勝手は格段によくなる。六〇〇リットルという容量は小型車ワゴンの荷室に匹敵する大きさだからだ。ふたり乗りプラス六〇〇リットルの荷室があれば、キャンプへ行けるし日本一周旅行もできる。土地に余裕があるローカルだからこそ可能な新型コペンがある生活のシンボルが、カーゴトレーラーなのである。

ガレージライフ用ウォールユニットは各種ツールを壁掛けできるほか、ドレスフォーメイションで交換した新型コペンのボディー・パーツを掛けられる。過密で土地価格が高騰している大都会ではガレージライフをだれもが楽しむというわけにはいかないが、ローカルであればその趣味をもつことはたやすい。

カーゴトレーラーの二号車は三条市に納入されるという。三条市はLOVE SANJOのプロジェクトを継続して支援するので、そのためのＰＲアイテムとして新型コペンとカーゴトレーラーを活用する予定だ。三条市を会場にしてコペンのユーザーを集めたイベントなどが構想されている

2015年に発表された「ものづくりの町・新潟県三条市」のLOVE SANJOプロジェクトによるドレスフォーメイション。カーゴトレーラーというアイデアは秀逸

という。

「三条市はダイハツという、いい友だちができたなと思っている」と長谷川は言う。

「藤下さんたちは三条が元気になることだったら一緒にやりましょうというスタンスです。新型コペンはダイハツの成長発展を推進させるスポーツカーだと聞いています。その意味では私たちもLOVE SANJOプロジェクトで三条市を活性化させて発展させたいと思っている。藤下さんたちとはLOVE LOCALという気持ちでつながっているし、その関係を継続していきたい。三条市には工具メーカーが多いから、ドレスフォーメイションする人たちのお役にたつかもしれないし、工具をもってクルマをいじる人が増えるのは歓迎です」

東京オートサロンに展示された新型コペン用のカーゴトレーラーは黄色にペイントされていた。新型コペンのボディーカラーでいえばジョーヌイエローという色だ。そのジョーヌイエローは藤下が選んだ色だと長谷川直哉は言う。「三条市の花は、ひまわりだから、黄色がいいでしょう」と藤下は言った。その言葉に長谷川たちは感動した。

二〇一四年六月に新型コペン・ローブが発売されてから、藤下修はまるで新型コペンのセールスマンのようになって働いた。

ダイハツの製品企画では第二弾のエクスプレイと第三弾のセロの開発がつづいていたが、その合間に時間をみつけては、コペン・ファクトリーの見学者たちを案内し、コペンのユーザー・イベントに出席し、日本全国どこであろうが販売店でコペンサイトのイベントがあれば出かけていった。月に数回は神奈川県鎌倉市のコペン・ローカルベース鎌倉で朝から晩まで販売促進活動をすることもあった。休む間もない日々がつづいていた。一台でも多くの新型コペンを売りたいと誓った藤下の気持ちは不退転の決意になっていた。

通常、ダイハツにおけるチーフエンジニアの仕事は、担当する新型車が工場で生産を開始したあたりで、その仕事が終了する。しかし新型コペンの場合は、第一弾のローブから、エクスプレイとセロ発表発売まで一年間の時間があった。藤下のチーフエンジニアの仕事は、ローブで終わらず、セロまでつづいたのである。それはまるでドレスフォーメイションという、新型コペンのユーザーが存在するかぎり終わらない、永遠にもひとしい自動車の楽しみを象徴するかのようであった。

ゆるされることであれば、もう数年、新型コペンを育てたいと藤下は考えている。ドレスフォーメイションはまだはじまったばかりなのだ。だれもが乗って楽しめる、ドライバーを選びはしないライトウエイト・スポーツカーの神髄を、さまざまなクルマ好きに、ひとりでも多くわかってほしいと願う。まだ見ぬ新型コペンのユーザーに会いたいのである。

新型コペンの累計販売台数が一万台を突破したとの発表があったのは二〇一五年六月四日で、ローブ発売から約一年間であり、エクスプレイ発売からは約七か月がすぎていた。セロはそれから二週間後の六月一八日に販売が開始された。

新型コペンの販売計画台数は月に七〇〇台であったから、年間の販売計画台数は八四〇〇台になる。新型コペンの人気が販売計画台数をうわまわったという結果になった。

二〇一六年三月の時点で一万五六九八台である。その一万五六九八人のオーナーの笑顔が新型コペンとともに日本の道を走っている。

COPEN

エピローグ　新型コペンの不易流行

新型コペンの開発物語は、ローブとエクスプレイとセロの発売で、ひとつの大団円をむかえた。大団円とは、すべてがめでたくおさまる結末のことだが、それをひとつの大団円と書くならば、では、ふたつ目のハッピーエンドがあるのかということになる。新型コペンの場合は、それがある。新型コペンはドレスフォーメイションという変化しつづけ増殖するDNAをやどして生まれたライトウエイト・オープン2シーターだからだ。

二〇一四年六月に新型コペン・ローブが発売されてから、新型コペンの全貌があきらかになるまで、そもそも一年間をようした。ローブ発売からはじまり、半年間と言っていいスパンで、エクスプレイとセロが発売された一年間だ。ローブの発売と同時にエクスプレイが発表され、エクスプレイの発売と同時期にセロの存在があきらかにされるというふうに、連鎖的に新型コペンの全貌があきらかにされた。

いちはやく新型コペンがほしい者はローブを買い、エクスプレイを購入しようと考えていた者は町でローブを見かけてはエクスプレイに思いを馳せ、セロを待ちのぞんだ者はローブとエクスプレイを見るたびに心をときめかせていた。こういう楽しみを日本のクルマ好きは経験したことがなかった。

そしてローブもエクスプレイもセロも自動車商品のつねでグレード展開がはじまる。

二〇一四年十二月にローブS、二〇一五年六月にエクスプレイS、二〇一五年一二月にセロSが登場してくる。S仕様は、レカロ社のスポーツシート、モモ社の革巻ステアリングホイール、ビルシュタイン社のショックアブソーバーなどを装備し、メーカーオプションにはBBS社の新型コペン専用デザイン一六インチ鍛造アルミホイールが用意された。レカロとモモとビルシュタインのセットを、クルマ好きは〈三種の神器〉と呼ぶぐらいで、これは定番のS仕様である。ここにきて新型コペンは六つのタイプに増殖した。

ドレスフォーメイションの開始は、公式には二〇一五年一〇月のダイハツによるドレス・パーツの発売ということになるのだろう。このときセロのボディー樹脂外板のフルセットが発売になった。ローブとセロはドアの形状が同じなので、ローブのユーザーが、このフルセットを入手すれば、ローブをセロにデザイン変更ができることになった。つまりローブをセロへとドレスフォーメイションができる。フロントセットとリアセットも同時に発売されたので、フロントだけセロ、あるいはリアだけをセロにすることも可能になった。

このことで新型コペンのタイプがいくつに増殖したかといえば、カラーのことを考えずフォルムだけでみると、フロントがセロでリアがローブというタイプと、フロントがローブでリアがセロというタイプの二つが増えたので、S仕様を合わせて合計一〇タイプということになる。

ダイハツからドレス・パーツが発売されたのと同時期に、ダイハツのトータル・チューニング・ブランドのDスポーツから、エクスプレイ用のドレス・パーツであるボディキットが発売された。このボディキットは、二〇一五年一月の東京オートサロンで発表展示されたDスポーツのストリート仕様ボディー樹脂外板を市販化したものである。エクスプレイはローブとセロとはちがうドア形状をもつので、エクスプレイはDスポーツのボディキットで、Dスポーツ・ストリート仕様にドレスフォーメイションできるようになった。これで新型コペンのタイプは一二になった。

しかしながら、それは基本が一二タイプになったというだけで、これらのドレス・パーツを使ったドレスフォーメイションがはじまってしまえば、もはやドレスフォーメイションをした新型コペンのユーザーの数だけのタイプがあるということになる。

なにしろローブとエクスプレイのボディカラーは八色あり、セロにいたっては九色である。これらのボディー樹脂外板はそれぞれ部品として入手可能だから、それらを組み合わせただけでも、大変な数のタイプが生まれることになる。そこに、ダイハツのドレス・パーツのローブと同じ八色と、Dスポーツのボディキットのエクスプレイと同じ八色がくわわったのだから、カタチと色を使いわけたドレスフォーメイションをしたければ、自由自在に組み合わせができると言っていい。

さらにボディーのパーツとしてDスポーツからはトランク・スポイラー、フロント・ロアスカ

コペン・ローブS
SはSPORTの意味。S仕様の開発テーマは「操るって楽しいを極めたい」

コペン・エクスプレイS
S仕様はビルシュタイン製ダンパーレカロ製シートモモ製ステアリングが標準装備だ

コペン・セロS
S仕様オプションはBBS製鍛造アルミホイールもある。Dフレームを味わいつくせる仕様

ート、サイド・スカート、リア・ロアスカートなどのエアロパーツも発売され、さらにはチューニング・パーツメーカーが意欲的なエアロパーツをぞくぞくと発売している。こうなると、タイプという概念を通りこして、ひとりひとりにそれぞれの新型コペンが存在するということになる。それはボディーのデザインのみならず、Ｄスポーツなどのサスペンションやボディー補強のパーツを組み込むことで、走行性能にいたっても、たった一台の新型コペンが存在することになった。

これで新型コペンの増殖が終われば、それは新型コペンのユーザーとファンにとって、楽しき想像の範疇にあった増殖ということになるだろう。だが、終わらなかった。

二〇一五年六月になるとダイハツ主催の〈ドレスフォーメイション・デザイン・アワード〉の開始が宣言されるのである。ローブ、エクスプレイ、セロの新しいデザインを募集するデザイン画のアワードだった。ただしデザインには条件がつけられた。自由にデザインできるのはフロントグリル、バンパー、ボンネット、左右のフェンダーで、ヘッドライトの変更はできない。軽自動車の車検を取得することが可能で、公道を走ることができるデザインという条件もあった。これらの条件がつけられたのは、このアワードでグランプリを獲得したデザインは、製品化を視野に入れた実車として製作し、二〇一六年の東京オートサロンへ出展するからである。ようするに基本タイプの一三番目を一般から募集したということだ。

およそ二か月半の募集期間にもかかわらず、五六二点のデザイン画の応募があった。ドレスフォーメイションという画期的なクルマの楽しみ方が、カーデザインをこころざす人たちのクリエ

2015年10月にダイハツが発売したドレス・パーツ。それはドレスフォーメイション開始の宣言である。ルーフの素材感と色を変えるDラッピングも始まった

「DRESS-FORMATION DESIGN AWARD」のグランプリを受賞したコペン・アドベンチャー。2016年の東京オートサロンで実車モデルが展示された

イティビティーを刺激した結果だった。紙のうえのデザイン画だが新型コペンのタイプが五六二台も増えたのである。グランプリを獲得したのはコペン・アドベンチャーと名づけられたオフロードカー風のオープンカーだった。エクスプレイをベースにしたライトウエイトのビッグフットである。若さと野性味がミックスしたそのデザインは、それでいて新型コペンの上品なデザイン・コンセプトを逸脱していない。

コペン・アドベンチャーの実車は計画どおり二〇一六年の東京オートサロンで発表展示したのだが、そのダイハツのブースには、またしても新しい新型コペンが二タイプも発表展示されていた。ベネチアン・レッドとも呼ぶべき赤いメタリックカラーのコペン・セロ・クーペ・コンセプトと、メタリック・ネイビーブルーのコペン・ローブ・シューティングブレーク・コンセプトであった。

セロ・クーペは、とても美しいフォルムをもつ洗練されたデザインで、ひときわ目をひいた。セロのアクティブトップとトランクリッドを取りはずし、そこにクーペ・スタイルのハードトップを装着したドレスフォーメイションなのだが、それだけではなくすべてのエクステリアデザインが、このクーペのためにデザインしなおされている逸品である。セロをベースにしたクーペが、どこまで美しくエレガントなクーペになるかを限界までトライしたダイハツ・デザイン部の心意気を感じさせる。この魅力的なクーペがタルガトップであれば申し分ないと言いたいところだが、それは贅沢すぎる要求かもしれない。

一方のローブ・シューティングブレークは、その名のとおりスポーツワゴンである。ドレスフ

2016年の東京オートサロンに展示されたコペン・セロ・クーペ・コンセプト。エレガントなクーペは、ドレスフォーメイションの可能性を限りなく拡大してみせた

セロ・クーペと同時に展示されたコペン・ローブ・シューティングブレーク・コンセプト。コペンのスポーツワゴン仕様アイデアは2011年より何度も発表されている

ォーメイションは、デザインを変えるだけではなく、オープン2シーターという新型コペンのコンセプトそのものを変化させて、スポーツワゴンを仕立てることが可能なのだということを宣言しているかのように見えた。新型コペンのスポーツワゴン仕様は、二〇一一年の東京モーターショーで、デザイン画が発表され、二〇一三年のインドネシア国際モーターショーでは〈D-Rエステート〉とネーミングされた実車が展示されている。初代コペンはアフターマーケットでスポーツワゴンに変身できるキットが販売されてもいる。

ローブ・シューティングブレークもダイハツ・デザイン部の仕事によって洗練されたスポーツワゴンのフォルムをもつが、機能的合理美を失っていないところはさすがである。このシューティングブレークには開閉式のサンルーフがほしいと思わせるが、これもまた貪欲すぎる要求であろう。

クーペとシューティングブレークを見た新型コペンのユーザーとファンは、これならば大荷物を積んで自動車旅行に行かれると思ったにちがいない。美しいクーペとシューティングブレークをショーカーに仕立ててみせたが、美しいだけではなく機能を感じさせるところが、いかにもダイハツの仕事だと思わせた。

しかし、ドレスフォーメイションは終わらない。アドベンチャーとクーペとシューティングブレークを見たときに、新型コペンのユーザーとファンは確信したと思う。

これを新型コペンがもたらした混沌ないしは無秩序と呼ぶのであれば、それは歓迎される個性満開のカオスである。そしてまたこのカオスは、たったいまは新型コペンの概念のなかでうずまいていることがわかる。
俳聖と呼ばれる松尾芭蕉は、そのことを不易流行と言ったと伝わる。耳慣れない言葉なので『広辞苑』をひくと、〈芭蕉の俳諧用語〉とあり、こうわかりやすく意味がとかれている。〈不易は詩的生命の基本的永遠性を有する体。流行は詩における流点の相で、その時々の新風の体。この二体は共に風雅の誠から出るものであるから、根本においては一に帰すべきものであるという。〉
この解説文の言葉を置きかえると、さらにわかりやすい。〈新型コペンの不易は新型コペンの生命の基本的永遠性を有する体。ドレスフォーメイションは新型コペンにおける流点の相で、その時々の新風の体。この二体は共に新型コペンの誠から出るものであるから、根本においては一に帰すべきものである。〉
松尾芭蕉は江戸時代初期一六四四年（寛永二一年）の生まれだから、不易流行は近世的な哲学ということになる。それほど古くもなく、むしろ新しい考えだ。
しかし不易は変わりないが、現代における流行はそこから何が飛び出してくるかわからない。〈その時々の新風の体〉が逸脱をおこす可能性はゼロではない。ドレスフォーメイションをつづける新型コペンを見ていると妙に心がわくわくと騒ぐのは、そのせいだと思う。
不易流行という言葉にたどりついたことで、新型コペン開発物語は、ふたつ目の大団円をむかえた。もちろん、このハッピーエンドは新型コペンのユーザーひとりひとりに、それぞれ存在する個人の物語で最終的に完結するものだ。

COPEN

資料

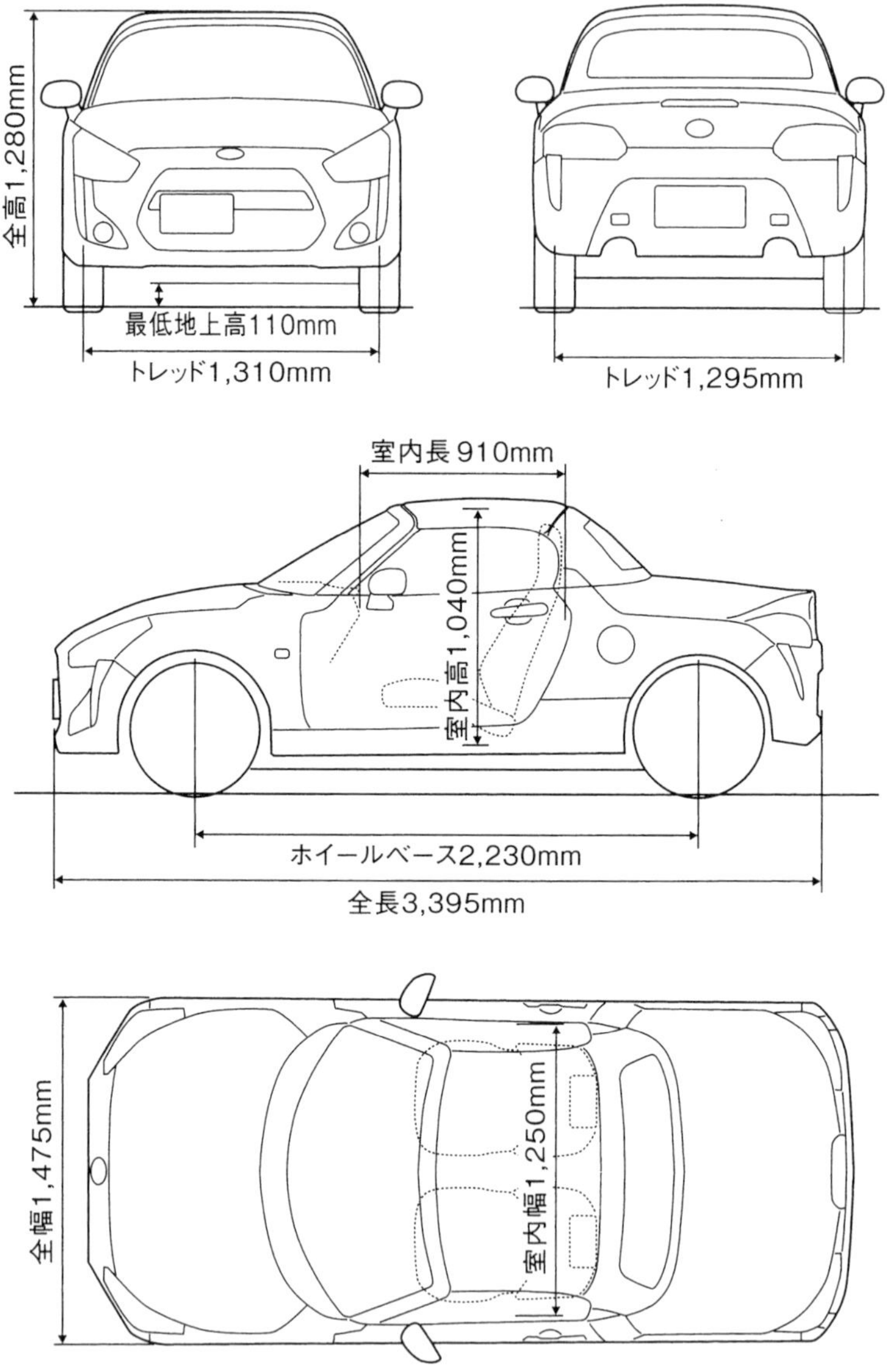

ダイハツ コペン ローブ寸法図

ダイハツ コペン ローブ（主要諸元）

DAIHATSU COPEN ROBE

型式：DBA-LA400K

5MT type：#KMPZ　　CVT type：#KBPZ

全長：3,395㎜　　全幅：1,475㎜　　全高：1,280㎜

ホイールベース：2,230㎜　　トレッド：前1,310㎜　後1,295㎜

最低地上高：110㎜　　乗車定員：2名

車両重量：5MT仕様850kg　　CVT仕様870kg

エンジン：KF型　水冷直列3気筒12バルブDOHCインタークーラーターボ　横置

ボア×ストローク：63.0㎜×70.4㎜　排気量：658cc　圧縮比：9.5

最大出力：47kW(64ps)/6,400rpm

最大トルク：92N·m(9.4kg-m)/3,200rpm

燃料供給装置：EFI（電子制御式燃料噴射装置）

ガソリン・容量：無鉛レギュラーガソリン・30ℓ

駆動方式：フロントホイールドライブ（2WD）

クラッチ方式：5MT仕様乾式単板ダイヤフラム
　　　　　　CVT仕様3要素1段2相形（ロックアップ機構付）

ステアリング形式：ラック&ピニオン

ブレーキ形式：前ベンチレーテッドディスク
　　　　　　後リーディング・トレーリング

パーキングブレーキ：機械式後2輪制動

前サスペンション形式：マクファーソン・ストラット式コイルスプリング

後サスペンション形式：トーションビーム式コイルスプリング

タイヤ・サイズ：165/50R16 75V

ダイハツ工業株式会社　広報資料より作成

コペン・シリーズ【生産実績】

		1月	2月	3月	4月	5月	6月	7月	8月	9月	10月	11月	12月	年合計
2014年	ダイハツ	0	0	0	0	232	1,239	1,415	961	1,316	761	762	712	7,398
	トヨタ	0	0	0	0	0	0	0	0	0	0	0	0	0
	計	0	0	0	0	232	1,239	1,415	961	1,316	761	762	712	7,398
2015年	ダイハツ	728	789	705	574	542	449	508	446	604	578	562	481	6,966
	トヨタ	0	0	0	0	0	0	0	0	0	0	0	0	0
	計	728	789	705	574	542	449	508	446	604	578	562	481	6,966
2016年	ダイハツ	465	530	585	552	377	481	424	380	361	321	349	195	5,020
	トヨタ	0	0	0	0	0	0	0	0	0	0	0	0	0
	計	465	530	585	552	377	481	424	380	361	321	349	195	5,020
2017年	ダイハツ	198	222	264	233	212	241	247	203	268	236	274	250	2,848
	トヨタ	0	0	0	0	0	0	0	0	0	0	0	0	0
	計	198	222	264	233	212	241	247	203	268	236	274	250	2,848
2018年	ダイハツ	221	250	266	257	243	267	282	257	261	331	308	261	3,204
	トヨタ	0	0	0	0	0	0	0	0	0	0	0	0	0
	計	221	250	266	257	243	267	282	257	261	331	308	261	3,204
2019年	ダイハツ	275	293	311	280	270	277	313	308	506	528	376	114	3,851
	トヨタ	0	0	0	0	0	0	0	0	0	313	234	212	759
	計	275	293	311	280	270	277	313	308	506	841	610	326	4,610
2020年	ダイハツ	207	248	226	287	167	164	200	183	272	266	297	268	2,785
	トヨタ	177	159	210	138	89	75	117	86	140	149	118	100	1,558
	計	384	407	436	425	256	239	317	269	412	415	415	368	4,343
2021年	ダイハツ	248	270	282	220	221	347	360	195	202	257	427	437	3,466
	トヨタ	120	134	124	133	117	120	100	77	69	139	73	174	1,380
	計	368	404	406	353	338	467	460	272	271	396	500	611	4,846
2022年	ダイハツ	351	443	538	357	239	343	415	262	511	516	541	490	5,006
	トヨタ	99	145	158	286	168	194	153	179	102	129	132	117	1,862
	計	450	588	696	643	407	537	568	441	613	645	673	607	6,868
2023年	ダイハツ	432	519	596	314	309	390	251	312	396	343	347	252	4,461
	トヨタ	112	157	153	161	109	142	83	153	129	142	176	124	1,641
	計	544	676	749	475	418	532	334	465	525	485	523	376	6,102
2024年	ダイハツ	0	0	0	57	223	386	510	299	481	522			2,478
	トヨタ	0	0	0	26	114	90	117	123	176	155			801
	計	0	0	0	83	337	476	627	422	657	677			3,279

出典：ダイハツ工業株式会社　広報室

コペン・シリーズ【販売実績】

		1月	2月	3月	4月	5月	6月	7月	8月	9月	10月	11月	12月	年合計
2014年	ダイハツ	0	0	0	0	0	1,067	1,328	989	1,349	886	511	623	6,753
2015年	ダイハツ	633	800	945	611	231	716	591	496	660	602	576	413	7,274
2016年	ダイハツ	535	547	589	568	402	454	442	374	400	320	354	167	5,152
2017年	ダイハツ	254	229	305	216	200	252	246	185	257	256	256	197	2,853
2018年	ダイハツ	258	243	277	273	235	268	273	265	245	311	288	234	3,170
2019年	ダイハツ	289	291	339	243	257	254	292	298	644	394	345	176	3,822
2020年	ダイハツ	214	239	247	275	191	213	198	182	268	267	285	250	2,829
2021年	ダイハツ	223	284	304	245	224	312	343	249	214	257	384	414	3,453
2022年	ダイハツ	384	368	534	362	306	340	380	283	456	467	533	380	4,793
2023年	ダイハツ	521	488	608	420	326	379	303	280	387	353	324	266	4,655
2024年	ダイハツ	101	15	7	27	152	330	457	351	424	537			2,401

出典：ダイハツ工業株式会社　広報室

【年　表】

ダイハツ工業株式会社　広報資料より作成

年月日	内　容
2002年6月19日	・新型軽オープン・スポーツカー「Copen（コペン）」新発売
2002年7月22日	・「コペン」受注台数が販売目標の約10倍を突破（発売1カ月で約5000台受注）
2002年10月7日	・「コペン」受注台数が累計1万台を突破
2003年7月23日	・特別仕様車「Copen 1st ANNIVERSARY EDITION」を発売 タンカラーのレザーシート、ウッド＆レザーステアリングホイール（MOMO製）などを採用
2004年6月2日	・特別仕様車「Copen 2nd ANNIVERSARY EDITION」を発売 レカロシート、本革巻ステアリングホイール（MOMO製）、ディスチャージヘッドランプを採用、レッド&ブラックを基調とした内装
2004年7月1日	・「コペン」国内販売累計2万台を突破
2005年10月11日	・第39回東京モーターショーに「コペンZZ」、ハイブリッド・オープンスポーツ「HVS」を出展すると発表 「コペンZZ」は初代コペンをベースにしたワイドボディに1.5Lエンジンを搭載 「HVS」は1.5Lガソリンエンジンに2モーターを組み合わせたハイブリッドシステムを採用したコンパクトオープンスポーツカー
2006年6月14日	・特別仕様車「ULTIMATE EDITION（アルティメット エディション）」を発売 ビルシュタイン製ショックアブソーバー、BBS製15インチアルミホイール、オレンジとブラックのコンビカラーのレカロシート（アルカンターラ）やMOMO製本革巻ステアリングホイールを採用
2007年9月10日	・ダイハツ創立100周年記念特別仕様車「Copen ULTIMATE EDITION II MEMORIAL」を発売 ブラックメッキフロントグリル、アルティメット専用サイドエンブレム、クリアタイプのランプ類などを採用
2007年10月9日	・第40回東京モーターショーにオープンスポーツ「OFC-1」を出展すると発表 3分割構造とした電動キャノピートップにグラスルーフを採用
2009年9月1日	・特別仕様車「アルティメットレザーエディション」を発売 「アルティメットエディションII」をベースに本革製スポーツシート、専用ドアトリム、BBS製15インチアルミホイール（ガンメタ）、MOMO製ステアリングホイールを採用
2010年8月2日	・「コペン」を一部改良。さらにシートとステアリングの組み合わせが選べるグレード「アルティメットエディションS」を発売 シートはレカロシート<アルカンターラ>（キャメル色）または本革製スポーツシート（ブラック色）から、ステアリングはMOMO製本革巻ステアリングまたはMOMO製ウッド&レザーステアリングをそれぞれ選べる
2011年11月9日	・第42回東京モーターショーに「D-X」を出展すると発表 様々なバリエーションが楽しめる樹脂ボディー、新しい走りの感覚を持つ新型2気筒ターボエンジンを採用
2012年4月2日	・特別仕様車「10th アニバーサリーエディション」を発売、同時に2012年8月末で初代コペンが生産終了すると発表 アルミスカッフプレートカバー(10thアニバーサリーロゴ、シリアルナンバー付き)、ブラックメッキフロントグリル、BBS製15インチアルミホイール(シルバー)、本革製スポーツシートなどを採用
2013年10月30日	・第43回東京モーターショーに「KOPEN」を出展すると発表 2種類の外板意匠をカバーケースのように自由に着せ替えることができるとともに、骨格構造がもたらす走りの進化など、走る楽しさ・持つ楽しさを追求した
2013年12月26日	・東京オートサロン2014 に「KOPEN」の新たな世界観を表現する3台を出展。さらに「KOPEN」商品化時の名称公募を発表

年月日	内　　容
2014年4月1日	・2代目「コペン」の新技術を発表 ボディ剛性を骨格のみで確保する「D-Frame（ディーフレーム）」や、内外装着脱構造「DRESS-FORMATION（ドレスフォーメーション）」などが発表された
2014年5月10日	・「First Test Drive in HAKONE」が箱根ターンパイクで開催 事前応募で当選した参加者が発売前のCOPENプロトタイプに試乗するイベントで、参加者が開発者やモータージャーナリストと語り合う「COPENミーティング」も行なわれた
2014年6月19日	・「コペン」をフルモデルチェンジ 「ローブ」モデルとともに「X（クロス）モデル（仮称）」が発表された。さらにオーナー見学ができる工場「コペンファクトリー」、コペン認定ショップ「コペンサイト」、メーカー直営拠点「コペンローカルベース鎌倉」の展開も公表された
2014年6月29日	・「コペンローカルベース鎌倉」が神奈川県鎌倉市由比ガ浜にオープン
2014年7月22日	・「コペン」が月販目標の約6倍となる4000台を受注
2014年11月4日	・「コペン」が2014年度グッドデザイン金賞を受賞
2014年11月19日	・コペン2つ目の意匠となる「エクスプレイ」を発売 2代目登場時に発表されていた「Xモデル」を市販化、名称は一般公募により決定
2014年12月24日	・コペンの上級グレード「コペン ローブ S」を発売 ビルシュタイン製ショックアブソーバー、レカロシート、MOMO製本革巻ステアリング、パドルシフトを採用 ・東京オートサロン2015でサードパーティと連携したDRESS-FORMATIONモデルの展示を発表
2015年3月2日	・「コペンローカルベース鎌倉」が神奈川県鎌倉市御成町に移転
2015年3月31日	・コペン「第3のモデル」の先行予約キャンペーンを開始
2015年4月28日	・都内（代官山 T-SITE）で開催したスペシャルイベントでカモフラージュを施したコペン「第3のモデル」を展示
2015年5月18日	・コペン「第3のモデル」先行受注を開始
2015年6月4日	・新型「コペン」累計販売台数1万台を突破
2015年6月18日	・コペンの3つ目の意匠となる「セロ」、エクスプレイの上級グレード「エクスプレイS」を発売 「ローブ」と「セロ」のデザインを着せ替えできるDRESS-FORMATIONを実用化。ルーフやバックパネルのカラーを変更できるDラッピングをメーカーオプションで設定
2015年9月1日	・「コペンファクトリー」の一般ユーザー向け見学を開始 それまでは新型コペン購入者に限定されていた工場見学が一般ユーザーも可能になった
2015年10月1日	・新型「コペン」DRESSパーツの発売を開始 全ての外板を「ローブ」から「セロ」へ交換可能な「フルセット」に加え、フロントパーツのみの交換を行う「フロントセット」、リヤパーツのみ交換を行う「リヤセット」の3つを発売。同時にD-SPORTよりエクスプレイ用のDRESSパーツを発売
2015年12月24日	・コペン「セロ」の上級グレード「セロS」を発売 「エクスプレイS」と同様に、ビルシュタイン製ショックアブソーバー、レカロシート、MOMO製本革巻ステアリング、パドルシフト等の装備を採用 ・東京オートサロン2016にコペンの新しいデザインコンセプトカー「コペン セロ クーペ コンセプト」「コペン ローブ シューティングブレーク コンセプト」「コペン アドベンチャー」を出展すると発表 「コペン アドベンチャー」はDRESS-FORMATIONデザインを公募した取り組み「DRESS-FORMATION DESIGN AWARD」の最優秀作品

年月日	内　　容
2016年4月4日	・DRESS-FORMATIONによる新たなデザイン提案として、樹脂外板パーツの塗り分けにより個性ある外観とした「カラーフォーメーション type A」をメーカーオプション設定 全てのモデルでアルミホイールのデザイン（ローブ・セロ用、エクスプレイ用）と内装色（ベージュ、ブラック、レッド）を自由に選べるようになった
2016年10月3日	・DRESSパーツの選択肢を拡充。「セロ」から「ローブ」へ交換可能なパーツを発売 D-SPORTよりエクスプレイ用のDRESSパーツ「コペンアドベンチャー」ボディキットを発売開始。「コペンアドベンチャー」は「コペン ドレスフォーメーション デザインアワード」にて一般公募した最優秀作品
2017年6月19日	・「コペン」誕生15周年を機に「コトづくり」の新たな取り組みを開始 2017年10月に星空観賞をメインとしたイベントを岡山県で開催する計画を発表。これまで地域密着を軸にコペンを通じてダイハツファンを増やす活動「LOVE LOCAL by COPEN」を展開してきたが、これからは活動領域を拡大し「LOVE LOCAL by DAIHATSU」として取り組む
2018年12月19日	・東京オートサロン2019に「コペン クーペ」「コペン セロ スポーツプレミアムバージョン」を出展すると発表 ・軽スポーツカー「コペン クーペ」を200台限定で発売 「コペン クーペ」は「セロ」をベースにCFRP製のハードルーフを装着したクーペスタイル。東京オートサロン2016に出展したコンセプトカーの市販化で、200台限定発売
2019年1月11日	・東京オートサロン2019に「COPEN GR SPORT CONCEPT」を出展すると発表 同日から開催された東京オートサロン2019に、TOYOTA GAZOO Racingと連携してダイハツが開発を担当したコンセプトカーとして展示
2019年10月15日	・コペン第4のモデル「GR SPORT」を発売 東京オートサロン2019で発表された「COPEN GR SPORT CONCEPT」の市販化。アンダーボディの補強やセンターブレースの形状変更等により、ボディのねじれ剛性を高めた。専用デザインのバンパー、BBS製アルミホイールなどを採用
2020年12月25日	・バーチャルオートサロン2021に「コペン スパイダーバージョン」を出展すると発表 バーチャルオートサロン終了後は「コペンローカルベース鎌倉」に期間限定で展示
2021年4月7日	・「コペン」を一部改良 新法規に対応するため、より広い後方視界確保を目的としてサイドミラーを拡大するとともにオートライトを標準装備
2022年6月19日	・「コペン」初代発売から20年　同年9月発売予定の「20周年記念特別仕様車（COPEN 20th Anniversary Edition）」の情報を公開 「セロ」をベースに、2代目コペンでは初めて本革製のスポーツシートを採用、アイボリーの内装色とシートのコーディネートに加え、20周年の記念エンブレムとシリアルナンバー入りのスカッフプレートを装備。1000台限定生産で、6月20日から受注を開始、6月24日に受注台数が1000台に達したため受付を終了
2022年9月1日	・コペン20周年特別仕様車「20th Anniversary Edition」生産開始
2022年11月30日	・WRC（世界ラリー選手権）第13戦ラリー・ジャパンで、「コペン」がクラス優勝 「D-SPORT Racing Team」が、コペンGRスポーツで参戦し、クラス優勝を果たした
2022年12月23日	・東京オートサロン2023に「COPEN CLUBSPORTS」とラリージャパン2022に出走したラリー参戦車両「コペン」を出展すると発表
2023年10月6日	・ジャパン モビリティショー2023に「VISION COPEN（ビジョン コペン）」を出展すると発表 初代コペンを彷彿させるボディに、FRレイアウトと1.3Lエンジンを組み合わせた小型オープンスポーツカー
2024年12月10日	・「コペン」を安全性能向上などの一部仕様変更して発売すると発表 バックソナーを全車標準装備するとともに5速MT車にはスーパーLSDを標準装備

あとがき

二〇一四年の初夏に、ダイハツ広報室の室長である吉野恵実さんとグループリーダーの若林直之さんから「新型コペンの開発物語の本を書きませんか」とお声がかかった。「最大限の協力をする」と言われて、吉野さんと若林さんの意気込みを知った。

自動車メーカーの広報は、新型車を発売するときに、さまざまなPR活動を展開する。新聞や雑誌に記事を掲載すべくメディアにはたらきかけ、テレビやラジオの話題にならないかと手だてを考え、メディアを集めて発表会と試乗会をもよおす。自動車好きのために、自動車雑誌の増刊号を一冊まるごと新型車特集でうめる企画出版をすることなどは常套的なPR方法になっている。

「そのような、これまでやってきたことは、これまでやってきたこととして、効率よくやるのだけれど、新しい広報活動にチャレンジしたいのです。新型コペンはダイハツにとって新しいチャレンジなのだから、広報もいままでやっていなかったPR活動にチャレンジしたい。そこで新型コペンの開発を記録したノンフィクションの本ができないかと考えました。ダイハツが、いかに考え、どのように行動して、新型コペンを開発したのかを記録した、一冊の読み物ができれば、お客様に喜んで読んでいただけると思います」

という素晴しく前向きな話を、吉野さんと若林さんから聞くことになった。

吉野さんと若林さんは、いくつかの重要な取材でお世話になったことがある人たちだから、当然のこととして僕にできることでお役にたつのであれば、やりますと答えた。しかし、はたして僕にできることなのか、ということは浅学非才としてはいつも心配になる。子供の頃からクルマ好きで、いまもクルマの運転は大好きだが、技術や生産や販売についてはなまかじりの知識しかない。ひとつ興味があったのは、ダイハツ工業という企業、つまり人間集団について知ってみたいということであった。人間への興味はつきることがない。

吉野さんと若林さんと僕の意見は一致する方向へとむかった。そうなると「まず、新型コペンのチーフエンジニアの藤下修に会わせましょう」という話が出てきた。「こだわりが強い人なので」と言うのであった。

チーフエンジニアの仕事をするぐらいの人だから、こだわりが強いのは当たり前だろうと僕は思った。しかし、何を、どのように、こだわるかは、知りたかった。こだわりの質と方向は、相性のいいわるいに関係するからである。相性がわるくても、取材インタビューは仕事だから、やらなくてはいけないのだが、この場合チーフエンジニアの取材インタビューに失敗すれば、一冊の本を書くのは不可能になる。

一度会わせてくださいとお願いして、藤下修さんと会った。僕は人を見る目がないから、自分が感じた第一印象を信じられない。人間は顔をつきあわせて話をしてみなければわからない。ところが、このときは不思議で、藤下さんは背が高い大きな人なのだが、そういう印象をもたなかったことを、よく覚えている。

藤下修さんと話してみると、やっぱりクルマの話が興味深い。本質的ないい話をする。愉快な語り口で、よく考えられた言葉で話す。情熱的な人だが、こだわりに耽溺する人ではなかった。何かの拍子に音楽の話になった。その音楽とはポピュラーミュージックのことである。藤下さんは音楽が好きで、音楽をすることも好きで、音楽を語ることも好きだった。音楽を愛する藤下さんの話は楽しくおもしろく聞くことができた。クルマと楽器は似たところがあるものだ。

それから僕の大阪通いがはじまった。藤下さんをはじめ新型コペンの開発と生産を担った人たちに取材インタビューをするためである。大阪通いは二〇一四年の晩秋から二〇一五年の夏がくるまでつづいた。そのうち何度かは新型コペンで東京と大阪を走って往復した。二〇一五年の秋から執筆を開始して、遅筆なゆえに二〇一六年の春に書き下ろせた。

末筆ながら、インタビュー取材に応じてくださったみなさまへ感謝の気持ちをお伝えします。ありがとうございました。素人の質問ばかりで、礼を欠くことがあったやもしれず、おゆるしいただければ幸甚です。また、本文においては物語の登場人物になりますので敬称を省きました。「最大限の協力」を実行してくださった吉野恵実さんと若林直之さん、ダイハツ広報室のみなさんへ感謝し、お礼を申し上げます。吉野さんと若林さんはこの本のプロデューサーになった。

編集と校閲は小笠原亜子さんが辣腕をふるってくれた。出版にさいしては三樹書房編集部が取りまとめてくれた。

新型コペンが好きだという人たちに楽しんでもらいたいと思って書いた一冊である。新型コペンでドライブするよりはおもしろくないかもしれないが、ドライブを楽しくする物語にはなったのではないかと思っている。

二〇一六年三月八日　中部　博

主要参考文献

広辞苑　新村出編　岩波書店

道を拓く　ダイハツ工業100年史　ダイハツ工業株式会社

※組織、片書き等は、二〇一六年三月末当時のものです

中部　博

（なかべ・ひろし）

1953年東京都生まれ。
週刊誌記者、テレビ司会者のジャーナリスト時代をへて
ノンフィクションの書き手となる。日本映画大学非常勤講師。
主な編著書に『暴走族100人の疾走』（第三書館）、
『1000馬力のエクスタシー』『自動車伝来物語』
『光の国のグランプリ』（以上集英社）、
『定本 本田宗一郎伝』
『スバル・メカニズム』（以上三樹書房）、
『炎上』（文藝春秋）、
『風をあつめて、ふたたび。』（平原社）がある。
代表作の『いのちの遺伝子 北海道大学遺伝子治療2000日』（集英社）は、
台湾・時事出版社によって中国語版が出版された。
『プカプカ　西岡恭蔵伝』（小学館）

ダイハツ コペン開発物語
軽オープンスポーツカー2代目コペンの誕生

著　者　　中部　博
発行者　　小林謙一
発行所　　三樹書房
URL http://www.mikipress.com
〒101-0051　東京都千代田区神田神保町1-30
電　話　　東京03（3295）5398
振　替　　東京00100-3-60526
印刷／製本　　モリモト印刷